Ichthyosaurus in Sicht!
Aufdeckung eines „Tierles“ in einem Schieferbruch (Lias ε) von Holzmaden durch B. Hauff (Text S. 90.) [Orig. und Phot. von B. Hauff-Holzmaden.]

Teubners naturwissenschaftliche Bibliothek

7

Geologisches Wanderbuch

Eine Einführung in die Geologie an Bildern deutscher Charakterlandschaften

Von

Prof. Karl G. Volk

Direktor der Realschule Überlingen am Bodensee

Zweiter Teil

Zweite ergänzte Auflage

Mit 281 Abbildungen im Text, einer Orientierungstafel und einem Titelbild

Springer Fachmedien Wiesbaden GmbH 1923

Ursprünglich erschienen bei B.G. Teubner in Leipzig 1923
Softcover reprint of the hardcover 2nd edition 1923

ISBN 978-3-663-15414-3 ISBN 978-3-663-15985-8 (eBook)
DOI 10.1007/978-3-663-15985-8

Meinem lieben Schwiegervater, Herrn

Dr.-Ing. h. c. Karl Benz,

dem Erfinder des Automobils
und Schöpfer der Benzwerke,

der schon als junger Gymnasiast in seinem einfachen Versuchsstübchen auf den Schultern des Experiments Ausguck hielt nach neuen Entdeckungen und Erfindungen,

widme ich dies Buch in dankbarer Verehrung
zu seinem 78. Geburtstage.

Glückauf!

Ein alter Gruß ist's, aber ein schöner Gruß; denn es ist ein deutscher Gruß, ein alter deutscher Bergmannsgruß. Und so juble ich es heute hinaus in den neuen hellen Wandermorgen: Glückauf!

Euch gilt der Gruß, ihr jungen Weggenossen, ihr Pfadfinder und Wandervögel, ihr Landfahrer und Landstreicher, die ihr bis dahin wacker Schritt gehalten und nun im Weiterwandern voll sonniger Heimatfröhlichkeit schauen wollt das deutsche Land und seine urweltliche, große Vergangenheit. Nicht nur den Jungen, auch den Alten gilt der Gruß, den Großen und ganz Großen, die von den lichtumfluteten Hochwarten wissenschaftlicher Ausschau herab freudig den Hut schwenkten mit dem aufmunternden Gegengruße: Glückauf!

Und danken möchte ich. Danken denen, die durch den Schmuck der Bilder das Wanderbuch reicher und trauter machten, vor allem dem schwäbischen Meisterpräparator, Herrn Dr. B. Hauff, für seine Originalphotographien der Jura-Majestäten und dem jungen Künstler, Herrn Viktor Mezger, der die toten Skelettüberreste vorgeschichtlicher Herrschergeschlechter mit seinem Zeichenstifte wieder ins Leben zurückzurufen versuchte.

In meinen Bemühungen, die Neuauflage dem heutigen Stand der Forschung anzupassen, wurde ich wesentlich unterstützt durch Herrn Dr. Georg Wagner, Professor am Lehrerseminar Nagold, und Herrn Dr. K. Wanderer, Professor am Mineralogisch-geologischen Museum in Dresden. Beide haben die Darstellung der geologischen Verhältnisse ihrer Heimat einer gründlichen Durchsicht unterzogen. Daher drängt es mich, ihnen für ihre Mitarbeit meinen herzlichsten Dank zum Ausdruck zu bringen.

Nun aber Hammer und Rucksack her und — los. Mögen auch in den Niederungen der deutschen Not auf Schritt und Tritt die Sklavenketten klirren — vergiß es nicht: „Auf den Bergen ist Freiheit!" Und in den Bergen? „Hier sind die starken Wurzeln Deiner Kraft." — Gut Pfad!

Unser Weg.

1. In der Sandwüste?

Von sonnensatten Palmen brauchst du nicht Abschied zu nehmen wie am Wüstenmund El Kântâra. Nicht einmal von Nadelholz und Waldesgrün. Weder vor mörderischen Tuaregs noch vor heißen Glutwinden brauchst du Angst zu haben. Und Kamele sind erst recht nicht nötig zu deinem Wüstenritt.

Dort, wo das Neckartal einmündet ins Rheintal, liegt — dichterisch verklärt — ein deutsches Idyll: Heidelberg! Rot leuchtet aus dem Grün seiner Waldumrahmung das alte Sandsteinschloß! Ein gut Stück Geschichte ist in ihm versteint. Kunst-, Kultur-, Kriegsgeschichte. Aber auch Erdgeschichte lebt in dieser heroischen kurpfälzischen Architektur. Die Steine von Deutschlands herrlichster Schloßruine sind Kinder der Wüste, jener Wüste, die wir heute durchstreifen und durchforschen wollen.[1])

Siehst du dort die brennend-roten Farbenkleckse im Landschaftsbild des Neckartales? Das ist angeschnittenes Wüstenland! Der Neckar selber ist's, der in mühevollen Windungen die alte Wüstentafel entzweigeschnitten und vom alten Wüstenboden kerzengerade Steilwände bloßgelegt hat. Überall um Neckargemünd herum — und noch weit darüber hinaus, wie wir nachher noch sehen werden — mischt sich mit dem Wald- und Wiesengrün einer lebensfrohen Gegenwart das Sandsteinrot einer toten Vergangenheit.

Nehmen wir zunächst ein nicht zu feinkörniges Gesteinsstück unter den Hammer! An ihm fällt es uns am leichtesten, die einzelnen Bestandteile herauszubringen. Meist sind es graue Körnchen, so hart, daß sowohl Glas als auch das Taschenmesser von ihnen geritzt wird Diese Quarzkörner sind miteinander verkittet durch ein Bindemittel von wechselnder Menge und wechselnder Zusammensetzung. Ist das Binde-

1) Für Wanderungen rund um Heidelberg mußt du im Rucksack haben: Außer den obligaten geologischen Spezialkarten und der trefflichen Übersichtsskizze von Geissinger „Das Landschaftsbild unserer Heimat" Ruskas „Geologische Streifzüge in Heidelbergs Umgebung", ein Wanderbuch methodisch und wissenschaftlich gleich ausgezeichnet.

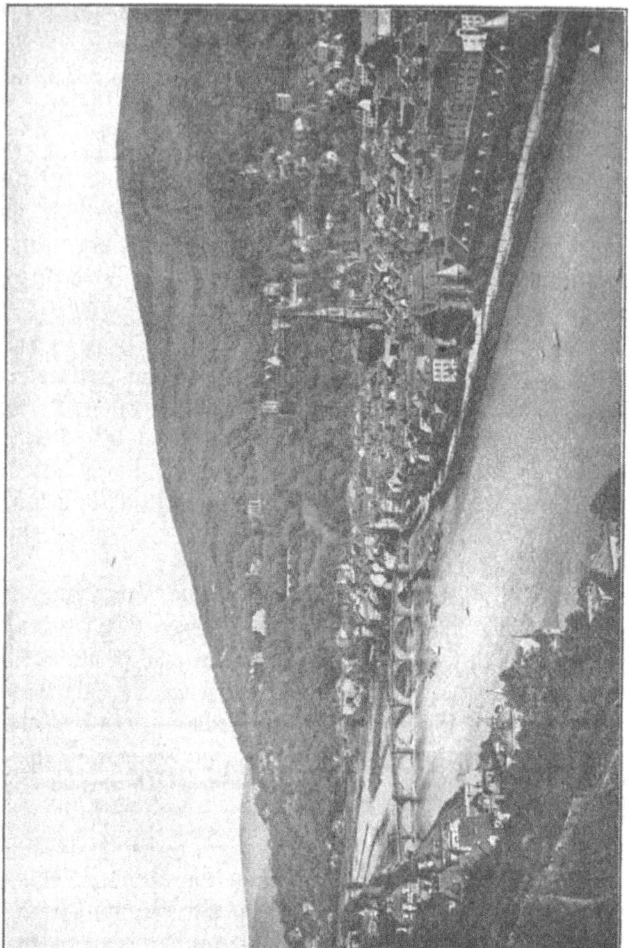

Abb. 1. Der Buntsandstein-Odenwald bei „Alt-Heidelberg, der feinen". Die Gebäudelinie, die vom Schloß aus sich neckaraufwärts am Hange (etwa 100 m über dem Neckar) hinzieht, ist eine charakteristische, geologische Leitlinie im Landschaftsbilde. Sie markiert jene permokarbonische Abrasionsfläche, die durch die Kräfte der Verwitterung als Terrasse herausgearbeitet und bloßgelegt wurde. Darüber folgen dann die einzelnen Etagen des Buntsandsteins bis hinauf zum „oberen Geröllhorizont" (Königstuhl-Gipfel). (Nach Spitz u. Salomon.)

mittel Ton, so haben wir einen Tonsandstein vor uns. Neben diesen beiden Hauptbestandteilen (Quarzkörnchen und Tonzement) kann der angeschlagene Sandsteinbrocken vielleicht auch vereinzelt weiße Feldspaltsplitterchen zeigen.

Unter Umständen haben wir aber einen ganz anderen Brocken erwischt, einen glitzernden Quarzsandstein! Bei dem ist das Binde-

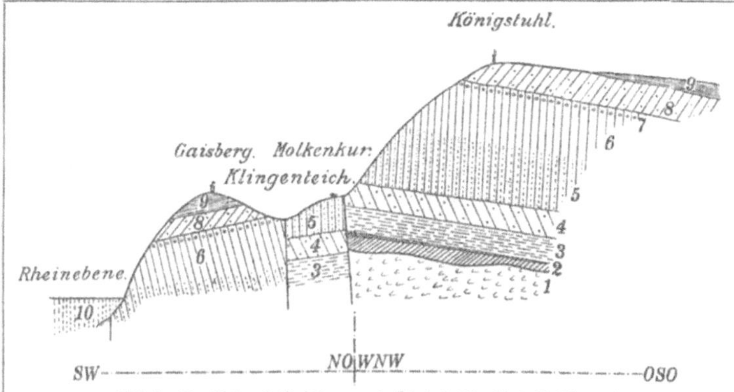

Abb. 2. Profil durch Gaisberg und Königstuhl. (Aus Geissinger.)
1 = Grundgebirge, also hier Granit. 2—9 = Schichten des Deckgebirges, und zwar 2 = Rotliegendes und Zechstein. 3 = unterer Buntsandstein. 4—8 = mittlerer Buntsandstein (4 = unterer Geröllhorizont 5 = Pseudomorphosensandstein. 6 = Hauptbuntsandstein. 7 = Kugelhorizont. 8 = oberer Geröllhorizont). 9 = oberer Buntsandstein. 10 = quartäre Ablagerungen in der Rheinebene.

mittel der Quarzkörner nicht Ton, sondern selber wieder Quarz. Dadurch nämlich, daß Kieselsäure in die Zwischenräume der Quarzkörner eingedrungen ist, wurde Körnchen für Körnchen umhüllt, bis schließlich gar keine Zwischenräume mehr da waren. So konnten die von der eingedrungenen Kieselsäure umkrusteten Quarzkörner gleichsam auswachsen zu Kriställchen. Und das ist der Grund, daß diese Kieselsandsteine so blitzen und glitzern im Sonnenschein: Weil an den neuen Kristallflächen der Sandkörner die Sonnenstrahlen zurückgeworfen werden. Alle Sandsteine, bei denen das Bindemittel nicht tonig, sondern kieselig ist, werden dir natürlich meist auch durch ihre größere Härte und Korngröße auffallen. Du findest solche harte Kieselsandsteine besonders in den oberen Lagen des Hauptbuntsandsteins. (Profil 9, oberer Geröllhorizont.)

Überaus wichtig für die Einteilung der bunten Sandsteine ist der Glimmergehalt. Bevor wir aber auf die systematische Einteilung und auf die petrographische Verschiedenheit der einzelnen Sandsteinarten näher eingehen, wollen wir zu ergründen suchen, warum alle diese Sandsteine eine so ausgesprochene Vorliebe für die rote Farbe zeigen. Schon einmal ist uns diese intensive Rotfärbung an Gesteinsschichten aufgefallen. Damals war's, als wir das Rotliegende am Harz und im Thüringerwald studierten. Mit Rücksicht darauf, daß in allen

Abb. 3. Hauptbuntsandstein bei Heidelberg (Neckartal) Beachte die ausgezeichnete Bankung und schöne Klüftung. (Vgl. Teil I, S. 58.) Wie mächtig diese Steinbrüche sind, magst du erkennen an der Größe des Mannes, der neben der Leiter steht. (Aufg. vom Verf.)

Ländern, wo der Winterfrost fehlt, auch heute noch die Gesteine (Granite, Schiefer, Basalte usw.) unter Bildung von Eisenoxyd (nicht Eisenoxydhydrat!) rot verwittern, schlossen wir für die Rotliegenden-Zeit auf ein Wüstenklima. Nun finden wir aber unter normalen Verhältnissen im ganzen Odenwald (wie in Thüringen, am Harz usw.) dasselbe, was uns eine Wanderung vom Heidelberger Schloßgraben aus nach dem Königstuhl (Profil 4, vgl. auch 2) zeigt: Über dem Rotliegenden bzw. Zechstein liegt regelmäßig der Buntsandstein. Das heißt mit anderen Worten: Auf die Dyaszeit folgt die Buntsandsteinzeit, und das Klima blieb immer noch, wie es war: ein Wüstenklima! So war also der Odenwald — soweit er rote Sandsteine zeigt — eine Wüste. Und man könnte ruhig von einer Odenwald-

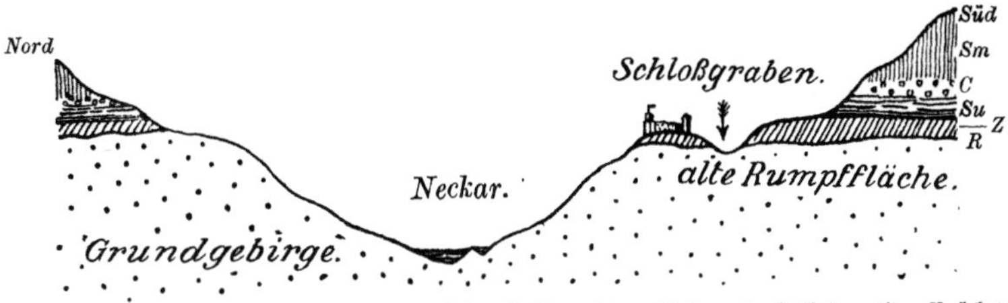

Abb. 4. Querschnitt durch das Neckartal bei Heidelberg (etwa $1/3$ km oberhalb der alten Brücke.) (Aus Geissinger) — *R* = Rotliegendes *Z* = Zechstein *Su* = unterer Buntsandstein. *Sm* = mittlerer Buntsandstein mit dem unteren Geröllhorizont *C*.

wüste sprechen, wenn die Sandwüste nur nicht so unendlich viel größer gewesen wäre! Nach den durch Eisenoxyd rotgefärbten Sandsteinen zu schließen, ist nicht nur der ganze südliche und östliche Odenwald eine Wüstenbildung. [Die Linie Heidelberg-Aschaffenburg zerlegt ungefähr den Odenwald in einen westlichen Teil (ein Drittel): den Granitodenwald, und einen östlichen Teil (zwei Drittel): den Sandsteinodenwald!] Dieselben roten Sandsteine findest du im Schwarzwald, in den Vogesen. in der Hardt, im Spessart, Vogelsberg, in der Rhön, im Thüringerwald, in der Goldenen Aue, in Oberschlesien, ja aus den blauen Fluten der Nordsee tauchen sie noch einmal wie eine vergessen-gebliebene Scholle auf im „Woapen van't hillige Lunn". (Helgoland: „Road ist de Kant!") Wir sehen: „Das ganze Deutschland sollt' es sein", ganz Deutschland mußte nach der Ansicht von J. Walther, E. Fraas und anderen Forschern zu Beginn der Mittelzeit der Wüste zum Opfer fallen. Indem sich der deutsche Boden senkte, wurde er nach und nach unter einer immer dicker werdenden Sanddecke begraben. Nicht überall erreichte die Sanddecke eine Mächtigkeit von 1000 m wie in der Kasseler Gegend, wo das Becken am tiefsten war und von dort aus nach Norden (Skandinavien), nach Westen (Rheinisches Schiefergebirge) und nach Süden (Schwarzwald und Vogesen) sich verflachte. Schon bei Heidelberg ist die Sand-

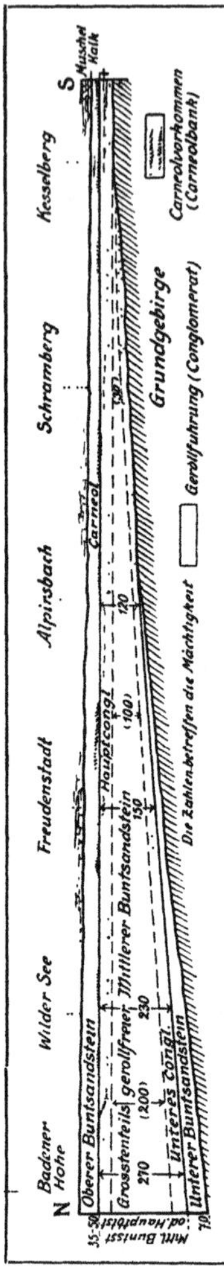

Abb. 5. Wie die Sandbedeckung (durch Wüste oder Meer) allmählich von Nord nach Süd — infolge langsamer Senkung des Landes — übergriff. (Nach Endriß.)

decke nur noch 450, bei Freudenstadt im württembergischen Schwarzwald 250 bis 300, bei Donaueschingen 100 m und bei Waldshut 15 bis 20 m mächtig. (Abb. 5.) Hier in der Nähe des Oberrheins längs der Linie Basel-Konstanz muß die deutsche Sandsteinwüste ihr südlichstes Ende gehabt haben. Überhaupt ist es der Wüste nur allmählich gelungen, nach Süden bzw. SSO und SO (Hegau-Ries) vorzudringen; denn im Süden des Schwarzwaldes (Grenzlinie Schweighausen—Alpirsbach) und in den Vogesen fehlen die untersten, also die zuerst gebildeten Sandsteine — der „untere Buntsandstein" — vollständig.

Woher aber mochten all die ungezählten Millionen von Quarzkörnchen, von Ton- und Glimmerteilchen kommen, daß sie sich zur Sandsteindecke von 300—600 m durchschnittlicher Mächtigkeit über das deutsche Senkungsfeld schichten konnten? Von den alten Felsengebirgen her kamen sie. Schutzlos den Strahlen der Wüstensonne preisgegeben, verfiel beispielsweise der entblößte Granit demselben Schicksal, dem die Granite unserer Wüsten heute noch ihren Tribut zollen: Infolge der schroffen Temperaturwechsel bei Tag und Nacht fielen die verschiedenfarbigen Bestandteile (Feldspat, Quarz und Glimmer) haltlos auseinander. (Band I, S. 83.) Was aber die Verwitterung zertrümmert und zerstört, das lassen Wind und Wasser nicht unangetastet liegen. Vielleicht packt der Wind zunächst nur die leichten Feldspatsplitterchen und jagt sie als emporgewirbelte Staubmassen weithin über die Lande. Ein feiner Sortierer ist der Wind. Geht er stärker, so vermag er auch die gröberen und groben Quarzkörner mitzureißen und die steinerne Beute ein Stück weit fortzufegen. Überaus interessant ist es zu sehen, wie der Wind seine Fahrgäste am Ende der Luftreise wieder „ans Land" setzt. Es ist immer die-

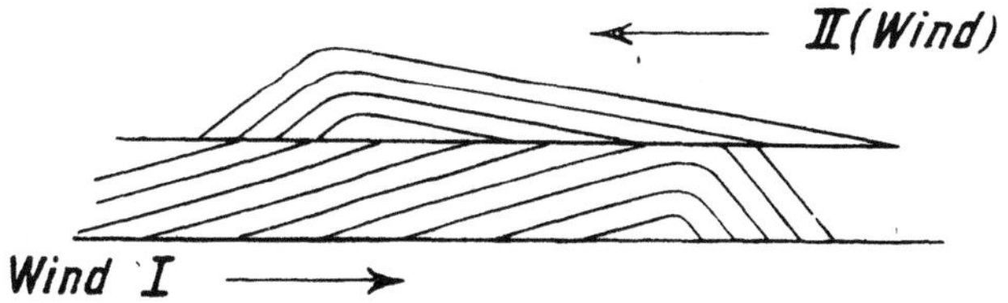

Abb. 6. Wie durch Sandwinde aus verschiedenen Richtungen die Kreuzschichtung in den Dünen entsteht.

selbe Landungsmethode, ob die Fahrgäste Quarzkörner oder — Schneeflocken sind. Drum brauchst du weder in die Wüsten Nordafrikas oder Zentralasiens (Binnendünen), noch an die Flachküsten unserer deutschen Heimat zu gehen (Stranddünen), um den Wind an seiner aus- bzw. abladenden Arbeit zu sehen. Jede Schneewächte draußen an der Landstraße zeigt dir, daß überall da, wo durch eine Unebenheit des Bodens oder durch ein anderes Hindernis die Transportkraft des Windes gemindert wird, die Schneemassen sich aufhäufen zu langgezogenen Hügelwällen. Sanft ansteigend ist immer die Windseite unserer „Schneedünen", in einer scharfen Kante steil abfallend dagegen die Leeseite.

Daß der Wind (I Abb. 6) — sei's Wüstenwind, sei's Seewind — ein feiner Sortierer des Flugsandes ist, muß im Aufbau der Düne natürlich wieder zum Ausdruck kommen. Da je nach der wechselnden Windstärke bald fein-, bald grobkörnige Ladungen angeblasen werden, baut sich die Düne abwechselnd aus feinerem und gröberem Sandmaterial auf. In ihrem Querschnitt zeigen daher die Dünen eine mehr oder weniger ausgeprägte Schichtung, parallel den Wallabhängen. Sind die Reisenden eines „Windzuges" glücklich angekommen auf irgendeinem Dünenrücken, so steht es noch lange nicht fest, daß sie hier auch bleiben können. Ein neuer Windstoß kommt, packt die Sandkörner, bläst sie von der Windseite über die scharfe Kante hinüber, um sie auf der anderen Seite — im Windschatten — wieder abzuladen. Kommt der Wind (II Abb. 6) aus einer anderen Richtung, so wird natürlich Richtung und Neigung der hergeblasenen Sandschichten auch eine andere. So entsteht jene merkwürdige Schichtung, die für alle Triebsandmassen und Dünenbildungen so überaus charakteristisch ist: die äolische Kreuzschichtung. (Abb. 6.)

Doch zurück in die Buntsandsteinwüste! Woher der viele Sand kam, weißt du jetzt. Wer ihn über das deutsche Senkungsfeld hinschüttete, wirst du ebenfalls erraten können, wenn du nur gehörig Umschau hältst in der roten Sandsteinwelt rings um Heidelberg. Da findest du Felsblöcke und Felswände genug, denen der Wüstenwind ihre Entstehungsgeschichte an die Stirne geschrieben hat. Typische Kreuzschichtung findest du da. In verschiedenen Lagen ist sie sehr verbreitet. Sie tritt besonders deutlich in die Erscheinung, wenn der Meißel der Verwitterung die verschiedenkörnigen und verschiedenfesten Sandsteinlagen in ihren feinsten Farbentönen und Sonderheiten herauspräpariert hat. Nun darfst du aber keineswegs glauben, die diskordante oder Kreuzschichtung zeichne nur den Odenwald-Buntsandstein aus; in ganz Deutschland findest du sie. (Abb. 11.) Und diese große Häufigkeit der Triebsandstruktur ist es auch, die auf eine äolische Bildungsart für die Hauptmasse der Buntsandsteine hindeutet. Die gelben Sandmeere der Sahara, die karminroten Inlandsdünen Innerarabiens, die roten Sandwüsten Zentralasiens mit ihren ruhelos wandernden Sicheldünen — sie mögen in ihrer trostlosen Gleichförmigkeit und leuchtenden Farbenmonotonie, in ihrer Mächtigkeit und horizontalen Ausdehnung vielleicht die Verhältnisse widerspiegeln, wie sie zur Buntsandsteinzeit in unserer deutschen Heimat geherrscht haben.

So wäre also lediglich der Wind der Künstler gewesen, der die deutsche Buntsandsteindecke türmte. Nun finden wir aber im Odenwaldsandstein wie anderwärts Gerölle eingelagert (Profil 9); ja ganze Konglomeratbänke sind z. B. im Schwarzwald und in der Hardt an der unteren und oberen Grenze des Hauptbuntsandsteins eingeschaltet (S. 14). Die Geröllgröße nimmt von SSO nach NNW ständig ab (Schramberg—Sulz faustgroß, Wildbad meist nur haselnußgroß, Odenwald ganz zurücktretend). Und zwar sind die Gerölle stets gerundet, bald schwach, bald stark, aber immer so typisch, als hätte man sie im nächsten besten Fluß- oder Bachbett zusammengelesen. Ist diese neue Beobachtung nicht geeignet, unsere „windige" Theorie über die Sandsteinbildung völlig über den Haufen zu werfen? Ganz geheuer ist die Sache nicht. Doch sagen die Anhänger der Wüstentheorie so: Kälte bei Nacht, Sonnenglut bei Tag haben am Hang des umrandenden Wüstengebirges ungeheuer mächtige Zerfallprodukte sich ansammeln lassen: Staub, Sand, kleineren und größeren

Abb. 7. Im Sandmeer einer heutigen Wüste.

Abb. 8. Trockenrisse, entstanden beim Eintrocknen von Pfützenschlamm (infolge der Volumenverminderung). (Aufg. bei Überlingen vom Verf.)

Gesteinsschutt. Lange Zeiträume hindurch mag nur der Wind an der Arbeit sein. Er fegt das feinere Material aus der Schutthalde heraus und bläst es weithin zu riesigen Dünenfeldern zusammen. Dann aber kommt das Wasser zu seinem Rechte. Wie in manchen heutigen Wüsten nach langer Trockenheit Wolkenbrüche niederstürzen und den Verwitterungsschutt in flächenhafter Ausdehnung weit in die Wüste hinein verfrachten, so mögen zur Buntsandsteinzeit „periodische Fluten" den geröllreichen Schlamm über weite Flächen des Dünenmeeres wie eine neue Decke ausgebreitet haben.

Stürmische Winde und flutende Wasser waren also die Baumeister der Buntsandsteinwüste. Die einen bauten die Dünen, die später zu Sandsteinbänken erhärteten; die anderen schufen die geröllreichen Zwischenschichten. Und die tonigen Zwischenschichten, woher stammen denn die? Auch vom Wasser, aber nicht vom flutenden. Es sind die Absätze gewöhnlicher Wasserlachen und flacher Seen, die nach heftigen Regengüssen da und dort in wannenförmigen Senken sich ansammeln konnten. Wenn dann die Sonne wieder kam mit ihrer Glut, dann vertrockneten die Lachen und Tümpel und Seen rasch. Was zurückblieb — das kann uns jede schlammige Pfütze an einem heißen Sommertage zeigen: eine Tonschichte. Hart wie eine Tenne konnte letztere werden. Und genau wie der Pfützenschlamm beim raschen Austrocknen Risse bekommt und Sprünge, die wie die Seiten unregelmäßiger Vielecke ineinander und durcheinander laufen, genau so entstanden in den roten Letten der Buntsandsteinwüste — in den heutigen Lehmwüsten ist's nicht anders — die charakteristischen Trockenrisse (Abb. 8). Wieder jagten Sandstürme übers Land und deckten „Tenne" samt Trockenrissen mit ihrem körnigen Frachtgut zu. Ein steinerner Abguß entstand. Wo die Tontenne Furchen und Risse hatte, da bekam der aufgesetzte Sandsteindeckel ein Netz von leistenartigen Wülsten und Erhöhungen, die sogenannten „Netzleisten" (Abb. 15). Trockenrisse und Netzleisten verhalten sich also zueinander wie Form und Abguß. Überaus häufig kannst du auf den Sandsteinplatten der deutschen Buntsandsteinwüste solche Netzleisten beobachten. (Untersuche z. B. die Platten der Rainbacher Brüche.) Sie treten deshalb besonders hervorstechend in die Erscheinung, weil der grobkörnige Sandsteindeckel sich scharf abhebt gegenüber dem feineren Schlammaterial der Tonunterlage.

Jetzt fällt es uns auch nicht mehr schwer, die Entstehung jener rundlichen oder eckigen Fetzen von Ton zu erklären, die man so oft (namentlich in den unteren und mittleren Lagen) im Buntsandstein findet und die den Wert des Steines für Bauzwecke nicht gerade erhöhen. Ist nämlich die zurückbleibende Tonschichte einer verdunsteten Wasserlache dünn (1—2 cm), so bleiben die Tonplatten beim Eintrocknen nicht eben. Nach Art der Hobelspäne krümmen und rollen sie sich dann zusammen. Aber diese Geflogenheit sich einzurollen wird ihnen leicht zum Verhängnis. Der Wind kommt, reißt Stücke und Fetzen von den Tonrollen los, treibt sie fort und „schneit" sie gleichsam zu — mit Dünensand. So eingebettet erscheinen sie uns heute als scharf begrenzte, völlig isolierte „Tongallen" im Sandstein und zwar häufiger, als uns lieb ist.

Noch andere Zeugen seiner Anwesenheit und Mitwirkung hat das Wasser im Wüstensande zurückgelassen. Das sind seine eigenen „Fußspuren". In den Rainbacher Steinbrüchen gibt's wie anderwärts[1]) Platten und Bänke genug, deren Oberfläche wie ein steinernes Wellblech aussieht. Diese parallelen Erhöhungen, die wie Rippen auf der Oberfläche des Gesteins hervorragen („Rippelmarken"), sind nach älterer Auffassung entstanden infolge des Wellenschlages auf dem sandigen Untergrunde der Wasserlachen oder an den Küsten der flachen, vergänglichen Wüstenseen. Die wesentliche Übereinstimmung der Wasser- und Windrippeln spricht indessen nach Kayser „dafür, daß Rippelmarken Strömungserscheinungen sind, die überall entstehen müssen, wo Wasser oder Luft über leicht beweglichen Sand und dergleichen fortstreicht". (Abb. 7.)

1) In den Steinbrüchen im Klingenteich, am Kümmelbacherhof, oberhalb Ziegelhausen, oberhalb Neckargemünd usw.

Schließlich wirst du im Buntsandstein noch eine Gruppe von Erscheinungen beobachten, die auf eine Art Imprägnation zurückzuführen sind. Ich meine jene seltsamen Kristalle und Kristallaggregate, jene konzentrisch-schaligen Sandkugeln, wie sie im Heidelberger Sandstein [1]) keineswegs selten sind. Es sind dieselben Bildungen, wie sie J. Walther im Sande der Wüste Karakum beobachtet hat. Dort enthält das Grundwasser Gipslösungen. Wird es infolge des großen Aufsaugungsvermögens der feinen kapillaren Sandhohlräume in die Höhe gehoben, so verdunstet es und scheidet dabei sanddurchsetzte Scheinkristalle von Gips aus. Die Heidelberger Scheinkristalle zeigen aber nicht die Formen von Gips, sondern von Kalkspat. Demnach muß in der aufsteigenden Bodenfeuchtigkeit statt Gips kohlensaurer Kalk in Lösung gewesen sein. Beim Verdunsten des kohlensäurehaltigen Lösungsmittels konnten zwar infolge der gleichzeitigen Anwesenheit der Sandkörnchen sich keine reinen Kalzitkristalle bilden. Aber die Kristallisationskraft reichte doch aus, die Sandteilchen durch kohlensauren Kalk miteinander zu verkitten, daß eine Sandkalzitmischung mit der ausgesprochenen Kristallform des Kalzits entstand. Wenn nachträglich der Kalzitzement auch wieder ausgelaugt und fortgeführt wurde, so suchte die in einer falschen Form steckende Sandsteinmasse doch — so gut es ging — den Schmuck der fremden Federn, d. h. des Kalzitkristalls, beizubehalten. Genau wie diese Scheinkristalle mögen in anderen Fällen beim Verdunsten des (dolomitischen, manganhaltigen) Lösungsmittels jene konzentrisch-schaligen (heute infolge von Auslaugung wieder karbonatlosen) Sandkugeln entstanden sein, die für einen bestimmten Horizont so häufig und typisch sind, daß man ihn „Kugelhorizont" genannt hat (Kugelsandstein, vgl. Profil 9). Nach Blankenhorns Beobachtungen geht die Bildung solcher Kugelkonkretionen auch heute noch in den Sanden des Nildeltas vor sich.

Endlich gehören noch zu dieser Gruppe von Erscheinungen alle die braunen Flecken im Gestein, die einst meine Jungmannschaft „Sommersprossen" taufte, als sie dieselben zum ersten Male sah. Für den Geologen sind sie aber nicht als Schönheitsfehler aufzufassen, sondern ebenfalls als unreine, mit Sand erfüllte Karbonatkonkretionen (Kalk und Dolomit) mit Mangan- und Eisengehalt — genau wie die Kugelknollen. Durch Auslaugen des Karbonatzements entstand brauner Eisenrost und schwarzbrauner Manganmulm, beide ohne bindende Kraft. Beim Schlag mit dem Hammer fällt daher der lockere Sand leicht aus den Hohlräumen heraus. Dasselbe geschieht, wenn die Stücke längere Zeit an der Luft liegen. Wie du an jeder Schutthalde oder an irgendeiner alten Sandsteinmauer beobachten kannst, entstehen durch das Herauswittern des Sandes eine Unmenge eckiger Löcher im Gestein. Man hat den „Sommersprossen"

---

1) Der Kugelsandstein (Profil 9) ist am besten aufgeschlossen in einem Steinbruch bei Bammental.

den sehr gelehrten, aber falschen Namen Pseudomorphosen gegeben und dementsprechend nannte man die fleckigen bzw. löcherigen Sandsteine selbst Pseudomorphosensandsteine.[1]) Jeder Baumeister kann dir sagen, daß gerade diese Sandsteine für technische Zwecke sehr geschätzt sind. Daher auch alle die brennendroten Farbenkleckse im Landschaftsbilde des Neckartales! Daher auch die vielen und großartigen Steinbrüche neckaraufwärts (von Ziegelhausen bis Eberbach). Sie liegen alle im Pseudomorphosensandstein.[2])

Was der Zufall uns gerade für Musterbrocken in den Weg warf, haben wir bis dahin untersucht und beobachtet. Eine ganze Menge typischer Charaktereigenschaften zeigte dabei der scheinbar so einförmige Wüstensand. Vielleicht ist es uns jetzt möglich, mit Hilfe der gefundenen Charaktereigenschaften eine genauere Gliederung des Buntsandsteins durchzuführen. Um es gleich vorweg zu sagen: Auf Grund petrographischer Merkmale unterscheidet der Geologe: unteren[3]), mittleren und oberen[4]) Buntsandstein. Doch treten

---

1) Man unterscheidet in der Mineralchemie Umwandlungspseudomorphosen, Verdrängungspseudomorphosen, Paramorphosen und Umhüllungspseudomorphosen. So interessant das Tun und Treiben der „Falschmünzer" in der Mineralwelt ist, kann dasselbe in diesem Buche nicht näher beleuchtet werden. Damit du aber siehst, was der Mineraloge in Wirklichkeit unter Pseudomorphose versteht, sei ein ganz einfacher Fall herausgegriffen. Daß Kochsalz in Würfel kristallisiert, weißt du. Ist nun in der Gebirgsfeuchtigkeit Gips gelöst und trifft sie auf einen Steinsalzwürfel irgendwo in der Erdkruste, so kommt es vor, daß das schwerer lösliche Salz, der Gips, das leichter lösliche, das Steinsalz, verdrängt. Teilchen für Teilchen des Steinsalzwürfels wird aufgelöst, fortgeführt und — ersetzt durch Gips. So kommt es, daß schließlich der Gips, seine eigene monokline Kristallform verleugnend, in der Würfelform des Steinsalzes erscheint. Eine solche Pseudomorphose, bei welcher Steinsalz die Form geliefert hat, und die von Gips ausgefullt ist, nennt man Pseudomorphose von Gips nach Steinsalz. (Verdrängungspseudomorphose.)

2) Andere Steinbrüche im Pseudomorphosensandstein: Im Klingenteich hinter der Molkenkur, am Holdermann und Hartenbühl (nach Thürach).

3) Die dickeren Bänke dieses feinkörnigen Sandsteins werden in mehreren Steinbrüchen bei Heiligkreuzsteinach abgebaut (Treppen- und Rahmensteine). Nach A. Schmidt sollen die Bausteine des Heidelberger Schlosses der Hauptsache nach aus den vielen, großen, heute verfallenen Steinbrüchen stammen zwischen dem Wolfsbrunnen und dem Schlosse. Am Wege vom Haarlaß nach dem Aussichtsturm des Heiligenberges, bei Neustadt am Breuberg, bei Heubach, an der Spreng usw.

4) Gut aufgeschlossen sind die Zwischenschichten und die Karneolbank in vielen Steinbrüchen auf Blatt Neckargemünd. Sonstige Verbreitung des oberen

Gliederung des Buntsandsteins hüben

	Normalskizze (ohne Berücksichtigung der Mächtigkeits- u. Detailverhältnisse)		Im Odenwald (nach Chelius, Benecke u. Schalch)
Oberer Buntsandstein (Röt)	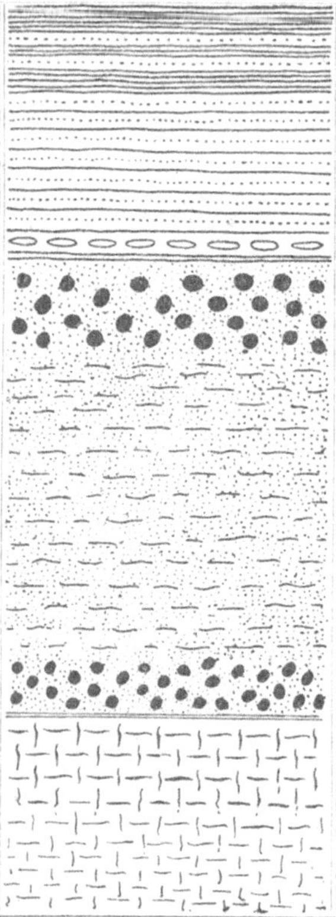	ca. 60 m mächtig	Röt: Feinglimmerige Schiefertone. Chirotheriensandstein (weißlich). Plattensandstein mit tonigen Zwischenlagen. Karneolbank (mit Dolomit u. Karneolknollen).
Mittlerer Buntsandstein (Hauptbuntsandstein)		ca. 300 m mächtig	Hauptbuntsandstein: Oberer Geröllhorizont (nur Kieselgerölle). Kugelhorizont. Kieselige, grobkörnige, glitzernde Sandsteine wechselnd mit Tonsandsteinen. Pseudomorphosensandstein mit Lettenbänken. Pseudomorphosensandstein mit dem Unteren Geröllhorizont (Gerölle von Quarz, Gneis, Granit, Porphyr). Ecksches Konglomerat.
Unterer Buntsandstein		50-70 m mächtig	Gelb und grünlich gefärbte Tigersandsteine (Tonsandsteine)[1]. Rot und weiß gebänderter, toniger feinkörniger Sandstein. Rote Schieferletten.

die Vorkommnisse von unterem und oberem Buntsandstein im Odenwald bescheiden zurück.

Zwar kannst du alle Abteilungen des Buntsandsteins in den

Buntsandsteins: Die Zipfel hüben und drüben der Linie Bammental—Waldwimmersbach—Neckarkatzenbach—Binau—Neckarburken, ferner: der Streifen Beerfelden—Erbach sowie der von Vielbrunn. (Vgl. die Geol. Karte von Chelius.)

1) Diese manganfleckigen Sandsteine werden bald zum unteren, bald zum mittleren Buntsandstein gerechnet. (S. 16.)

und drüben des Oberrheins.

	Im württembergischen Schwarzwald (nach H. Eck)		In den Vogesen (nach Benecke u. Schumacher)
ca. 20—70 m mächtig	Rote Schieferletten (Röt). Glimmerreiche, feinkörnige Plattensandsteine oft mit Dolomit in Bänken und Knollen. Violette, rote u. weiße Tonsandsteine mit Dolomit- u. Karneolschnüren.	bis ca. 75 m mächtig	Grenzletten (Weiß). Glimmerige, rote und weiße, feinkörnige Tonsandsteine mit Schieferletten u. Pflanzenresten (Voltziensandstein). „Zwischenschichten", grob- bis feinkörnig, dunkelrot. Nach unten mit Dolomitbänken u. Karneolschnüren.
ca. 130—270 m mächtig	Hauptbuntsandstein: Hauptkonglomerat (fast nur Kieselgerölle). Häufig grobkörnige, glitzernde Kieselsandsteine; hellrote dickbankige Sandsteine; gelegentlich Geröllstriche. (In den unteren Lagen viele rote und grüne Tongallen; in den mittleren Lagen Kugelsandsteine und Manganflecken.) Unteres Konglomerat (neben Kieseln auch Gerölle von Gneis, Granit, Porphyr, Chalzedon).	bis ca. 400 m mächtig	Hauptbuntsandstein: Hauptkonglomerat (fast nur Kieselgerölle). Vogesensandstein: Glimmer- und tonarme, öfter grobkörnige, glitzernde Quarzsandsteine; unten gröbere Tonsandsteine, häufig mit den braunen Manganflecken („Tigersandstein", „Pseudomorphosensandstein".) Unterer Geröllhorizont (neben Kieseln auch Gerölle von Gneis, Granit, Porphyr).
bis ca. 70 m	Weiße, rote, gelbe, glimmerreiche Tonsandsteine mit roten glimmerigen Schiefertonen; häufig Tigersandsteine (M[illegible]ganflecken); (erst nördl. [illegible]pirsbach-Schweighause[illegible]kelt.)	bis ca. 80 m	Erst nördlich von Niederbronn entwickelt: Feinkörnige, glimmerreiche meist rote und weiße, oft gestreifte, tonige Sandsteine sowie Tone.

Tälern und auf den Höhen östlich und südlich der an „Ehren reichen" Neckarstadt studieren. Das Thürachsche Schichtenprofil wird dir für das Studium der Einzelgliederung von allergrößtem Nutzen sein. Vielleicht bist du aber einer von denen, die nicht gern in Fesseln reisen und von einer streng vorgeschriebenen Marschroute nicht viel wissen wollen. Drum will ich dir ein paar Profile in die Tasche stecken (siehe obige „Gliederung"), die auf deinen Kreuz- und Querfahrten durchs ganze süddeutsche „Wüstenland" wichtige Wegweiser für dich werden können. (Vgl. auch die Profile 9, 5 u. 12.)

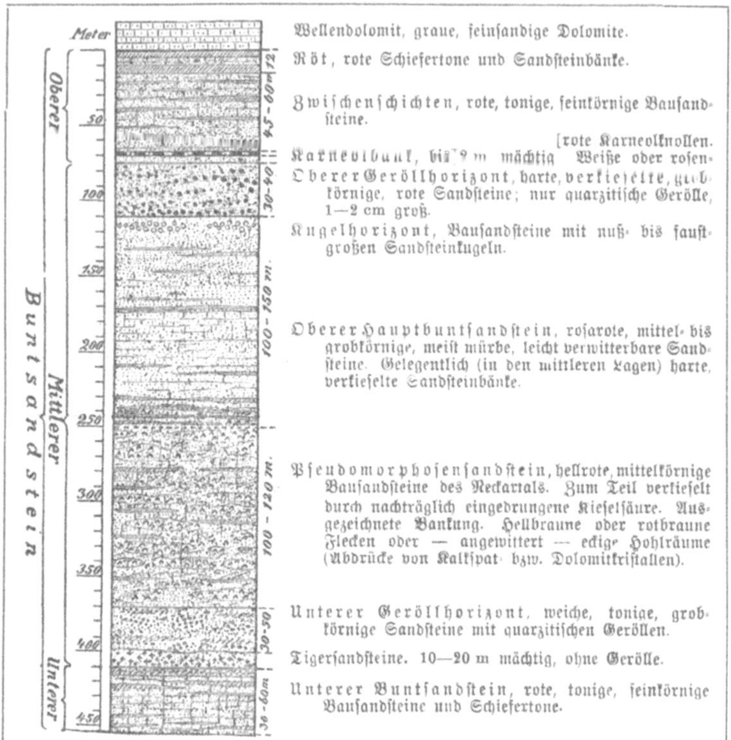

Abb 9. Normales Schichtenprofil des Buntsandsteins bei Heidelberg (im Verhältnis der mittleren Mächtigkeit der einzelnen Schichten). (Nach Thürach.)

Du siehst: glimmerreich, feinkörnig und tonig — das sind die drei Adjektive, die den unteren und oberen Buntsandstein im wesentlichen charakterisieren. Im Gegensatz zu diesen mehr tonigen Bildungen ist der dazwischenliegende Hauptbuntsandstein glimmerarm, mittel- bis grobkörnig und oft verkieselt. Und so bunt auch die Dinge auf den ersten Blick durcheinanderwogen: alle die licht- und tiefroten Letten, alle die feinkörnigen, grobkörnigen, roten, gebleichten, gefleckten, löcherigen Sandsteine — „ruhende Pole in der Erscheinungen Flucht" sind die Geröllhorizonte, das „untere (Ecksche) und das obere (oder Haupt-)Konglomerat.[1])". Auch das geht

1) Eigentliche Konglomeratbildungen fehlen im südlichen Odenwald. Im Hinblick auf die i. a. nur spärlich verstreuten Gerölle wollen wir daher lieber von „Geröllhorizonten" reden.

deutlich aus aus der Tabelle hervor, eine wie wichtige Rolle die sogenannte **Karneolbank** mit ihren Knollen und Schnüren von Dolomit und Karneol als Grenzbank zwischen dem mittleren und oberen Buntsandstein spielt.

Wenn die Tabelle dir die Vermutung nahelegt, daß die Sandsteindecke des Schwarz-, Oden-, Pfälzer- bzw. Wasgenwaldes ursprünglich eine **einheitliche** zusammenhängende Tafel war, so ist's gut. Die im großen und ganzen übereinstimmende Gliederung des Buntsandsteins hüben und drüben vom Rheingraben würde wenigstens dafür sprechen. Doch können wir den exakten Beweis für diese hochinteressante Tatsache erst auf einer späteren Wanderfahrt erbringen [S. 182 u. f.], nachdem wir mehr Beobachtungsmaterial gesammelt haben. Nur so viel sei gesagt: In der Folgezeit ging es der Sandsteindecke schlecht. Sie ertrank. Erst kam ein Meer, wohl von Osten her, und setzte seinen kalkigen Schlamm ab (Muschelkalk im Michelstädter Graben); dann kam ein anderes Meer, von Süden her, und türmte darüber auch noch seine Sedimente (Liasgesteine am Basalt des Katzenbuckels!). Dank der Tätigkeit der Regentropfenarmee wurden diese marinen Sedimentdecken zerstört und abgetragen, so daß die alte Wüstentafel wieder zum Vorschein kam. Aber auch vor ihr macht die Regentropfenarmee nicht halt. Selbst die **kieseligen**, geröllreichen Bänke des Hauptbuntsandsteins können dem zähen Gegner nicht standhalten. Wie gefallene Helden liegen Blöcke und Quader an den Hängen, hier einzelne, dort im wilden Trümmerchaos übereinander gestürzt. So hart und wetterfest eine Kieselsandsteinschicht aussieht — ruht sie auf einer weicheren, weniger widerstandsfähigen Schicht, so ist sie verloren, sobald die Unterminierungsarbeit einsetzen kann. Dann verwittert die weiche, leicht zerstörbare Unterlage zuerst. Die unterwaschenen harten Bänke brechen — ihrer Stütze beraubt — am Gehänge ab und purzeln ein Stück weit den Berghang hinunter, sich an- und übereinander häufend zu den „Felsenmeeren", ‚Teufelsmauern" und „Teufelsmühlen" des Volksmundes. Solche Blockmeere findest du auf deinen Wanderungen durch den Odenwald (Heidelberg, Zell, Weitengesäß usw. usw.) und Schwarzwald (Loffenau, Kniebis usw.) häufig.

Willst du aber Verwitterungserscheinungen und herausmodellierte Geländeformen sehen, die wie in einer zweiten Sächsischen Schweiz von klassischer Schönheit sind, dann geh hinüber über den Rhein und durchstreife den Wasgen- und Pfälzerwald vom großen Donon im Süden bis hinaus über die Sickinger Höhe (bei Kaiserslautern) im Norden. [1])

Gleich der Odilienberg — der Glanzpunkt aller Wasgauherrlichkeiten — wird dir nicht nur erzählen von seiner Heidenmauer, gefügt aus rohbehauenen Konglomeratblöcken, von der Heidenmauer jener alten Keltenstadt, aus der in buntem Schicksalswechsel erst eine Römerfestung, dann eine germanische Ritterburg und zuletzt ein Frauenkloster wurde. Von einem Kampf, gewaltiger als

---

1) Rucksack-Literatur: Das ausgezeichnete Viermänner-Buch „Geologischer Führer durch das Elsaß" von Benecke, Bücking, Schumacher und van Werveke. Für den Wasgau: Häberle, „Das Felsenland des Pfälzerwaldes".

Abb. 10. Burghalderfels bei Hauenstein. (Pfälzerwald-Verein.)

alle Menschenkämpfe, erzählt er, vom Kampf mit dem Wassertropfen. Wohl ist auch das Hauptkonglomerat weithin zerstört und zerfurcht. Für viele Höhen aber ist gerade die Zone der Hauptkonglomerate immer noch die Stirn voll Trotz und ungebrochener Widerstandskraft (Odilienberg, Donon usw.) Auf diese Trotzgestalten der Natur hat der Mensch häufig die seinigen gesetzt, seine schier unüberwindlichen Burgen und Schlösser. Hohbarr, Groß- und Klein-Geroldseck, Greifenstein, Dagsburg, Bitscher Schloßfelsen — sie alle wurzeln in den Hauptkonglomeraten. Und wie in den Sandstein-Vogesen, so finden wir auch in deren nördlichen Fortsetzung, im Pfälzerwald (Hardt), viele der höchsten Kuppen gekrönt mit den markant heraustretenden, trotzigen Felsengruppen des Hauptkonglomerats (Eschkopf, die große Kalmit, Drachenfels, Peterskopf, Rahnfels). Aber nicht nur die obere Abteilung mit ihrem Hauptkonglomerat, auch die übrigen Abteilungen des Hauptbuntsandsteins liefern eine Fülle der interessantesten Verwitterungserscheinungen.

Schon ein einziger Blick von einem Höhepunkt, z. B. von Trifels oder von der Madenburg aus, hinein in das unruhige Hügelgewirr des Hauptbuntsandsteins gibt dir eine Vorstellung von dem Reichtum der herausmodellierten Bergformen. Schau dich um, ringsum! Wenn Berge tanzen können — hier tanzen sie.

Dich neben den Bergformen auf die phantastischen und abenteuerlichen Felsformen aufmerksam zu machen, ist kaum nötig. Die ruinengleichen Felsenmauern (Abb. 10), die zerklüfteten Zackenkämme, die bizarren Felsennadeln, die grotesken Gesteinspyramiden, die Tisch- und Pilzfelsen (Abb. 11) — bald aus der einen, bald aus der anderen der (vier) felsbildenden Stufen (Profil 12 und Text) herausgemeißelt — müssen jedem auffallen, der offenen Auges durch die Landschaft wandert. Da ist z. B. die Gegend zwischen Annweiler und Dahn, wo der Meister des Einfalls und der Laune die wunderbarsten Felsfamilien in die Landschaft stellte.

Aus dem schwermütigen Kiefernwald steigen sie auf, die wetterumbrausten Felsgestalten. Aber nicht alle bleiben oben auf luftiger Höhe. Verwegene kommen herab ins Tal und stellen sich — ohne Richtung und Zusammenhang mit dem Ganzen zu verlieren — als Wächter an den nächsten besten Wiesensaum. Du läßt deine Blicke hinüberschweifen zur anderen Seite der stillen Talaue. Und merkwürdig! Genau in derselben Richtung steht wie abgekartet wieder einer, der das Tal hütet, wieder ein Vorposten eines größeren Hintertrupps. Es ist kaum nötig, dir die Entstehungsgeschichte all dieser zerhackten Grate und Bergrücken, Felsennadeln und Felsentürme, all dieser steinernen Pilze und Tische, all dieser Sandsteinbastionen und Gigantenmauern ins einzelne zu schildern. Du weißt, daß es die härteren, widerstandsfähigeren Gesteinspartien sind, die in dem großen Vernichtungskampfe der physikalischen, chemischen und organischen Verwitterungsfaktoren (Teil I S. 82) von der ehemals zusammenhängenden Buntsandsteintafel

Abb. 11. Die Kanzel bei Pirmasens. Beachte die Kreuzschichtung. (Pfälzerwald-Verein.)

Abb. 12. Durchschnitt durch die Buntsandsteinschichten des Pfälzerwaldes (aus Gümbel).

m = Unterer Muschelkalk. *S* = Abgesenkte Buntsandsteinschollen.

Oberer Buntsandstein: *b* = Voltziensandstein. *ob'* = Karneolschichten.

Des Hauptbuntsandsteins felsbildende Stufen:

h = Hauptkonglomerat (25—30 m), im Liegenden mit der Felszone zwischen Pirmasens und Lehmberg.

c = Trippstadt- oder Karlstalstufe [Karlstal; zwischen Annweiler und dem Hochspeyertal].

r = Rehbergstufe (10 m) [Rehberg, Abtkopf, zwischen Dahn und Lehmberg; Tischbildungen!]

t = Trifelsstufe (75—90 m) [Trifelskuppe, Felsenlandschaft von Dahn, Wilgartswiesen, Hinterweidental usw.], vom unteren Buntsandstein getrennt durch das Ecksche Konglomerat.

a = Unterer Buntsandstein (40—70 m) mit dem Annweiler (Leisbühler) Sandstein.

p = Rotliegendes. *z* = Zechstein.

übriggeblieben sind. Und auch die Mannigfaltigkeit der Erscheinungen braucht nicht wunderzunehmen, wenn man daran denkt, wie sehr infolge eines bald mehr kieseligen (oder eisenschüssigen), bald mehr tonigen Bindemittels Widerstandskraft und Festigkeit wechselt von Bank zu Bank, von Schicht zu Schicht. Aber eins ist merkwürdig! Die Geometrie, die dem Ganzen zugrunde liegt. Warum stehen oft die langgezogenen, hochaufragenden Felskämme und Felsrücken samt ihren Vorposten in einer Geraden hüben und drüben der Talung? Und warum hat die Verwitterung mit besonderer Vorliebe prismatische Säulen und Mauern herausgemeißelt, so daß man oft meint, richtige Ruinenmauern einer alten Burg vor sich zu haben? (Ruinensandstein, Abb. 10.)

Sehr einfach! Dieser Bauplan war schon vorgezeichnet, ehe die Verwitterung einsetzte. Tiefe Klüfte und Spalten hatten sich in der alten Sandsteintafel gebildet, Klüfte und Spalten, längs deren sich häufig gewaltige Lagerungsstörungen vollzogen. Kaum wirst du auf deinen Wanderungen durch die „pfälzische Schweiz" eine Felswand finden, welche dir nicht noch Spuren der Zerklüftung zeigt. Wie scharf diese Spalten das Gestein durchschneiden, siehst du am besten an den häufig im Sandstein eingeschlossenen weißen Rollkieseln. So hart diese Rollsteine auch sind — die Spalte ist ihnen nicht aus dem Wege gegangen. Glatt und scharf sind die Kiesel zersprengt, als hätte einer mit dem besten Rasiermesser der Welt einen Meisterschnitt hindurchgelegt.

Wenn man die unzähligen Spalten auch in bezug auf ihr Streichen untersucht, so findet man, daß in der Hauptsache vier Himmelsrichtungen bevorzugt werden, nämlich:

1. von SW nach NO,
2. „ SO „ NW,
3. „ O „ W,
4. „ N „ S.

Denke dir nun zwei Spalten *a* und *b* (Abb. 13) von der Sorte 1, d. h. zwei solche, die von SW nach NO streichen, und ferner zwei Spalten *c* und *d*, die nach Art der Sorte 2 von SO nach NW streichen, so deutet dir ohne weiteres Abb. 13 die Richtlinien an, nach denen die Herausarbeitung der säulen- bzw. mauerartigen Absonderungen erfolgen muß. Von diesen Spalten aus und von oben her geht die Verwitterung an die Arbeit. Keine bessere und natürlichere Operationsbasis hätte es für die Verwitterungsarmee geben können als die vielen, vielen Klüfte und Spalten, die offenbar im Zusammenhang mit der Bildung des Rheintalgrabens (S. 183 u. f.) durch abnorme Druckkräfte in der alten Sandsteintafel entstanden waren. Hier konnten die Verwitterungsfaktoren ein- und vordringen, konnten ausnagen, unterwaschen und zertrümmern (Sprengkraft des Spaltenfrostes ev. auch der Pflanzenwurzeln). Die stark konkav ausgehöhlten weichen Schichten und die gesimsartig weit herausragenden härteren Schichten, wie du sie überall beobachten kannst, zeigen deutlich, daß die Verwitterungsgeschwindigkeit der einzelnen Schichten verschieden ist. Aber wenn die Bänke mit kieseligem Bindemittel auch länger standhalten — einmal hat das Unterwaschen und Untergraben jenes Maß erreicht, wo die frei herausstehenden härteren Bänke infolge ihres Eigengewichtes abbrechen und in die Tiefe stürzen.

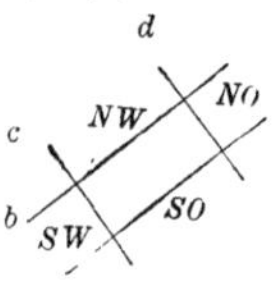

Abb. 13.

Soviel es die Durchlässigkeit des Sandsteins erlaubt, sickern die Wässer auch von oben her durch den Sandstein hindurch, bis sie auf einer undurchlässigen tonigen Schicht in der Tiefe ankommen. Hier setzen sich dann die Sickerwässer — der Schichtenneigung entsprechend — in Bewegung, bis sie zu irgendeiner Austrittsstelle kommen. Hier — und namentlich an der Austrittsstelle — ist es aber auch, wo sie in dem tonigen, weichen, leicht zerstörbaren Material den Hebel ihrer Unterminierungsarbeit mit Erfolg einsetzen können.

Nur da, wo besonders glückliche Umstände (Anreicherung des Bindemittels, auf- und vorgelagertes hartes, widerstandsfähiges Material usw.) den „umrissenen" Gesteinsstock schützten, konnte dieser im Laufe der Zeit aus seiner Umgebung herauswachsen, kann immer noch turmhoch aufragen, wenn rings um ihn herum alles andere der Abnagung und Abtragung seinen Tribut gezollt hat. Jetzt ist es uns auch klar, warum die zerhackten Grate, Mauern und Säulen so häufig über ein Gehänge herablaufen und jenseits der Talung wieder in derselben geraden Linie das Gehänge hinauf weiterziehen. Die herausgeschälten Felsruinen sind eben in ihrer Längserstreckung an die Richtungslinien der alten Spalten gebunden, und die waren sehr oft schnurgerade. Es ist für den Wanderer überaus interessant, die heutigen Taleinschnitte in Gedanken wieder auszufüllen und die alten Richtlinien an der Hand der isolierten Felsenburgen und Ruinenmauern in ihrer ganzen Längsausdehnung wiederherzustellen. Weithin über Berg und Tal kannst du oft ein und dieselbe Richtung verfolgen. Dann aber bricht sie jäh ab und macht gleichsam einen Seitensprung. Und ebenso schnurgerade wie die alte wird jetzt die neue Richtung von den Felsgräten und mauerartigen Pfeilern eingehalten. Gibst du dabei acht auf die Himmelsrichtung, so wirst du in Tausenden von Fällen ein Streichen von SW nach NO konstatieren können. Diese Richtung ist die häufigste. (Jungfernsprungfelsen bei Dahn, Altdahner Schloß usf.) Daneben, wenn auch seltener, kannst du Beispiele für ein Streichen von SO nach NW (Bergrücken des Trifelses) oder von O nach W bzw. von S nach N beobachten. (Ruppertsweiler: Langen- und Schnepfenberg, Busenberg: Heiden- und Eichelberg). Wo aber Richtungslinien von mehreren verschiedenen Sorten zusammentreffen, da gibt's naturgemäß auch etwas Gemischtes: Wahre Felsenlabyrinthe entstehen da, oft begleitet von Felsenmeeren.

Da es für den Geologen zwischen Pfälzerwald und Nordvogesen keine Grenze gibt (weil es derselbe Buntsandstein ist, der in beiden Gebirgen fast zur Alleinherrschaft kommt), dürfen wir im vogesischen Hauptbuntsandstein ähnliche Verwitterungserscheinungen erwarten wie im Pfälzerwald. Statt anderer Beispiele sei nur der prächtige Felsentisch am Forsthaus Langenweier erwähnt. Nirgends verwachsen Fels und künstliche Mauer so innig miteinander wie bei den berühmten elsässischen und pfälzischen Sandsteinburgen. Manch ein Sandsteingemäuer ist nichts als ein verkörpertes Ineinandergreifen von Natur und Kunst, und manche Verliese und Kammern, die heute noch den nimmersatten Rachen aufsperren, sind nichts anderes als natürliche Höhlen im Fels, nach außen abgeschlossen durch die Burgmauer (Fleckenstein, Falkenstein, Wasenburg; Dahner Schloß usw.).

Fast zu lange schon haben wir uns bei den reckenhaften Felsensöhnen der alten Sandsteintafel aufgehalten, bei jenen Felsensöhnen, um die deutsche Heldensagen und Heldenlieder ihren Efeu ranken. (Wasigenstein = Schauplatz des Walthariliedes.) Doch nicht im stillgewaltigen, aussichtslosen Kampfe, nicht im Verfallen und Vergehen — im Werden und Entstehen wollten wir hauptsächlich den roten Sandstein kennen lernen. Drum zurück in die Buntsandsteinzeit!

Hoiho! Wo ist das Leben? Du stehst und rufst und horchst und rufst — hinaus ins deutsche Wüstenland! Kirchhofsstille. Kein Tier, keine Pflanze — nichts als todbürre, heiße Sande! In der Tat: Du kannst tage-, ja wochenlang im Dünensand des Hauptbuntsandsteins dahinwandern, ohne auch nur eine Spur von einem einstigen Lebewesen zu entdecken. Fast scheint es so, als ob die Wüste eine rechte Wüste gewesen wäre — öd und leer. Erst gegen Ende der Buntsandsteinzeit, als das Wasser infolge einer energischeren Senkung mehr und mehr Oberhand bekam, da mehren sich die Zeugen des Lebens. Unter den Landpflanzen sind es neben Schachtelhalmen (Equisetum Mougeoti) und Farnen (Anomopteris Mougeoti) ganz besonders die Nadelhölzer, welche dem Landschaftsbild des Oberen Buntsandsteins ein freundlicheres Gepräge geben. So häufig kommt z. B. die araucarienähnliche Tanne Voltzia heterophylla in der Sulzbader Gegend (westlich von Straßburg) vor, daß man in den Sandstein-Vogesen von einem besonderen „Voltziensandstein“ (Abb. 14 und Profil 12) spricht. Nebenstehend siehst du ein

Abb. 14. Zweig und Zapfen eines Nadelbaumes aus dem Buntsandstein (Voltzia heterophylla). (Nach Fraas.)

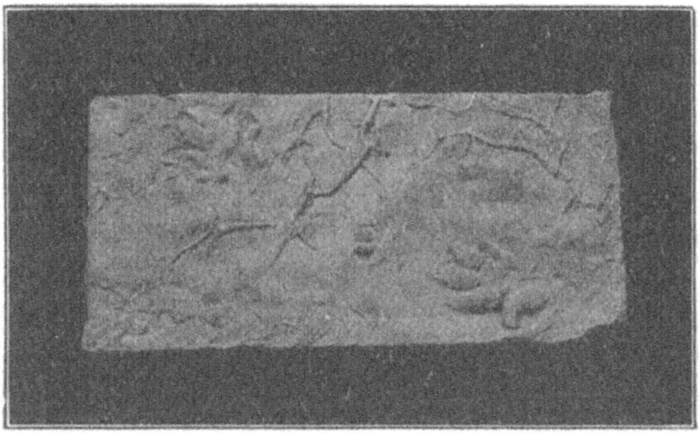

Abb. 15. Fußspuren des Handtieres (Chirotherium) auf einer Sandsteinplatte. Der fünfzehige Fuß ist mehr wie doppelt so groß als die fünffingerige Hand und trägt eine stark nach auswärts gekrümmte, große Zehe. Beachte auch die Netzleisten. (Nach Heilborn.)

Müsterchen aus dem Sulzbader „Tannenwald" der Oberen Buntsandstein-Zeit abgebildet. Das Tannenzweiglein zeigt — im Gegensatz zu unseren heutigen Tannen — ungleich lange Nadeln. Kurze, pfriemige Blätter sitzen an den älteren Zweigen, während die jüngeren Zweige lange, lineare Blätter tragen. Auch Zapfen (Fruchtzweige) — vollständig und ausgezeichnet erhalten — fand man neben Zweig- und Stammstücken im Boden der alten Voltzien-Oase.

Zu den interessantesten Urkunden um die Wende der Mittleren und der Oberen Buntsandsteinzeit gehören zweifellos jene Sandsteinplatten, auf denen in steinernen Lettern geschrieben steht: „An dieser Stelle schritten leibhaftige Wüstenbewohner über uns hinweg." Die anonymen Urheber dieser „gedruckten Handschriften" (Abb. 15) herauszubringen war anfänglich nicht leicht. Die einen meinten, Beuteltiere hätten da ihre Hände im Spiele gehabt. Wieder andere hielten schreitende Riesenvögel für die Täter. Heute weiß man, daß die Fußspuren von mächtigen Panzerlurchen herrühren, die man wegen ihres radiär gekröseartigen Zahnbaues (sichtbar im Dünnschliff unterm Mikroskop (Abb. 52)) Wickelzähner oder Labyrinthodonten nannte. Wie wir auf späteren Wanderungen sehen werden, spielen die Geschlechter dieser Wickelzähner während der ganzen Triasperiode eine nicht unbedeutende Rolle. Speziell unserem Wickelzähner hat man den treffenden Namen Chirotherium, d. h. Handtier (cheir = Hand; therion = Tier) gegeben. Man sieht (Abb. 15), daß seine Füße nicht gleich groß waren. Wohl zwei- bis dreimal so groß als die Vorderfüße müssen seine Hinterfüße gewesen sein. Vier Finger trugen Krallen, während der abstehende Daumen krallenlos war. Verhältnismäßig viel Mut hatten diese vierfüßigen Wüstenzigeuner. Weit schweiften sie im Lande umher, da und dort im frisch abgesetzten Schlamme ihre handförmigen Fußstapfen zurücklassend.

So hat z. B. Dr. Spitz bei Durlach vier verschiedene Arten von Fährtenformen gefunden. Und aus der Heidelberger Gegend kennt man Fährten, Knochen[1]), Schädelbruchstücke[2]), ja sogar einen Panzerplattenabdruck[3]) (Trematosaurus? (Abb. 16)) der einstigen „Buntsandstein-Herren." Unter den Funden nach Norden zu (Wertheim a. T., Würzburg, Kissingen, Jena) haben es die „Heßberger Tierfährten" zu einiger Berühmtheit gebracht.

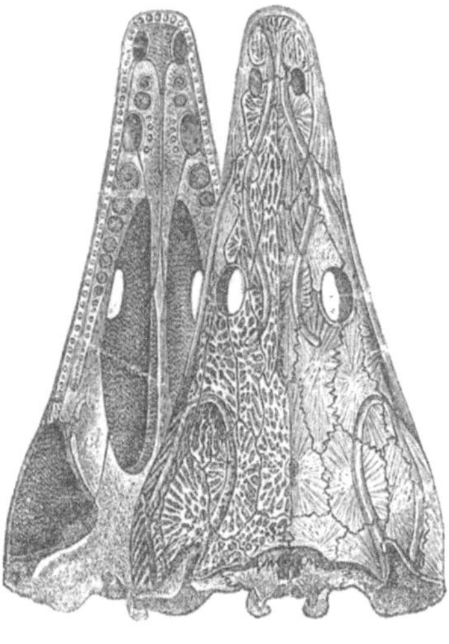

Abb. 16. Ein Dachschädler aus dem Buntsandstein von Bernburg. (Trematosaurus, aus Steinmann.)

Geradezu ein Tummelplatz für Wickelzähner muß die Umgebung von Bernburg gewesen sein. Von hier stammen zwei prächtig erhaltene Labyrinthodontenschädel, der langschnauzige Trematosaurus (Abb. 16) und der plumpe, großköpfige ($^1/_2$ m) Capitosaurus. Auch nach Süden zu, aus dem Buntsandsteinschwarzwald, kennt man Labyrinthodontenreste (Teinach, Calw, Freudenstadt). Im Donaueschinger Museum freut sich ein Schädel seines fürstlichen Daseins unter dem Namen Trematosaurus Fürstenbergianus. Er stammt von Herzogenweiler aus dem (oberen) mittleren Buntsandstein. Und noch weiter südlich, bei Basel, hat man neben Resten von Panzerlurchen auch solche von Reptilien [Basileosaurus, Sclerosaurus] gefunden. Der bekrallte „Basileosaurus" muß wohl schon ein kleiner Schreckenssaurier gewesen sein (vgl. S. 73). Überhaupt rechnen manche Forscher die meisten Urheber der „gedruckten Handschriften" nicht mehr zu den Amphibien (Stegocephalen), sondern zu den Reptilien, seitdem man ganz ähnliche Fährten auch aus dem nordamerikanischen Triassand-

1) Von Nußloch und von Neckarsteinach (Pseudomorphosensandstein).
2) Nußloch.
3) Gaisberg (Grenze zwischen mittlerem und oberem Buntsandstein).

stein (Connecticutsandstein) kennt und zwar von schreitenden und laufenden bipeden Dinosauriern.

Bevor wir den „Wüstenstaub“ von den Füßen schütteln, muß ich dich noch auf die unangenehmste Eigenschaft der einstigen Buntsandsteinwüste aufmerksam machen: Die Ausweispapiere dieser „Wüste“ sind zum mindesten „nicht ganz genügend“. Trotz der roten Farbe — die meisten Wüstensande sind gar nicht rot, trotz der häufigen Diagonalschichtung — auch das Wasser schichtet seine Absätze diagonal, wenn die Anschwemmungsrichtung wechselt — meinen viele Forscher, wie Tornquist, Koken, Blankenhorn u. a., der Buntsandstein sei nicht in Wüsten, sondern von einem seichten, von N nach S vorgreifenden Meere abgesetzt worden. Machten uns schon die mächtigen Geröllschichten stutzig, die den Hauptbuntsandstein oben und unten umrahmen und deren Korn- und Geröllgröße von SO nach NW abnimmt, so deuten andererseits die vielen permischen Porphyrgerölle der unteren Konglomeratbank auf eine große Strandabspülung hin.

Das vordringende Meer soll mit seiner kräftig-aufarbeitenden Brandung, unterstützt durch starke Strömungen, die Sandsedimente weithin ausgebreitet bzw. versetzt haben. Und auch die Wellenfurchen, Eintrocknungsrisse, Leistennetze und Steinsalzpseudomorphosen lassen sich zwanglos als Bildungen am Sandstrande eines Meeres erklären, eines Meeres freilich, das vorübergehend sich zurückzog bzw. eintrocknete.

Du siehst, wie schwankend der Boden für den Geologen wird, wenn die Stimme des Lebens versagt und Fossilien von ausgesprochenem Charakter so gut wie fehlen. Wie man auch den unteren und mittleren Buntsandstein deuten mag — als Wüstenbildung oder als Flachmeersediment — das eine wissen wir sicher: der obere Buntsandstein ist meerischer Herkunft. Geh hinauf nach Neckarelz und studiere den oberen Buntsandstein am Schreckberg. Da hörst du den Wellenschlag des neu hereinbrechenden Meeres. Schon haben sich hier die mutigen Vorboten des vor der Schwelle liegenden Muschelkalkmeeres eingefunden, meerische Muscheln (Myophoria vulgaris, Abb. 20, Gervillia costata) und Schmelzschuppfische (Ganoidschuppen und Saurichthyszähne). Sie erklären den oberen Buntsandstein für marin und weisen gleichzeitig hin auf Geschlechter der neuen, wellenschlagenden Zeit.

II. Kreuz und quer durchs Muschelkalkmeer.

Du trittst aus den Tannenbergen des Buntsandsteingebietes — sei's hoch droben im Schwarzwald (Freudenstadt, Nagold usw.), sei's weit hinten im Odenwald (Neckargemünd-Mauer, Neckarelz, Buchen, Walldürn) heraus und schreitest hinein ins Land des schwäbisch-fränkischen Muschelkalks. Welch ein Wechsel im Landschaftsbilde! Hinter dir Waldwirtschaft, Tannen, Kiefern, einsame Talauen, einsame Höhen und Höfe. Vor dir lachendes, sonniges Land: Weite wogende Kornfelder, heiße Felsentäler, in denen der Wein noch blüht (Franken), da und dort ein Buchenwald, einförmige, wasserarme Hochebenen. Und das Ganze nicht in dem intensiven Rot des Buntsandsteins, sondern getaucht in lichtere Farben, in weiße, gelbliche, graue. So deutlich ist der Unterschied in der Farbenwirkung, daß es auch dem unerfahrensten Wanderer auffallen muß, warum der Acker dort (vgl. z. B. Aach, Glatten usw. bei Freudenstadt, Würmtal oberhalb Pforzheim) in seinem oberen Teile gelb, in seinem unteren dagegen rot erscheint. Sandstein und Kalkstein sprechen eben dank ihrer Farbentracht eine gar leichtverständliche Sprache: Hie Wüstenland[1]) — hie Meeresgrund!

Hie Wüstenland — hie Meeresgrund! Das Wort erinnert an Kampf und Streit. So ist es auch. Nie hat sich auf deutschem Boden ein schwereres Ringen zwischen einem alteingesessenen Wüstenklima und der neuvordringenden Meeresflut abgespielt als zur Muschelkalk- (und Keuper)zeit. Schon einmal drang das Meer erobernd vor auf der deutschen Scholle, von Norden her. Das war zur Zechsteinzeit. Das Ende vom Liede war die völlige Alleinherrschaft der Wüste während vieler Jahrtausende (Buntsandsteinzeit bis zur Röttransgression). Jetzt kam das Meer von Südosten her. Durch Oberschlesien wahrscheinlich brach es herein. Meister Neptun siegte. Aber sein Sieg war nur ein halber Sieg. Die Wasser, in die er die deutsche Wüstentafel tauchte, waren flach und seicht. Und seine Schutzbefohlenen — die Bewohner des südlichen Weltmeeres — streikten. Die meisten wollten nicht hinein in das neuangegliederte deutsche Becken. Ihnen war die Hochsee mit der gewohnten reinen Salzflut

1) Wenn wir hier die Walthersche Auffassung über die Entstehung des Buntsandsteins gelten lassen, so möchten wir doch im Interesse der Vollständigkeit ausdrücklich hinweisen auf die Ausführungen S. 25.

lieber als das seichte Binnenmeer mit seinem wechselnden Schlamm und wechselnden Salzgehalt. Schwämme, Korallen und Seeigel fehlten fast gänzlich, und auch unter den Kopf- und Armfüßlern waren es nur ganz wenige, vereinzelte Arten, die als Kolonisten ins germanische Muschelkalkbecken einzudringen den Mut hatten. Was wir also von Versteinerungen in unseren Ablagerungen erwarten dürfen, wird — denken wir an die Ostsee[1]) — nichts sein als eine verarmte Binnenmeerfauna. Wie groß das Muschelkalkmeer war? Nicht breiter als die Ostsee zwischen Memel und Schweden (etwa 300 km) kräuselte es seine Wellen zwischen der Ries- und Ardennenküste.[2]) (Abb. 39.) Und in südnördlicher Richtung erstreckte sich das germanische Binnenmeer von Sardinien bis Helgoland, also etwa so weit wie die Ostsee von Kiel bis zu ihrem Nordende bei Haparanda (ca. 1500 km).

So wäre also der vielversprechende Name Muschelkalk nichts als eitel Rauch und Schall und deine freudige Hoffnung, endlich wieder einmal etwas Rechtes für deine paläontologische Sammlung herauszuschlagen, wäre zuschanden geworden? Mitnichten! Bei aller Eintönigkeit und Armut der Muschelkalkfauna im ganzen häufen und stauen sich die Versteinerungen in einzelnen bestimmten Bänken in solchem Maße an, daß das Wort „Muschelkalk" buchstäblich in Erfüllung geht.[3])

---

1) So sind z. B. die Austern in der salzarmen Ostsee ganz ausgestorben. Andere Muscheln gibt es nur wenige und dazu nur zwerghafte Formen. Nach Moebius mißt: die Miesmuschel (Mytilus edulis) bei Kiel 8—9 cm, auf Gotland nicht über 4 cm. Die Herzmuschel (Cardium edule) ist — der Abnahme des Salzgehalts entsprechend — so groß wie: ein kleinerer Apfel in der Nordsee, eine Walnuß bei Stockholm, eine Haselnuß bei Königsberg, eine Erbse bei Reval.

2) In Norddeutschland war es breiter; es ging vom Rheinischen Schiefergebirge bis ins Schlesische.

3) Bänke mit Muscheln (Trigonodus Sandbergeri) und Myophoria vulgaris) nördl. von Hall (Gelbingen, Gailenkirchen), mit Myophoria Goldfussi nördl. von Gaildorf (Ottendorf), mit Gervillia socialis in Elsaß-Lothringen wie in Franken (blaue Kalkbänke mit den weißen Querschnitten ihrer dicken Schalen nennt das Volk Blumensteine oder Hebräer), ferner die obere Terebratelbank bei Ilshofen-Kirchberg, Kupferzell, Richen (Kraichgau). Die Haupttterebratelbank zwischen Mosel und Main, besonders bei Sinsheim-Uffenheim. Die Trochitenkalke zwischen Crailsheim-Kirchberg, die Austernriffe von Lothringen und in Franken. Aber nicht zu übersehen: Die vielen, fast völlig fossilfreien Bänke und Aufschlüsse, in denen man lange suchen kann, bis man auch nur ein einziges Fossil findet.

Wie überall in Deutschland kann man auch im schwäbischen Muschelkalk drei verschiedene Unterabteilungen verfolgen, nämlich 1. den unteren Muschelkalk oder das Wellengebirge, 2. den mittleren Muschelkalk oder die Anhydritgruppe, 3. den oberen Muschelkalk oder den Hauptmuschelkalk. In diesen drei Unterabteilungen spiegeln sich deutlich die großen Schicksalsetappen des Muschelkalkmeeres wider. Der untere Muschelkalk mit seinen wellig gefalteten Kalken und Dolomiten entspricht dem langsamen Vorrücken eines immer tiefer werdenden Meeres. Einem Zurückweichen des Meeres und einer raschen Verflachung entsprechen die ausgeschiedenen Gipse und Salze der mittleren Muschelkalkzeit. Dann aber folgt der Hauptschlag! Abermals dringt das Meer vor, wird immer tiefer, tiefer als in der Wellenkalkzeit und setzt jene leichtkenntlichen grauen und schwarzblauen Kalksteine des oberen Muschelkalkes ab. Wenn der Muschelkalk in bezug auf seinen Fossilgehalt und seine allgemeine Zusammensetzung in ganz Deutschland eine sehr ähnliche Entwicklung zeigt, so sind doch die Mächtigkeitsverhältnisse der einzelnen Abteilungen recht wechselnde.

Der Hauptmuschelkalk erreicht seine größte Mächtigkeit (100 m) im Mainland und nimmt von da sowohl nach Süden[1]) als nach Norden ab. Genau dasselbe gilt für den Wellenkalk in Süddeutschland (Hall 55—60 m, Mainland 100 m). Nur erfolgt nach Norddeutschland zu keine Abnahme mehr, sondern eine Zunahme.

Gehen wir nun zur Detailarbeit über und studieren wir zunächst das Wellengebirge. Auch hier ist es nicht gleichgültig, wo wir wandern. Anders zeigt sich das Wellengebirge entwickelt im unteren Neckartal und Frankenland (Kocher, Jagst und Tauber) als im Schwarzwaldgebiet. Denn eben so typisch und fast ausschließlich dort im unteren Muschelkalk der graue Wellenkalk herrscht, ebenso typisch besteht die Hauptmasse des unteren Muschelkalks hier am Schwarzwald aus gelbgrauem Wellendolomit. Warum es Brauch geworden ist, vor diese Kalke bzw. Dolomite immer noch das Wort „Wellen" vorzusetzen, wirst du bald herausbekommen. Oft genug kannst du harte, dünnplattige Gesteinsbänke beobachten, die — gleich den Rillen eines Waschbrettes — eine gewellte, gekräuselte oder fältelig-runzelige Oberfläche zeigen. (Abb. 28, vgl. auch Abb. 17.)

1) Hall 75 m, Crailsheim 58, ca. 25 m im Dinkelbergplateau und 15 m im Jura (Hauenstein).

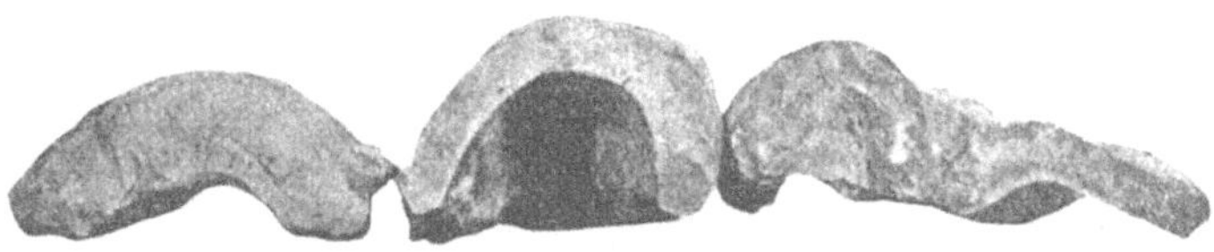

Abb. 17. Mehrere Wellen zusammengestellt. (Gekröskalk von Wimpfen, oberer Hauptmuschelkalk). (Nach Dr. G. Wagner.)

Diese Wellen und Wülste halten viele Geologen für echte Wellenfurchen, wie sie sich überall am Grunde flacher Gewässer bilden können. Wieder andere Forscher führen ihre Entstehung auf eine Zusammenstauchung und Faltung zurück, solange das Material noch nicht ganz verfestigt, sondern noch plastisch war (Abb. 28, vgl. auch Abb. 17). Letztere Annahme ist auch nicht schwer in Einklang zu bringen mit der Erscheinung, daß die Wellen manchmal, z. B. im Fränkischen, aus je 20—30, ja Hunderten übereinander gepackten, fast papierdünnen Lagen bestehen, oder aber, daß sie auffallend hoch sind.

Wellendolomit! Wie ein feinzerschlitztes, schmales Band umsäumt er den Sandstein-Schwarzwald. Die Verwitterungsarmee hat das Band bloßgelegt, durch Abtragung der darüberliegenden jüngeren Schichten. Hier kannst du nach den Herrlichkeiten des Untermuschelkalkmeeres suchen gehen. Nicht umsonst! Nagold (Rohrdorf), Freudenstadt (Aach-Glatten), Oberndorf a. N. sind bekannte Fundpunkte für den Sammler. In einem einzigen Tage kannst du auf einer Rundwanderung von Freudenstadt aus den schwäbischen (und gleichzeitig deutschen) Charaktergestalten des unteren Muschelkalkmeeres „Guata Tag" sagen. Bald wirst du sie auf weicher toniger oder mergeliger, bald auf harter dolomitischer, kalkiger Lagerstätte finden. Gib dabei auch acht auf die Austrocknungsspuren des Gesteins (die Netzleisten! vgl. S. 23) und auf Diagonalschichtungen des Kalkschlammes. Es sind das wichtige Fingerzeige dafür, unter welch ungünstigen Verhältnissen die Bewohner des seichten Untermuschelkalkmeeres ihr kärgliches Dasein fristeten.

Hier die Präsenzliste (Abb. 18) von M. Schmidt für alle Wellendolomitaufschlüsse auf deiner Rundwanderung durchs obere Glattgebiet[1]):

1) Von Freudenstadt über Wittlensweiler (Grüntal und Aach) nach Dornstetten, Glatten, Dietersweiler und wieder zurück nach Freudenstadt (Bacher-

Abb. 18. **Profil des Wellengebirges in 1:300**
(nach Schmidt u. Rau).

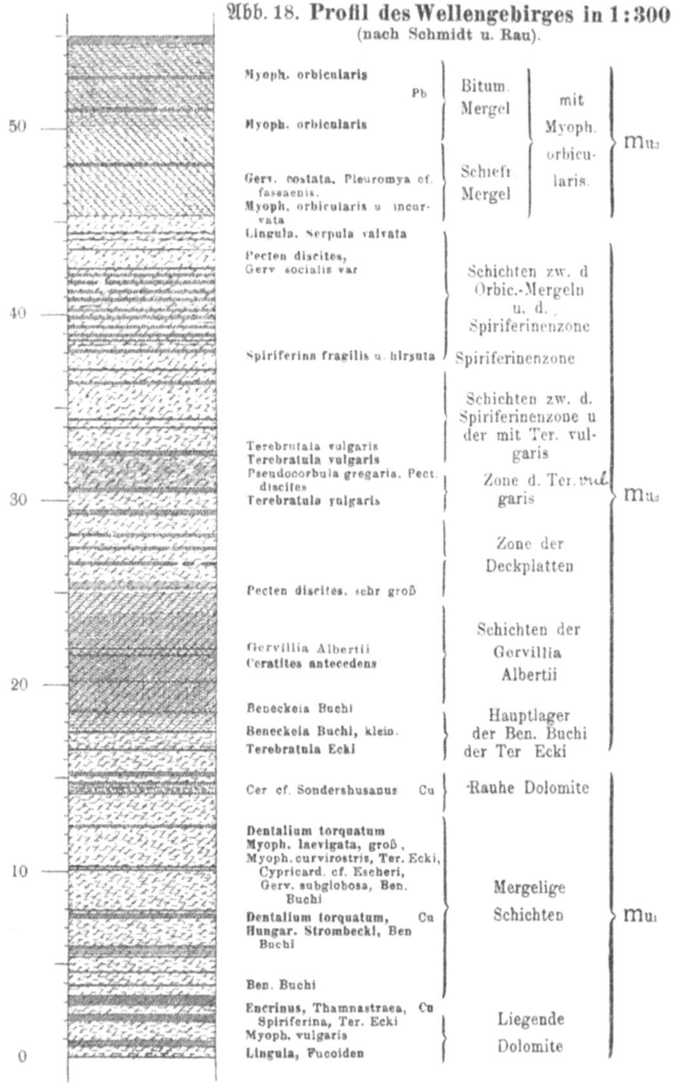

Erläuterung der Strichlagen: nach links steigend = kalkig, nach rechts = dolomitisch, horizontal = tonig-schiefrig, flachwellig = wellig, starkwellig = knollig, zarte Linien = mürbes Gestein, starke Linien = festes Gestein. Pb: Bleiglanz, Cu: Kupferverbindungen.

So recht ein Kind ihrer Zeit — der ganzen Muschelkalkzeit — ist die Terebratula (Abb. 19). Wer kennt sie nicht, die „kleine Durchlöcherte"? Zu den Armkiemern gehört sie. Des Schicksals Höhen- und Tiefenpunkte hat sie getreulich mit der Flut geteilt, mit der sie wagemutig hereingekommen war. Schau hin auf das Profil 18! Schon in den liegenden Dolomiten taucht sie auf, vereinzelt zwar, aber sie ist da. Neben Seelilien-Stielgliedern (S. 40) Korallen (Thamnastraea), Feilen- und Miesmuscheln (Lima striata und Mytilus eduliformis) und der noch seltenen Dreiecksmuschel (Myophoria vulgaris) findest du sie.[1]) Zur Zeit des mittleren Wellengebirges aber muß sie das Meer in hellen Scharen bevölkert haben, sonst hätte sie nicht den Meeresboden mit ihren Schalen in unzählbarer Menge übersäen können. Das waren für Ecks Terebrateln Tage, über denen ein fröhliches vivat, floreat, crescat waltete. (Hauptlager der Terebratula Ecki.[2]))

Abb. 19. Das „Wandervögelein" des Muschelkalkmeeres, die Loch-„Muschel" Terebratula vulgaris. (Aus P. Wagner)

Jäh brach das Ende herein. Die Lebensbedingungen wurden eine Zeitlang elende und trostlose für unsere „Müschelchen". (Wurstelbänke und Deckplatten.) Dann aber kamen nach diesen sieben mageren Jahren wieder sieben fette Jahre. Entsprechend diesen fetten Jahren finden wir auch in der „oberen Terebratelbank"[3]) fettere und größere Formen. Terebratula vulgaris hat sie die Wissenschaft geheißen. (Vgl. auch die Zwischenschichten.)

Bei aller Vorliebe für das „Wandervögelein" des Muschelkalk-

---

sche Ziegelei). Überall entblößte, kahle Halden — aber verhältnismäßig reich für Petrefaktensammler. Näheres in den Erläuterungen zu Blatt Freudenstadt der geol. Spezialkarte des Freistaats Württemberg (Nr. 105, von Schmidt und Rau), denen auch die folgenden Fundortsangaben entnommen sind.

1) Fundort: Wasserriß über der Straße von Hallwangen nach Dornstetten (südöstlich der Jägermühle), Sauwasen bei Untermusbach (östlich von der Mergelgrube auf dem Acker).

2) Prächtige Aufschlüsse: in den Lehmgruben (altklassisch!) vor den Bierkellern am Ziegelbühl (nahe beim Hauptbahnhof Freudenstadt; neuerdings bepflanzt), in der Mergelgrube etwas über 1 km ostsüdöstlich von Loßburg, oberhalb Schnaitertal und auf dem Lerchenberg bei Dietersweiler.

3) Bahneinschnitt bei Dornstetten, Mitte, 2 m über dem Bahnkörper Langenberg. Straße von Freudenstadt nach Dietersweiler (etwa 1 km nordwestlich von Dietersweiler) usw.

meeres, die Terebratula, dürfen wir das große Heer der echten Muscheln nicht vergessen.

Zahllos sind oft die Schalen der Myophorien. Von der erst vereinzelt vorkommenden Myophoria vulgaris (Fußnote 1 S. 31) (Abb. 20) der liegenden Dolomite und der großen glatten Myophoria laevigata [1]) (und cardissoides) der mergeligen Schichten angefangen bis hinauf zu dem leicht kenntlichen dreieckigen „Nüßchen" Myophoria cardissoides (Abb. 21) des Myacitenlagers [2]) und der überaus häufigen Myophoria orbicularis [3]) (Abb. 22), sind sie alle miteinander Dreieckmuscheln. Aber der Baustil ihrer Häuser weist noch nicht die mannigfaltigen Verzierungsmotive auf, wie es bei den prunksüchtigen Trigonia-Arten des Jurameeres der Fall ist. Einfach und schlicht ist ihre Bauweise.

Wie das Profil andeutet, spielt neben den Myophorien die Gervilleia (von unten nach oben: subglobosa [1]), Albertii, socialis [1]) [4]) Abb. 23, costata [3])) eine nicht zu unterschätzende Rolle im Wellengebirge. Auch die durch feine Streifen linierte Feilenmuschel (Lima lineata Abb. 24) ist leicht zu bekommen, z. B. aus den Orbicularis-Schichten [3]), oder aus jenem „Myacitenlager" [2]), das man zu Ehren der Häufigsten unter den Häufigen Lager der Gervillia Albertii (Abb. 25) genannt hat. Sehr große Exemplare einer scheibenförmigen Kammmuschel (Pecten discites) finden sich in der recht petrefaktenarmen Zone der Deckplatten, kleine Schalenexemplare derselben Muschel — oft zu ganzen Nestern zusammengehäuft — in den schwärzlichen, sandigen Schiefern im Haupthorizont der Terebratula vulgaris. [5])

Genug der Muscheln. Nur wenige von den vielen wollte ich dir zeigen und vorstellen, ein paar auserlesene Leitformen des Muschelkalkmeeres.

Vielleicht hat noch einer deine Aufmerksamkeit auf sich gezogen. Vielleicht ist er mir zuvorgekommen — damals, als du nach Ecks Terebrateln suchtest. Dort im Hauptlager der Terebratula Ecki liegt auch er (Abb. 26). Es ist zwar nur ein kleiner Kerl; aber er ist der Vertreter eines großen Geschlechts, jenes Cephalopoden-Geschlechts, das — während Deutschland als Wüste dalag — draußen im südlichen Weltmeere aufblühend sich entwickelt hatte. Du hast

---

1) Offene Stelle westlich vom Katzenholz (bei Wittlensweiler) und östlich vom Hauptbahnhof Freudenstadt.

2) a) Am Forchenkopf; b) Wasserrisse nördlich vom Westausgang des Eisenbahneinschnittes von Dornstetten; c) Umgebung von Dietersweiler usw.

3) a) Silberberg bei Aach; b) Lehmgrube an den Eichenäckern nordwestlich Dornstetten.

4) Halden zwischen Lehmgrube (vgl. 3b) und Straße.

5) Bester Fundpunkt: Aufschluß auf der „Schande", 700 m ostnordöstlich von Loßburg (n. Schmidt).

Abb. 20. Myophoria vulgaris.

Abb. 21. Myophoria cardissoides.

Abb. 22. Myophoria orbicularis.

Abb. 23. Gervillia socialis.

Abb. 24. Die feinlinierte Feilenmuschel (Lima lineata) aus dem unteren Muschelkalk. Freudenstadt.

Abb. 25. Gervillia Albertii, die charakteristische Leitmuschel in der unteren Abteilung des mittleren Wellengebirges. Sie ist so häufig, daß du sie in der Freudenstädter Gegend im auch kleinsten Aufschluß nicht vergebens suchst.

Muscheln aus dem Untermuschelkalkmeer. (Nach E. Fraas.)

ihn mit Rücksicht auf seine ungezackten Loben wohl für einen Enkel der devonischen Goniatiten (Teil I, S. 125) gehalten. Nicht übel. Leopold von Buch, dessen Namen unser Ammonites (Beneckeia) Buchi trägt, hat seinen Täufling ebenfalls noch zu den Goniatiten gerechnet. Heute gilt es als ausgemacht, daß Beneckeia Buchi zu den Ceratiten (S. 43) zu zählen ist. Du findest die kleinen[1]), in Brauneisenstein erhaltenen Exemplare in Menge überall da, wo die Schichten flach ausgehen und gut verwittert sind.[2]) Aber nicht nur das Hauptlager der Terebratula Ecki ist reich daran. Auch die Mergelschichten führen sie. Und zwar kann man neben den kleineren, verrosteten häufig

Abb. 26. Ceratites Buchi.

1) Es ist empfehlenswert, sich beim Suchen auf den Bauch zu legen. Dann zeigt sich der Reichtum der kleinen Fossilien rascher und deutlicher.

2) Beispiele: Auf dem Lerchenberg bei Dietersweiler; am Abhang des Heugler südwestlich Aach usw.

auch dolomitisch erhaltene Exemplare in auffallend großen Stücken beobachten.

Schließlich muß ich dich noch aufmerksam machen auf ein Fossil von recht zweifelhaftem Charakter. Jedem Sammler im Muschelkalk müssen die steinernen „Hufeisen" auffallen (Abb. 27). Diese hufeisenförmig gekrümmten Stengel und schlangenähnlichen Wülste geben den Paläontologen schwere Rätsel auf. Rhizocorallium commune taufte man sie und hielt damit das Rätsel für gelöst. Vielleicht sind aber die „gemeinen Wurzelkorallen" so gemein, gar keine Korallen zu sein, sondern Hornschwämme oder Ausfüllungsmassen von Kriechspuren. Wer kann's wissen? Jedenfalls sind die Schlangenwulstbildungen beispielsweise in den Platten der „mergeligen Schichten" (Straße von Dornstetten nach Glatten) häufig, und nicht umsonst nennt der badische Landesgeologe Schalch die Schichten der Gervillia Albertii kurzerhand: Wurstelbänke.

Abb. 27. Ein rätselhaftes Hufeisen (Rhizocorallium).

Wie das Schmidtsche Profil zeigt, ist das Wellengebirge in der Freudenstadter Gegend in der Hauptsache dolomitisch entwickelt. Gerade umgekehrt wirst du es antreffen im unteren Neckartal und im Frankenland.[1])

Nur die untersten Lagen bestehen hier aus Dolomiten; die ganze übrige Schichtenfolge setzt sich aus echten Kalken zusammen. Sandige Beimengungen treten zurück. Das sind die Kalke, so typisch, daß keiner sie mehr vergißt, der sie gesehen (Abb. 28), die Kalke, die in den fränkischen Tälern einen deutlichen Steilhang bilden. Und wo der Steilhang oben endet, da grüßt heute manche Burg[2]) und manche Ruine, die einst den friedlichen Bürger schreckte. Und nirgends wirst du den rinnenden Wassertropfen schönere Steil- und Flachufer

1) Gute Aufschlüsse: Geislingen in der Ecke zwischen Kocher und Bühler oberster Wellenkalk und unterster mittlerer Muschelkalk. Von da das Kochertal abwärts bis unterhalb Künzelsau Wellenkalk; oberhalb Ingelfingen am linken Ufer Wellendolomit und dann oberstes Röt. Enz bei Enzberg, Jagst und Taubertal, überall an den vielen Felswänden, welche die Flußerosion erzeugt.

2) Z. B. im Kochertal: Nagelsberg, Zarge, Lichteneck; im Jagsttal: Buchenbach, Altkrautheim.

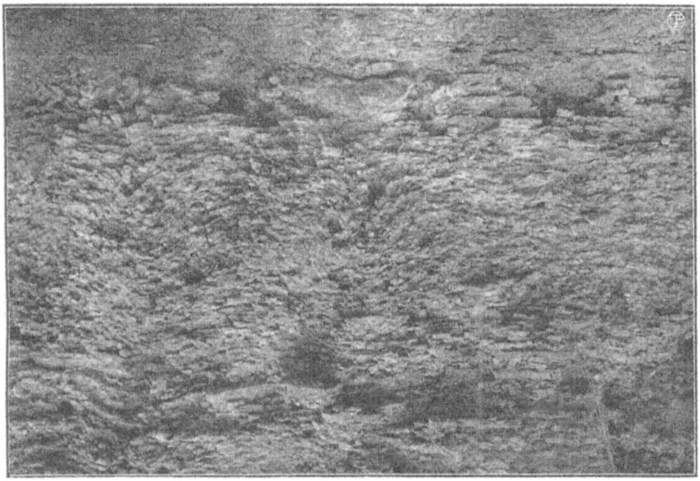

Abb. 28. Wellenkalk in typischer Ausbildung bei Künzelsau. (Phot. von Dr. G. Wagner.)

(„Klebe" und „Flußauen") herausarbeiten sehen als in den Talgründen des Wellenkalkes (Abb. 29).

Nach den Terebratelbänken wirst du meist (Kocher-, Jagst- und Taubergebiet) umsonst Ausschau halten (aber am unteren Neckar Terebratula vulgaris im Wellendolomit). Dagegen spielen die splitterharte Spiriferenbank (unterer Neckar), die Seelilienbänke (Tauber) und Schaumkalkbänke (überall) eine tonangebende Rolle. Beneckeia Buchi tritt auf, aber selten. Und der Orbicularis-Horizont bildet allenthalben wie im Schwarzwaldgebiet die nach oben abschließende charakteristische Grenzbank (Abb. 30).

Werfen wir noch einen Blick nach Westen! Studierte ich — als ich noch in Freiburg war — mit meinen Primanern in den Vorbergen draußen zwischen Emmendingen und Freiburg den unteren Muschelkalk, so hatten wir dolomitische Mergel mit zwischengeschalteten Dolomitbänken, aber keinen Wellenkalk vor uns. Die sandigen Beimengungen, die im Frankenland verschwunden waren, treten — sich mehrend — ganz auffallend in den Vordergrund. Und drüben in Elsaß-Lothringen — in der Saar- und Moselgegend — bekommt der Sandstein so energisch die Oberhand, daß man ihn lange Zeit nicht für eine Bildung des Muschelkalkmeeres, sondern der oberen Buntsandsteinzeit hielt. Die echten Muschelkalkfossilien in diesen dolomitisch-mergeligen Sandsteinen aber wußten es besser! Das Sandmaterial deutet hin auf die Nähe der Küste, sagten sie. Die heutigen

Abb. 29. „Felsen" und „Kleb" (Wellenkalk) im Kochertal bei Künzelsau.
Wo die Flüsse anprallen an der Talwand, entstehen sogenannte „Klebe". (Auf der entgegengesetzten Seite die „Flußaue".) Beachte die Terrasse des mittleren Muschelkalkes und darüber den Steilanstieg des oberen Muschelkalkes. (Phot. Wilh. Wagner.)

Ardennen waren die Ufergebiete des einstigen Untermuschelkalkmeeres, und der Muschelsandstein ist nichts anderes als dessen sandige Randfazies.

Des Meeres letztes Stündlein schien gekommen. Wir wissen es zu gut — noch aus der Zechsteinzeit (Teil I, S. 205) —, welchem Schicksal ein Meer verfallen ist, das anfängt, Anhydrit und Steinsalz auszuscheiden. Die Zeit des Salzpfannenelends kam, die Zeit der Absperrung vom Weltmeer. Daher konstatiert der Bohrer auch überall in schwäbischen Landen über dem Wellengebirge die 60—90 m mächtige „Anhydritgruppe" (Profil 30.) Zu unterst liegen marmorkörnige Anhydritmassen (Fingernagel ritzt nicht) und graue, ziemlich reine Gipse (Fingernagel ritzt!), die höchstwahrscheinlich durch Wasseraufnahme aus dem Anhydrit entstanden sind. Wenigstens sprechen für eine solche Annahme die typischen Quellfaltungen, die leicht zu beobachten sind, wo der Gips zwischengeschaltete Tonlagen enthält. (Teil I, S. 221.) Was dem Schwaben die Anhydritgruppe besonders lieb macht, das sind jene großen, in die Anhydrite und Gipse eingebetteten Steinsalzlinsen und Steinsalzstöcke, die — einmal entdeckt — das als salzarm verschrieene „Ländle" in eines der produktionsfähigsten von Deutschland verwandelten. Sowohl am Kocher[1]) (Hall[2]), Wilhelmsglück[3]), Niedernhall[4]), als am oberen[5]) und unteren Neckar hat man sich den Salzsegen des eintrocknenden Muschelkalkmeeres zunutze gemacht. Von der größ-

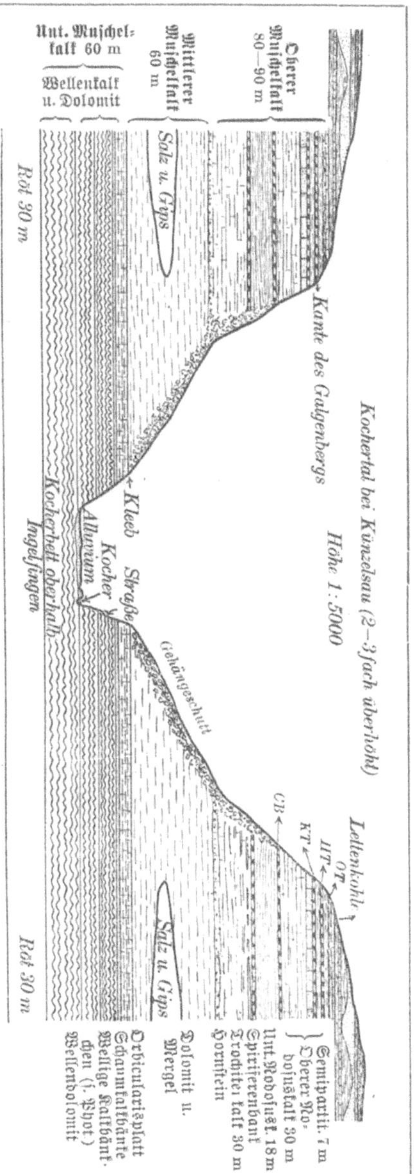

Abb. 30. Profil durch den Muschelkalk (und die Lettenkohle) im Kochertal bei Künzelsau. (Gezeichnet nach einer Skizze von Dr. G. Wagner.)

1) Wer ins Land der Franken fahren will, hat im Rucksack die treffliche „Geologische Heimatkunde von Württembergisch-Franken" von Dr. G. Wagner.

2) Hall ist von jeher nur Saline; alle Bohrversuche ergaben bloß Sole, nie Steinsalz. Heute wird die Sole von Wilhelmsglück—Tullau nach Hall geleitet.

3) Bei Wilhelmsglück wurde das Salz früher — heute nicht mehr — bergmännisch gewonnen.

4) Früher Sole, jetzt verlassen.

5) Rottweil (Saline Sulz und Rottenmünster).

ten Bedeutung ist das Salzgebiet am unteren Neckar. In einer Mächtigkeit von 20—30 m erstreckt es sich von Heilbronn bis hinab nach Offenau. Das berühmte Salzbergwerk Friedrichshall, das einst eine Million Zentner Steinsalz im Jahre lieferte, ist 1895 das Opfer eines überwältigenden Wassereinbruches geworden. Heute wird dieser mächtigste[1]) württembergische Salzstock in Kochendorf — 1 Stunde von Friedrichshall — bergmännisch abgebaut (täglich 60 Eisenbahnwagen Salz). Wie Württemberg in den Salinen von Heilbronn und Jagstfeld, so gewinnen die Nachbarländer Hessen (Saline von Wimpfen) und Baden (Saline von Rappenau) das unterirdische Salz durch Auflösen in zirkulierenden Wässern. Ich brauche dir diese Art der Gewinnung nicht näher auseinanderzusetzen, da sie dir aus dem ersten Jahr deiner Chemiestudien wohl noch zur Genüge bekannt ist.

Dolomitische Kalke, Dolomite und Mergel — häufig Feuerstein, Oolithe und Verkieselungen führend — schließen die Anhydritgruppe nach oben ab. Bei ihrer Schwäche im Verwitterungskampfe dürfen wir nie erwarten, die Anhydritgruppe oberirdisch, also am Ausgehenden, so anzutreffen, wie sie uns der Bohrer im „unverritzten" Gebirge kennen lehrt.[2]) (Abb. 30.) Steinsalz und Gips sind gelöst und fortgeführt. In die ausgewaschenen Hohlräume hinunter fielen Kalkbrocken aus dem Hangenden, die durch Gips und Kalk zu einem klotzigen Trümmer- und Breccienmaterial zusammengekittet wurden. Sowie die regelmäßig lagernden Kalkbänke des oberen Muschelkalkes verstürzt und verworfen sind, kann man mit Sicherheit auf allernächste Nähe des mittleren Muschelkalkes rechnen. Oft kannst du beobachten, wie sehr das regellos verstürzte und verfallene Schichtensystem Veranlassung zu Erdrutschen und zur Anhäufung von Schuttmassen gegeben hat. (Profil 30.) Überhaupt kann sich der mittlere Muschelkalk dem kundigen Auge im Landschaftsbilde nicht entziehen. Es ist der Teil am Talhang, wo alles verschüttet und verstürzt ist —

1) Heilbronn 44 m, Kochendorf 17 m, Wimpfen-Rappenau 8—10 m, bei Gundelsheim auskeilend.

2) Anstehend findet man mittleren Muschelkalk nur in den tiefen Bachrissen, die mit starkem Gefälle in die großen Täler führen. So z. B. in dem Tälchen, in dem der Fußweg von Eltershofen nach Geislingen führt. Aufschlüsse: Bühler oberhalb Oberscheffach und Geislingen, Jagst unterhalb Mistlau, Gipsbrüche bei Niedernhall und Criesbach.

eine deutliche Terrasse mit Äckern, Wiesen oder Weinbergen. (Abb.30.) Wie aber auch sekundäre Störungen auslaugend und verstürzend gehaust haben mögen — leitend am Gehänge sind oft noch die lose herumliegenden Feuersteinbrocken oder die sogenannten Zellenkalke und Zellendolomite (Rauhwacke). Die Zellenstruktur der weitverbreiteten Rauhwacke entstand wohl dadurch, daß in dem ursprünglich geschichteten Gestein infolge von Druckwirkungen eine starke Zerklüftung und damit ein Zerfallen in viele kleine Scherben eintrat. Indem zirkulierende Lösungen die Spalten und Klüfte ausfüllten mit Kalkspat, andererseits aber die Scherben ganz oder teilweise auflösten und wegführten, entstand das charakteristische Zellengewebe mit seinen festen Zellwandungen und Hohlräumen.

Es schien nur so! Des Meeres letztes Stündlein war es nicht — nur eine lange schwache Stunde. Als ob das Meer zurücktretend weit ausholen wollte, um dann den Gegner um so sicherer niederzuringen, so kommt einem die Rückzugsphase der mittleren Muschelkalkzeit vor. Jetzt aber brach das Meer mit ganz anderer Gewalt als das erstemal erneut herein. Und was es mitbrachte und was es absetzte, all die reichen Gaben haben schon manchen Geologenjünger im Schauen froh und im Finden glücklich gemacht. Wandere den Neckar entlang droben von Rottweil bis Rottenburg oder drunten von Cannstatt bis Heilbronn, wandere durchs Kocher-Jagst-Taubertal — überall hast du die kalkigen Absätze des oberen Muschelkalkmeeres vor dir. In harten Linien tritt die schroffzerrissene Tafel des Hauptmuschelkalks im Landschaftsbilde aufdringlich und kräftig heraus. All die fließenden Wasser und Wässerlein haben mit dem scharf geschliffenen Meißel der Erosion tiefe Furchen in das widerstandsstarke Gestein eingeschnitten. Eng die Täler, vielgewunden der Flußlauf, steil die Halden, jäh die Hänge, Felsenvorsprünge, mit Burgen [1]) und Städtchen [1]) geschmückt! Und erst die Fossilien! Welch flutende Fülle, welch flutender Reichtum! Nur darfst du nicht aus dem Stegreif nach Fossilien klopfen. Orts- und fachkundig mußt du dahintergehen. Die großartigsten Steinbrüche (vgl. z. B. die von Bietigheim, Rottenburg a. N. usw.) werden dich sonst am großartigsten hereinlegen. So arm aber im allgemeinen der Hauptmuschelkalk an Fossilien ist,

1) Vgl. z. B. die Strecke Oberndorf-Horb, Horb-Eutingen, Wimpfen, Rothenburg, Kirchberg, Langenburg, Bartenstein, Vellberg, Schloßstetten; Burleswag, Lobenhausen, Hornberg, Leofels, Morstein im Jagsttal.

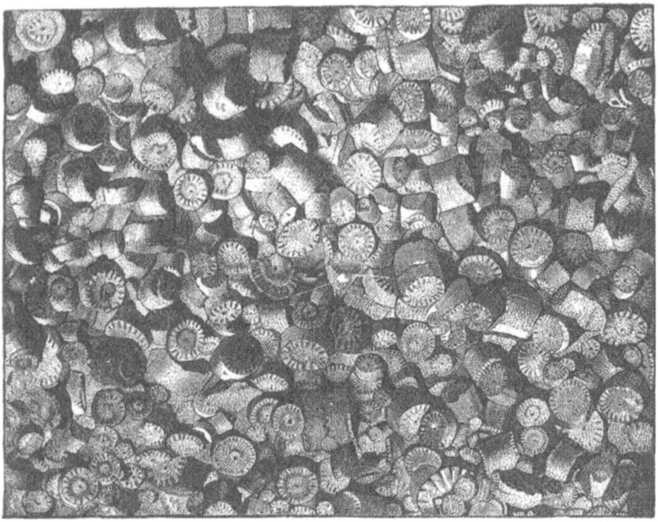

Abb. 31. Ein Stück Trochitenkalk.
Die vielen kleinen Gesteinstrommeln — die „Trochiten" — sind nichts anderes als auseinandergefallene Stielglieder des Lilien-Encrinits. (Nach Neumayr)

an einzelnen Orten, in einzelnen Schichten wimmelt es von Fossilien in übersprudelnder Fülle. Dahin gehört die Umgebung von Crailsheim. Fast scheint es so, als ob die Bewohner des oberen Muschelkalkmeeres hier dicht beieinander lebten — wie in einer Großstadt, deren Einwohnerzahl in die ungezählten Millionen geht.

Ohne jetzt schon auf das ausführliche Normalprofil von Dr. Georg Wagner einzugehen, will ich dir nur kurz andeuten, daß wir die Absätze des oberen Muschelkalkmeeres von unten nach oben in 3 Abteilungen gliedern: Trochitenkalk, Nodosusschichten und Semipartitusschichten. (S. 46).

Die populärste Figur im ganzen Muschelkalkvolk ist weder eine Muschel noch ein Armfüßler.

Erinnerst du dich jener Seelilie aus dem Devonmeer (Teil I, S. 118), die allen botanischen Titeln zum Trotz sich als ein echtes Meerestier, als ein Stachelhäuter erwies? Mit dem Muschelkalkmeer hereingekommen ist das nette Enkelkind dieser alten devonischen Großmutter. Schau dort die vielen kleinen Gesteinstrommeln (Abb. 31), die dicht wie Hagelkörner beieinander liegen und ganze Bänke (Trochiten- oder Enkrinitenbänke) zusammensetzen — sie sind nichts anderes als die auseinandergefallenen Stielglieder unserer Muschelkalk-Seelilie. (Abb. 31.) Diese bald etwas mehr, bald etwas weniger als $1/2$ cm weiten und bis zu 1 cm hohen Gesteinstrommeln erfreuen sich im Volke besonderer Titulaturen. Manchmal heißen sie Bonifatiuspfennige, wie z. B. in Thüringen, manchmal bilden sie in ihrer Gesamtheit die „Glassteine" („eichene" Steine im Gegensatz zu den homogenen, „buchenen" Kalken), wie z. B. in der Gegend von Mergentheim („am Metzelsee": fünf Trochitenbänke!). Glassteine — der Name klingt nicht übel. Nur ist's kein Glas, das die Bruchflächen so schön spiegeln läßt, sondern Kalkspat. Die ausgesprochen rhomboedrische Spaltbarkeit beweist es. Auf der unverletzten „Trommelfläche" kannst du immer in der Mitte eine kleine Vertiefung (Nahrungskanal!), außen drum herum — einen Kranz radiärgestellter Einkerbungen beobachten. Diese Einkerbflächen waren offenbar nichts anderes als Ansatzstellen für Muskeln und Bindegewebsteile, welche die einzelnen Bausteine miteinander verbanden. Willst du dir nämlich ein Bild von der schönen Encrinus liliiformis machen, so mußt du in Gedanken die zierlichen Säulentrommeln wie Bauklötzchen aufeinanderlegen bis zu einer Höhe von rund 1 m, mußt sie wieder miteinander verbinden durch eine muskulöse Fleischmasse. Und auf diesen elastisch-schwankenden Stiel setzest du dann das schönste des blumenartigen Tieres: die Krone! Eine flache, niedrige Schüssel, die kein Mathematiker exakter fünfseitig (Abb. 32 und 33) aufbauen könnte, bildet den unteren Teil der Krone, den Kelch. Da er die wichtigsten Weichteile des Tieres enthält, sind die Kelchtafeln fest durch Nähte miteinander verbunden. Große Beweglichkeit dagegen zeigen die getäfelten Arme. Über dem zweiten, verdickten Armgliede tritt eine Gabelung der fünf Arme ein. Darum sahen die Kronen auch so voll und schön aus, wenn sie nahrungheischend sich

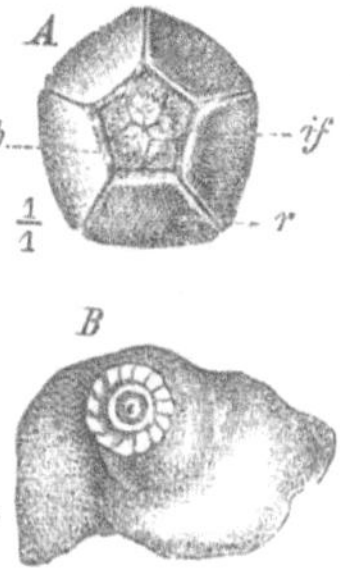

Abb. 32. Encrinus liliiformis. *A* = Kelch von unten. Der hübsche Stern in der Mitte wird von 5 kleinen Täfelchen (Infrabasalia) gebildet. Sie und die nächsten, etwas größeren Tafeln (*pb* = Basalia) bilden den Schüsselgrund. Dann kommen die großen, dicken, schon halb seitlich gestellten Radialtafeln *r*. *B* = Wurzel mit Stielansatz. (Nach Steinmann.)

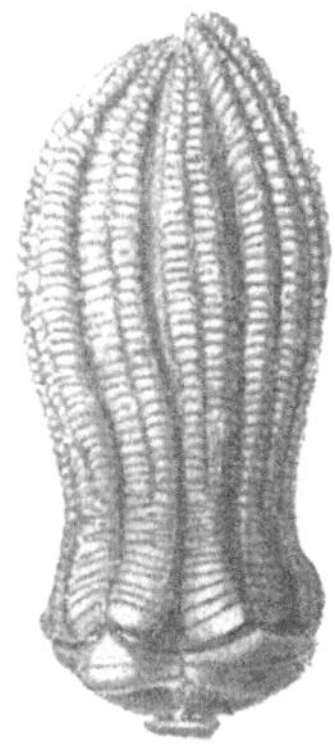

Abb. 33. Krone einer Seelilie aus dem Muschelkalkmeer. (Encrinus liliiformis, nach Jäkel).

öffneten. Durch Flimmerrinnen konnte die aufgefangene mikroskopisch kleine Nahrung dem Mund und Magen, also dem inneren Teile des Kelches zugeführt werden. Bei der Zerbrechlichkeit und Zartheit unseres Lilienenkrinits ist es begreiflich, daß man im allgemeinen nicht ganze Kronen, sondern nur die auseinandergefallenen Kalktäfelchen in den Trochitenbänken findet. Aber gerade die Umgebung von Crailsheim [1]) gilt wegen ihrer vollkommen-erhaltenen, seltenschönen Seelilienkronen in den Kreisen der Geologen für eine schier einzig dastehende, paläontologische Schatzkammer. Wie sie leibten und lebten, bald geöffnet, bald geschlossen liegen im Jagsttale bei der Gaismühle (1 $^1/_2$ Stunden unterhalb Crailsheim) wahre Prachtstücke von Enkrinitenkronen versteinert auf den Platten. Zwar sind sie nicht allzu selten. Will dir aber trotzdem nichts „Rechtes" vor die Augen kommen, dann geh hinauf zu Papa Blezinger. Der hat auf der Wilhelmshöhe eine Fossilienpyramide errichtet — ein famoses „Freihand"-Museum. Darauf steht:

Crailsheims Muschelkalk und Keuperschichten
Zeigt samt der Lettenkohl uns dieser Pyramide Wand;
Vom tiefgelegenen Horizonte der Trochiten
Führt treppenweise sie hinauf bis zu dem Stubensand.

Mancher Museumsdirektor wäre froh, wenn er die Seelilienkronen anstatt an der geologischen Pyramide in seiner — Schublade hätte, so schön sind sie.

Hat die Jagst wenig Wasser, so darf man am ehesten Hoffnung haben, schöne Exemplare aus den untersten Bänken im Flußbett zu bekommen. Schon oft hat man die Kronen sogar noch im Zusammenhang mit dem Stiele gefunden. Wie ruhig und ungestört müssen diese Ablagerungen des Trochitenkalkes sich abgespielt haben! Und wenn man bedenkt, daß hier 8—10 m mächtige Bänke fast ausschließlich aus Enkrinitenstielgliedern sich zusammensetzen — wie viele Enkrinitenkolonien müssen da Generation auf Generation gekommen und gegangen sein! Auf schwankem Stiele die Krone in der Salzflut wiegend, standen sie zu Tausenden und Hunderttausenden zusammengeschart — wie zu einem wogenden Wunderwald.

1) Große Steinbrüche: Jagsttal oberhalb der Gronachmündung, sehr fossilreich (Trochitenkalke als Quader gewonnen), vom linken Jagstufer bei der Gaismühle (Anprallstelle der Jagst, schon ziemlich abgesucht), Steinbrüche am rechten Jagstufer gegenüber Lobenhausen und oberhalb Mistlau; zwischen Hall und Tullau und in der Nähe des Haller Friedhofs.

Aber so üppig auch die Lilienenkriniten in die Höhe und die Breite schossen, auf einmal — die Meere sind veränderlich — war es aus mit dem beschaulichen Herdenglück. Die Zeit der größten Vertiefung kam. Ein neues Geschlecht brach sich Bahn, ein starkes, mächtiges. Das hatte zwar schon ein paar unerschrockene Bürschchen gleichsam als Kundschafter ins Germanische Untermuschelkalkmeer hineingeschickt. Aber jetzt, wo das deutsche Becken in freiem, flutendem Austausch mit dem triadischen Weltmeer stand, wanderten einige Vertreter des aufgeblühten Ammonitengeschlechtes in großer Individuenzahl in Deutschland ein — wie Herolde einer neuen, kommenden Zeit. Man merkt es diesen Horn-Ammoniten oder Ceratiten an, daß sie das Zeug zu einem werdenden Heldengeschlecht in sich tragen (Jurazeit S. 75). Nicht fest geheftet am

Abb. 34. Der knotige Hornammonit des oberen Muschelkalkes (Ceratites nodosus). Beachte den breiten Rücken, der an ein breitkieliges Frachtboot erinnert. Wie bei allen Ceratiten sind die Loben zerschlitzt, die Sättel dagegen ungeschlitzt. (Nach Fraas.)

Boden wie die harmlose Seelilie, sondern keck und verwegen herumtummelnd im Meere, maßten sie sich sofort Herrscherrechte an wie einst ihre ammonitischen Ahnen, die Goniatiten und Clymenien des Devonmeeres (Teil I S. 124). Allen voran übernahm die Führung für die nächste Zeit: Ceratites nodosus (Abb. 34). Unter seiner Regierung bildeten sich über den Trochitenkalken jene mauerartigen Brockelkalke (Kalkbänke mit zwischengeschalteten Tonlagen) und Hornsteinbänke, die man ihrem Regenten zu Ehren unter dem Namen Nodosuskalke zusammengefaßt hat. Der Nodosuskalk umfaßt die größere Hälfte des Hauptmuschelkalkes und besteht aus Kalkbänken, Ton- und Mergellagen, wie sie heute im Meere nicht allzufern vom Festlande in Tiefen bis zu 500 m entstehen. Der eingewanderte, „knotige" Südtiroler hat nicht zu Unrecht das schmückende Beiwort „nodosus" auf seine Legitimationskarte gesetzt bekommen. Denn wenn von der ursprünglichen Schale des „knotigen Horns" auch nichts mehr erhalten blieb, der Steinkern — das ist, wie du weißt, die erhärtete kalkige Ausfüllungsmasse der Schale — zeigt die wulstigen, in dicke Knoten auslaufenden Rippen noch deutlich genug. Und noch etwas zeigt der Steinkern in wunderbarer Deutlichkeit: die Anwachsungslinien der Kammerscheidewände, die Sutur. Diese Sutur ist nicht mehr wie bei den alten Goniatiten und Clymenien nautilusartig ganzrandig. Die einfache Linienführung ist verlassen. Die Loben sind gezähnelt und gezackt. Auf was die Entwicklungsrichtung im Bauplan der Suturlinie hinauszielt, sehen wir bei den kommenden mittelzeitlichen Ammoniten. Bei ihnen sind nicht nur die Loben, sondern auch die Sättel zerschlitzt, oft in so hochpotenzierter Form, daß man die aufgelösten Verästelungen und feingliederigen Verzweigungen am liebsten der schaffenden Meisterhand eines Künstlers zuschreiben möchte (Abb. 100). Natürlich, ästhetische Motive sind es nicht, die da mitwirkten! Der Zweck dieser reichen Komplikation der Suturlinien dürfte vielmehr in der Verfestigung und Versteifung der meist papierdünnen Schalenwand zu suchen sein.

Abb. 35. Der ebenrückige Horn-Ammonit (Ceratites dorsoplanus, Hauptmuschelkalk). Der Rücken ist in seiner Anlage stark zugeschärft, wird aber dann jäh abgestutzt. (Nach Fraas.)

Ceratites nodosus und deutscher Boden — beide gehören untrennbar zusammen. Das deutsche Vaterland war auch sein Vaterland geworden. Über die deutschen Grenzpfähle ist er — mit Ausnahme eines schmalen, französischen Grenzstreifens — nicht hinausgekommen. Darum hat auch L. v. Buch recht, wenn er im Hinblick auf das wohlumgrenzte, überaus individuenreiche Vorkommen meinte, diese Ammonitenart „gehöre von Rechts wegen in das deutsche Wappen". Erst sind es hauptsächlich starkrippige, kleine Formen, die zu uns kommen (unterer Nodosuskalk: C. nodosus, dick, breitrückig, mit kräftigen Rippen und Knoten; C. compressus, flacher, schwächer gerippt; C. spinosus, auffallend starke, dornförmige Externknoten). Nach oben verflachen sich im allgemeinen die Skulpturen. Als Übergangsglied von nodosus hinüber zu semipartitus kann der dicke, breitrückige und kräftig gerippte C. intermedius gelten (oberer Nodosuskalk). Auch C. dorsoplanus (Abb. 35) zeigt noch (Extern- und meist auch Lateral-) Knoten. Im allgemeinen aber muß der knotige Ceratit in den jüngsten Hauptmuschelkalkschichten die Regierung abtreten an eine Seitenlinie seines Geschlechts, an den beinahe glatten Ceratites semipartitus (Semipartitus-Schichten). Das war — wie die Abb. 36 es zeigt —

eine große, flachscheibenförmige, scharfrückige, engnabelige Ceratitenform. Die elegant gebaute Jacht der Semipartiten löst die breitkieligen Frachtboote der Nodosen ab. —

Und unser Zugvögelein des Untermuschelkalkmeeres? Ist's ausgeblieben? O nein! Wie dort ist es gekommen, gegangen und wiedergekommen — überall in das Hauptmuschelkalkprofil scharfe Striche zeichnend. Du tust am besten, wenn du dich bei deinen Profilstudien seiner Führung anvertraust. Weit besser versteht es dich zu leiten und zu führen als die teilweise fahrigen Ceratitenarten, die überdies oft recht spärlich vorkommen. Auf Seite 46 hast du ein Normalprofil, das Dr. Georg Wagner auf Grund umfangreicher und ausgezeichneter Untersuchungen (in über tausend Steinbrüchen) aufgestellt hat.

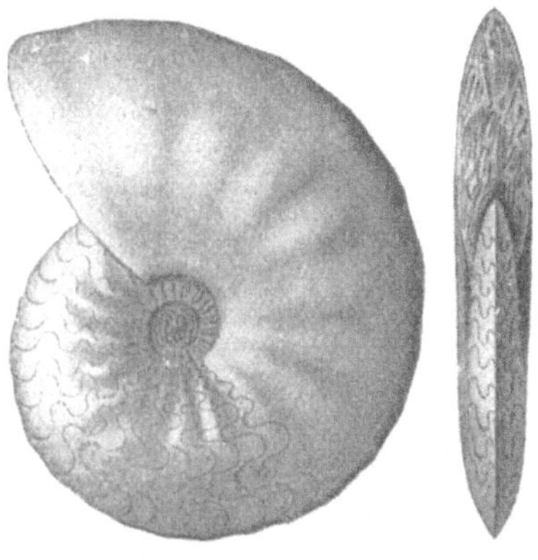

Abb. 36. Gegen Schluß der oberen Muschelkalkzeit (Semipartitus-Schichten) durchfurchten schlanke, glatte, scharfrückige Hornammoniten wie elegant gebaute Jachten die Flut. (C. semipartitus, nach Fraas.)

Den Anfang macht die Cykloidesbank. Im ganzen Frankenlande fehlt sie nirgends. Dicht gedrängt sitzen die rötlichen Schalen an- und aufeinander, kaum der Steinmasse zwischen sich noch Raum gewährend. Besonders leicht ist die Bank zu erkennen, wenn der Meißel der Verwitterung sie herauspräparierte aus ihrer weicheren Gesteinsumgebung (Teil I, S. 81). Häufig wirst du daher diesen vorzüglichsten Leithorizont als wetterfeste, dicke Bank zwischen den Mergeln scharf heraustreten sehen. Durch ihn wird der Nodosuskalk in eine untere und eine obere Stufe geschieden. Im oberen Nodosuskalk selbst ist die „Bank der kleinen Terebrateln" im Enz- und Murrgebiet ein weiterer guter Leithorizont.[1]) Dann kommen

1) Bank der kleinen Terebrateln. Am schönsten siehst du sie im Murrtal z. B. bei Backnang, wo sie ganz von den Schalen der kleinen Terebratel wimmelt, die zierlich herauswittern und die alle Einzelheiten des Baues zeigen Armgerüst) Auch sonst findest du (im Kochertale überall, aber auch noch in Bayern wie in Elsaß-Lothringen) diese Bank, allerdings mit wenigen Terebrateln, dafür aber sehr reich an allen möglichen Muschelkalkfossilien, die du

die Kinder der sieben fetten Jahre, die Kinder der **Hauptterebratelbank.**[1]) Diese Hauptterebratelbank mit ihren (bis 4 cm) großen,

6—8,4 m **Semipartitus-Schichten** (S. Sch.)	3,5—5,2 m **Fränkische Grenzschichten** (Fr. Gr.)	1,8—3,4 m Glaukonit-Kalk (Gl. K.)	Grenzbonebed, Glaukonit, Sand; „Muschelkalkbonebed“. Glaukonitkalk, Bonebedreste, Myophoria Goldfussi, Trigonodus Sandbergeri. Gekrösekalk mit gelben Mergelzwischenlagen, Septarien. Splitterkalk.	
		1,5—2 m Bairdien-Ton (B. T.)	Dunkle Schiefertone mit kleinen Krebschen (Bairdia pirus, Estheria minuta). Kalkknollen und wellige Blaukalke, unten Bonebedreste, Myacites. Dünne Schiefertonlage.	nach Süden ganz kalkig.
	2,5—5,4 m **Terebratelschichten** (T. Sch.)	0,6—1,2 m	**Obere Terebratelbank** (O. T.) = „Pelz“, knauerig-knorriger Kalk. Terebrateln. Gervillia socialis, Terquemia complicata, Pecten laevigatus, Ostrea sessilis, Lima striata, Mytilus eduliformis, Trigonodus Sandbergeri, Myacites; unten fossilärmer, Splitterkalk, Sphärocodien.	Nach S und SO Sphärocodienkalk, Trigonodus-Dol. z. Teil mit Oolith.
		0 —0,3 m	I. Gelbe Bank (G. I), gelber dolomitischer Mergelkalk, ohne Fossilien.	
		0,4—1,1 m	Splitterkalke mit Terebrateln, Trigonodus, M. Goldfussi, Sphärocodien, Glaukonit.	
		0,1—0,3 m	II. Gelbe Bank (G. II), gelber Mergel oder dunkle Schiefertone.	
		0,1—1 m	Blaukalke, unten mergelig bzw. dolomitisch, Terebrateln.	
		0,3—0,8 m	„Kiesbank“ (K.), oben gelbe dolomitische Mergel, senkrecht klüftend, Terebrateln, unten dunkle Schiefer, Bonebedreste, Ceratiten.	

hier am besten im Anstehenden wie auf den Schutthalden suchen kannst. Und willst du eine kleine Nodose selbst aus dem Gestein herausziehen, so suche hier. Bei Hall führen sie auch schöne Austernriffe und Sphärocodien (Heimbacher Steige). In den Felsengärten von Besigheim stehen sie in der Sohle zwischen den Felsen an. Im Jagsttal ist die kleine Terebratel sehr selten. — Myophoria Goldfussi zum erstenmal reichlicher in der Bank der kleinen Terebrateln. Sie ist zählebiger als die übrigen Formen, erhält sich daher im Dolomitmeer und überall im Muschelkalkmeer, wo es sich stark verflacht. Kommt besonders nesterweise vor, durchgehend schwer nachzuweisen.

1) Bei Crailsheim schlecht entwickelt, besser jagstabwärts bei Erkenbrechtshausen—Kirchberg, sehr schön bei Uffenheim („Gänsäugele“ genannt wegen der perlmutterigen Terebratelschalen.)

0,4—1,2 m **Hauptterebratelbank** (H. T.), oben reine Terebratelbreccie, hellblau oder blätterig, zäh oder dolomitisch, Lima striata, Pecten laevigatus, Gervillia socialis, Ostrea sessilis, Myacites, Mytilus eduliformis, Schnecken, Ceratiten.

- 25—30 m **Oberer Nodosus-Kalk**
  - 8—11 m **Gervillienkalk** (G.) = **Intermedius-Kalk**
    - 4—7 m Ob. Gerv.-Kalk (O. G.)
      - 0,2—0,5 m Mergel, Kalkplatten (M. I).
      - 3,5—6 m Blaue Wulstkalke, Muschelbänke und Mergel mit Gervillia socialis, unter der Mitte gelbe Mergelbank (M. II) leitend. Trigonodus.
      - 0,2—0,9 m Dunkle Schiefer und Mergel (M. III).
    - 3,5—6 m Unt. Gerv.-Kalk (U. G.)
      - 1,7—3,8 m K. T., **Bank der kleinen Terebrateln,** blaue Kalke, unten Wulstkalke, „Hebräer". Gervillia socialis, Myacites, Lima striata, Ostrea sessilis, Pecten laevigatus, Myophoria Goldfussi, Pseudomonotis Alberti, Schnecken, Ceratiten, Sphärocodien.
      - 1,7—2,8 m T. H., Tonhorizont: 3 dicke Tonlagen mit 2 trennenden Kalkschichten, die im SO herrschen. Gervillia socialis, Discina discoides, Lingula.
  - 15—20 m Obere Nodosus-Platten.

(Hauptterebratelbank bis Tonhorizont: Nach S und SO Trigonodus-Dolomite.)

1 m **Cycloides-Bank.**

15—20 m **Untere Nodosus-Platten,** dünnbankig, tonreich.

0,2—0,4 m **Spiriferenbank.**

20—40 m **Trochitenkalk,** oben reich an Ton, arm an Trochiten, unten auch massige Bänke, viele Trochiten.

seidеglänzenden Schalen bildet nach den schönen Untersuchungen von Dr. Georg Wagner die konstanteste Bank — petrographisch und faunistisch — im ganzen oberen Muschelkalk zwischen Mosel, Crailsheim und Main (Würzburg). In ihr geben sich fast alle (oberen) Muschelkalkbürger ein Rendezvous. Wie eine natürliche Scheidewand steckt die harte, scharf heraustretende Bank gerade zwischen dem Nodosuskalk und den Semipartitusschichten. In seltenen Fällen vermag C. nodosus noch vorzudringen bis in diese Grenzmauer hinein — über ihr aber hat man noch nie einen C. nodosus gesehen. Umgekehrt gilt das gleiche für den C. semipartitus nach unten.

Zum letztenmal entfalten die Lochmuscheln ihre Herrschaft in der oberen Terebratelzeit: Aus knorrigen, ruppigen, knauerigen Kalken

Abb. 37. Oberer Hauptmuschelkalk bei Hall. (Phot. Fr. Groß.)

setzt sich diese obere Terebratelbank zusammen. Hier kannst du[1]) die Lochmuscheln geradezu auflesen. Manchmal zeigt ihre Schale noch deutliche Farbstreifung, manchmal darfst du sogar einen Blick werfen in ihren inneren Schalenbau. Du siehst deutlich die Ansatzstellen ihres Armgerüstes. Was sich sonst noch für Gäste (Muscheln und Ceratiten) in diesem „Pelz" herumtreiben, einerlei, ob du diesseits oder jenseits des Rheines suchst, sagt dir das Profil.

Dicht unter dieser Leitbank findest du im Süden und Südosten kugelige, pilz- oder kappenförmige, bis 2—3 cm große Gebilde, die als Kalkalgen oder Sphärocodien gedeutet werden (Abb. 38). In konzentrischen Lagen oder Bogen umspannen die Algen Schalenreste, Fischzähne, Schlammreste und brachten Kalk zum Absatz. Da Algen nur im flachen, lichtdurchfluteten Meere leben können, ist das für uns ein Zeichen, daß es hier[2]) dem

Abb. 38. Angewitterter Sphärocodienkalk. Diese gesteinsbildend auftretenden Kalkalgen (Sphaerocodium Kokeni) deuten hin auf eine geringe Meerestiefe. Beachte die konzentrische Struktur. (Nach Dr. G. Wagner)

1) Im Kupfertal, im mittleren Jagstgebiet (Ilshofen Langenburg) oder in Lothringen bei Falkenberg.

2) Hauptverbreitung: Rothenburg o. T., Kirchberg, Vellberg, Hall-Gaildorf, Murr- und Enz-

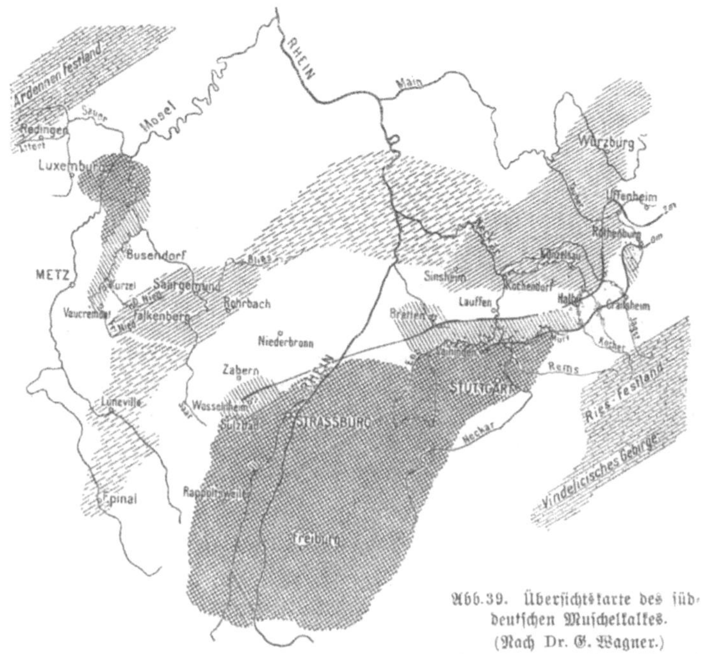

Abb. 39. Übersichtskarte des süddeutschen Muschelkalkes. (Nach Dr. G. Wagner.)

Verbreitung des „Trigonodus-Dolomits". Die Rekonstruktion erstreckt sich auf die jetzt der Abtragung zum Opfer gefallenen Gebiete.
Auskeilen und Verschwinden des Trigonodus-Dolomits.
Verbreitung der normalen Ausbildung des Muschelkalkes; nachgewiesen.
Dieselbe, rekonstruiert bzw. angenommen.
Festland während der ganzen Muschelkalkzeit.
Mächtigkeitskurven der fränkischen Grenzschichten (0 m und 2 m). Die 0 m-Kurve ist Küstenlinie nach der Zeit der oberen Terebratelbank.
Sphärocodien.

Festlande zuging. Eine etwa von Rothenburg o. T. über Crailsheim — Vellberg—Gaildorf—Backnang—Markgröningen verlaufende Linie schließt den Muschelkalk mit der **oberen Terebratelbank** (0 *m* Abb. 39) ab, während nördlich davon, im Herzen von Franken, darüber noch (3,5—5 m) echter Muschelkalk liegt — die „Fränkischen

gebiet, Bretten, Wasselnheim bei Straßburg, Oberfranken, Thüringen. Vgl. Karte 39.

„Grenzschichten", die aber in Schwaben fehlen. Das Meer hatte sich demnach damals schon so weit nach Nordwesten zurückgezogen, daß wir in den Linien 0 *m* und 2 *m* Küstenlinien vor uns haben.

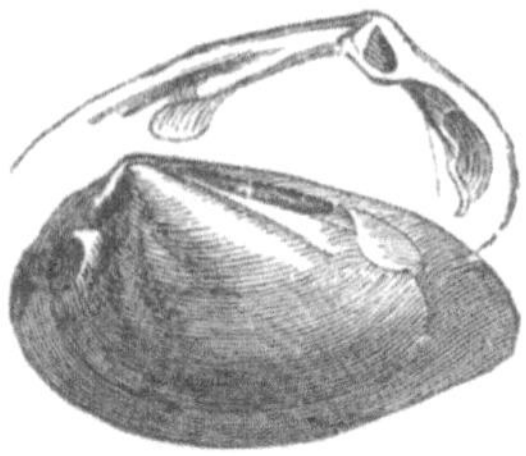

Abb. 40. Trigonodus Sandbergeri. (Nach Zittel.)

Abb. 41. Myophoria Goldfussi. (Nach Kayser.)

Fehlt also in Schwaben das alleroberste Glied des Hauptmuschelkalkes, weil Schwaben schon Festland war, so sind auch die nächstoberen Glieder in Schwaben anders entwickelt als in Franken. Hier herrscht der Dolomit, gelbe, einheitliche, massige Felsen, oft erschreckend arm an Fossilien. Nach der Leitmuschel Trigonodus Sandbergeri (Abb. 40) heißt dieser gelbe Dolomit Trigonodus-Dolomit. Er umfaßt die untere Hälfte (Profil S. 46) der Terebratelschichten[1]) und nach Süden zu noch immer tiefere Horizonte (Profil S. 47). Daher erreicht er droben am oberen Neckar eine beträchtliche Mächtigkeit, im Enz- und Murrgebiet sind es nur noch 3—4 m. Während also in Franken noch ein Meer von ziemlicher Tiefe, bei Kochendorf, Würzburg, Saargemünd und wahrscheinlich auch in Hessen und Westfalen von größter (kaum über 500 m!) Tiefe war, herrschte in Schwaben, Südbaden und Elsaß schon das Dolomitmeer, ein flaches Meer, in dem die eigentlichen Muschelkalktiere nicht mehr recht fortkamen (dagegen zählebigere Formen wie Myophoria Goldfussi Abb. 41). Die südlichste Küstenlinie (0 *m*) der Karte 39 ist für das Dolomitmeer zugleich eine wichtige Zeitlinie. Sie fällt in die Zeit nach den letzten Dolomiten. Als das obere Muschelkalkmeer an dieser Küstenlinie brandete, da war das Dolomitmeer trocken gelegt, da war es im Süden aus mit dem Muschelkalkmeer.

Und als es an der (ungefähren) Küstenlinie 2 m (Karte 39) brandete, da waren in ihm fast alle echten Muschelkalktiere bis auf die elegante Rennjacht Semipartitus verschwunden und nur noch kleine Krebschen (Bairdia, Estheria = Bairdienton[2]) vgl. Profil S. 46) oder die zählebigeren Muscheln des Flachmeeres (Myophorien,

---

1) Wie weit er um diese Zeit nach Norden vordringt, zeigt die Karte 39 (Rieden bei Hall, Lauffen a. N., Gochsheim in Baden).

2) Überwiegt in Lothringen, am unteren Neckar und Kocher.

Trigonodus Sandbergeri) konnten sich in dem abziehenden Meere der „Fränkischen Grenzschichten" halten. In den beiden Buchten Hall—Kirchberg—Crailsheim und Rothenburg (hüben und drüben der Halbinsel von Gammesfeld, vgl. Karte 39) hätte der Strandwanderer ein Leben sich tummeln sehen, das seine letzten Überreste (Zähne, Knochen, Schuppen, Koprolithen) in den „Bonebedschichten" niedergelegt hat.

So interessant es nun wäre, diese Letzten der Muschelkalkzeit gleich unter den Hammer zu nehmen — wir haben noch eine Schuld abzutragen, jenen Tieren gegenüber, die den ganzen Ablagerungen ihren Namen gegeben haben, den

Abb. 42. Eine Kammuschel (Pecten laevigatus), besiedelt mit Austern (Ostrea sessilis) Oberer Nodosuskalk. Schön ausgewitterte Exemplare finden sich insbesondere in den tonigen und mergelreichen Zwischenlagen.

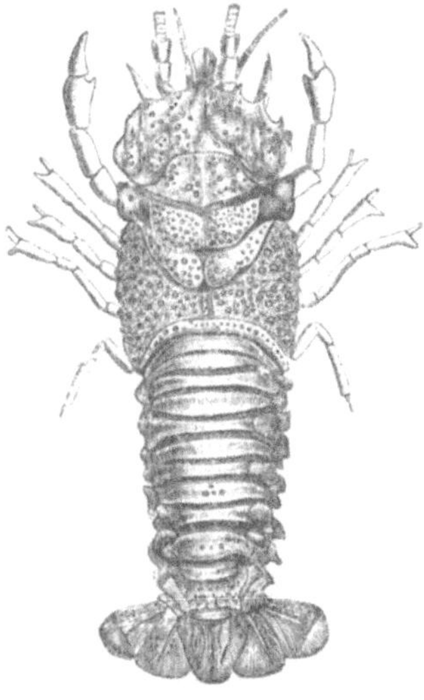

Abb. 43. Ein zehnfüßiger „Langschwänzer", der am Grunde des Muschelkalkmeeres krebsen ging. (Pemphix Sueuri.) (Nach Steinmann.)

Namen Muschelkalk. Fast hätten wir sie über den Leitenden (den Trochiten, Ceratiten und Terebrateln) vergessen, die Muscheln, wenngleich sie stellenweise in wimmelnder Menge das „Pflastern" probieren („Muschelpflaster"). Das Profil gibt dir unter Aufführung der Namen die häufigsten und wichtigsten Muscheln in ihrem Lager an, alle die Dreieckmuscheln, die „verschrobenen" Gervillien (Abb. 23), die stolzen Feilenmuscheln (Lima striata, ähnlich Abb. 24, aber mit scharfen Rippen), die glatten Kammuscheln (z. B. Abb. 42), die Miesmuscheln (Mytilus eduliformis), die Faltenaustern und weiß Gott was für Muscheln noch mehr.

Von den Crailsheimer Muschelkalkbürgern mußt du für deine Sammlung unbedingt zu erlangen suchen jenen Sonderling aus der

Klasse der Gliedertiere, der sonst in den Muschelkalkablagerungen so selten sich zeigt, hier aber zu den alltäglichen Erscheinungen zählt. Das ist der Pemphix Sueuri (Abb. 43), ein langschwänziger, zehnfüßiger Krebs, der — hochdifferenziert, stattlich und groß — uns lebhaft an die heutigen Hummer erinnert. Ohne Zweifel führte der „Scherenlose" zwischen den vielen Zweischalern und fetten Schnecken (vgl. die hochgewundene Chemnitzia Hehli) ein Leben üppig wie ein Prasser. Ein krebsreicher Steinbruch ist der an der Heldenmühle. Er wurde früher viel aufgesucht, weil man dort auf den Steinkernen einer Dreieckmuschel (Myophoria laevigata) nicht selten die berühmten zierlichen Schlangensterne (Ophiura scutellata) fand.

Abb. 44. Hybodus.

Mehr noch als alle Muscheln, Armkiemer, Seelilien, Ammoniten und Krebse interessieren uns — wie gesagt — die Überreste der Wirbeltiere. Und die sind wie z. B. in Oberschlesien oder in der Umgebung von Bayreuth auch bei Crailsheim von klassischer Berühmtheit geworden. Knochen, Zähne und Schuppen hat es da — am schönsten erschlossen in der Crailsheimer Bucht („Urwelt" und am Auhof) — in solcher Menge zusammengehäuft, daß man meinen könnte, das Wasser habe den großen Durcheinander zusammengeschwemmt. Nicht viel anders ist es. Augenscheinlich waren die meisten abgerollten und zertrümmerten Stücke in der Kocher-Jagst-Bucht (Karte 39, Prof. S. 46) einst ein Spiel der Wellen. Und unsere 2—3 cm mächtigen Bonebedbänkchen[1]) im schwarzen Vitriolschiefer sind nichts anderes als Strandablagerungen des zurücktretenden Muschelkalkmeeres. Haifischzähnchen, bald mehrzackig (Abb. 44), bald pflasterartig, liegen zerstreut neben den kegelförmigen, kräftigen Zähnen eines schmelzschuppigen Hecht-Imitators (Saurichthys) oder neben den kleinen Zahnhalbkugeln eines anderen Ganoidfischchens (Colobodus). Von weit größerer Wichtigkeit als diese verschiedenartigen Fischzähne sind die Überreste der Amphibien und Reptilien. Zu welchen Riesenformen um die Wende der Muschel-

---

1) Statt des englischen Wortes Bonebed = Knochenlager wurde auch schon der Ausdruck „Kloake" gebraucht. Mit Recht! Denn das bunt zusammengewürfelte Inventar enthält nicht allein Knochen und Zähne von Fischen und Sauriern, sondern massenhaft deren Exkremente und zwar verkalkt (Koprolithen). Diese Koprolithen zeigen oft noch die Nahrung der Tiere. So sind z. B. in den Koprolithen bei Rothenburg o. T. (Rothenburger Bucht Karte 39!) Fischzähne und Fischschuppen sehr häufig.

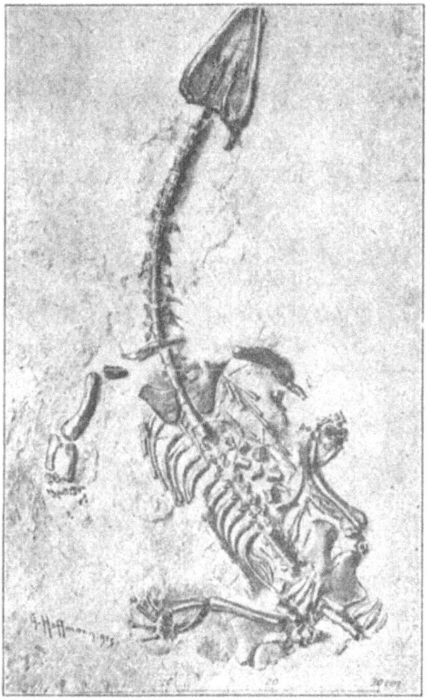

Abb. 45. Der Küstenräuber Nothosaurus (bis 3 m lang) ist der Urahn der Schlangenhalsdrachen (vgl. S. 96). Skelett von Nothosaurus Raabi, Schröder, aus den Orbicularisschichten (unterer Muschelkalk) von Rüdersdorf bei Berlin. Das fast 70 cm lange Skelett befindet sich in Rückenlage. (Nach Schröder aus Abel, Fischer-Verlag, Jena 1914.)

kalkzeit die *Dachschädler* auswuchsen, werden wir später sehen. Daß die im Crailsheimer Bonebed liegenden Dachschädler-Überreste zu den *Wickelzähnern* gehören — wir haben deren Bekanntschaft schon im Buntsandstein (S. 23) gemacht, das beweisen die prächtigen Zahnquerschnitte im Dünnschliff unter dem Mikroskop (vgl. Abb. 52). Neben den geradgestreckten, gewaltigen Fangzähnen (mit ihren ,mäandrisch gewundenen Dentinfalten) sind von den Crailsheimer Wickelzähnern auch runzelige und höckerige Knochenplatten erhalten geblieben. Wer der Geschichte der *Reptilien* nachgeht, der findet in dem zusammengewürfelten Knochenmaterial des Crailsheimer Leichenfeldes viele Skeletteile von höchst seltsamen *Reptilgestalten* (Abb. 45). Deshalb sind diese *Nothosaurier* entwicklungsgeschichtlich so interessant, weil die berühmten *Plesiosaurier* (Abb. 94) des Jurameeres wahrscheinlich deren (indirekte) Kinder waren. Langgestreckt der Kopf, schlank der „Schwanen"hals, breit und gedrungen der rippengepanzerte Rumpf, kurz die Füße — so glichen unsere Bastardsaurier in ihrem Äußeren schon stark den bizarrgestalteten, jurassischen Schlangenhalsdrachen. In einem aber waren sie noch recht verschieden voneinander: in der Anpassung ans Meeresleben. Aus den Wassertümpeln des Rotliegenden (S. 217, Bd. I) haben wir einst das erste Reptil ans Land steigen sehen — als erster echter Lungenatmer. Ohne die Lungenatmung, diese Haupterrungenschaft des Landlebens, aufzu-

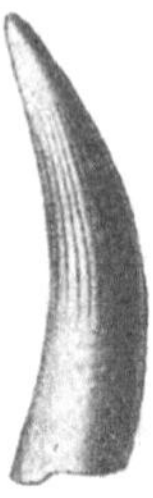

Abb. 46. Nothosauruszahn.

geben, kehren jetzt merkwürdigerweise unsere Muschelkalkreptilien, die Nothosaurier, wieder ins Wasser zurück. Bei den Plesiosauriern ist die Rückeroberung glänzend und sieghaft durchgeführt. Ihre Gliedmaßen sind umgewandelt zu mächtigen Ruderflossen. Dagegen bleiben die Nothosaurier noch auf halbem Wege — zwischen Eidechse und Seeschildkröte — stehen. Wohl dürften auch sie schon dank ihrer „Ruderfüße" bessere Schwimmer als Fußgänger gewesen sein. Aber diese „Ruderfüße" waren keine Flossen; vielmehr zeigen sie mit ihrer normalen Zahl der Fingerglieder noch ausgesprochen die Merkmale des Geh- und Schreitfußes.

Empfehlenswerte Wanderungen

(zusammengestellt von Dr. Georg Wagner).

1. Wanderung.

Gipskeuper — Lettenkohle — Muschelkalk — Buntsandstein.

Bahnhof Waldenburg: In dem spitzen Winkel zwischen den Bahnlinien, 5 Min. vom Bahnhof Gipsbrüche. Gips des Gipskeupers, dazwischen Mergel und Steinmergel mit Myophoria Guldfussi, Gervillia socialis usw. Fahrt nach Kupferzell. Von dort ins Kupfertal hinab. Links der Straße nach Ulrichsberg 3 Steinbrüche mit den Semipartitusschichten und der untersten Lettenkohle, besonders schön obere Terebratelbank, Bairdienton mit Bairdia pirus, Glaukonitkalk mit starker Umkristallisation (fast granitisches Aussehen). Rechts der Straße Sandsteinbruch = mittlere Lettenkohle. Schrägrichtung des Sandsteins sehr schön in Ulrichsberg an den Häusern. Dann im Kupfertal hinab. Häufig Übergänge ohne Brücke. Schönes stilles typisches Muschelkalktal. Nodosuskalk bei Neufels. Aufschlüsse von der unteren Lettenkohle bis 8 m unter der Cycloidesbank. Hauptterebratelbank an der Steige nach Kirchensall und als Felsblöcke im Kupferbett. Bank der kleinen Terebrateln am Straßenknie der Neufelser Steige. Typische Kleebbildung. (Unterhalb Neufels Trochitenkalk.) Straße nach Niedernhall. Dort starke Verwerfung. An der Straße Wellenkalk mit sehr schönen Wellen erschlossen. Alter verlassener Stollen (Zinkblende). Südliches Kocherufer in der Talsohle Röt; SW von Criesbach im mittleren Muschelkalk Gipssteinbruch; oben Grenze zum Trochitenkalk, Hornstein. (Trochitenkalk sehr schön an der Straße Criesbach—Crispenhofen auf der Paßhöhe.) Oberhalb Ingelfingen Röt im Kocherbett, darüber Wellendolomit. Unterhalb Künzelsau „Kleeb" mit Wellenkalk, ebenso am nördlichen Kocherufer am „Felsen" schöne typische Wellen (Abb. 28). An der Talkante (Garnberg, Galgenberg) Brüche im Gervillienkalk: Kornstein, ein vorzüglicher Baustein (Kath. Kirche).

2. Wanderung.

Hauptmuschelkalk und untere Lettenkohle.

Crailsheim: Rechtes Jagstufer, Straße nach Gröningen. Von der Ziegelei links ab zu den Steinbrüchen an der Heldenmühle: Krebse, Ceratiten, Bonebed. (Eine 1 m dicke Schiefertonlage = unterste Lettenkohle lagert auf dem Grenzbonebed.) Über dem Auhof in die Teufelsklinge: Bonebed, Krebse. Nach Sattelweiler: Bonebed, obere Terebratelbank, Krebse, Ceratiten Schnecken. Aufs linke Jagstufer: An der Gronachmündung zu beiden Seiten der Jagst mächtige Aufschlüsse im Trochitenkalk. Gaismühle am linken Ufer, vielbesuchter Fundplatz im Trochitenkalk. Dann an der Talkante entlang, wunderschöner Ausblick ins stille Tal mit seinen alten Talschlingen. Bei Lobenhausen-Mistlau auf dem rechten Ufer Trochitenkalk (Seelilien). Unterhalb Mistlau auf dem rechten Ufer gelbe Mergelplatten des mittleren Muschelkalks. Kirchberg (ganzer Hauptmuschelkalk). Bei Dörrmenz—Leofels—Dünsbach—Ilshofen sehr reiche obere Terebratelbank.

3. Wanderung.

Fahrten bei Hall.

1. Bahnhof Hessental steht auf der Grenze Gipskeuper-Lettenkohle. Gipskeuper in großen Brüchen erschlossen, ebenso der Lettenkohlensandstein (nördlich der Bahnlinie) mit Schachtelhalmen. Bahnlinie nach Hall: Lettenkohle bis zum Haltepunkt Michelbach a. d. Bilz. Am 1. Einschnitt unterhalb desselben steigt der Muschelkalk empor. 50 cm Fränkische Grenzschicht, darunter knauerige obere Terebratelbank. Am Ende des Einschnitts Hauptterebratelbank in Wagenfensterhöhe. Am nächsten Einschnitt oberer Nodosuskalk mit einer leitenden gelben Bank. Tunnel. Viadukt. Im Kocherbett Limaplaster des Trochitenkalks. Gleich nach dem Viadukt beginnt die knauerige Cycloidesbank sich über Schienenhöhe zu erheben. Darunter Nodosuskalk. Am Übergang der Gaildorfer Steige noch 5 m Trochitenkalke. Spiriferenbank in der Höhe des oberen Mauerrandes.

2. Trochitenkalk im Wettbach: Steinbrüche hinter dem Friedhofe (Seelilien). Spiriferenbank etwa 200 m oberhalb der scharfen Biegung des Baches. Bei Weckrieden Zinkblende und Pyrit in den Terebratelschichten.

3. Brunnenweg nach Eltershofen bis zur Straße Eltershofen-Gelbingen. Dort Muschelkalkgrenze. Verwerfung. Semipartitusschichten mit viel Trigonodus Sandbergeri (poröser dickbankiger Kalk), Hauptterebratelbank. In halber Talhöhe Cycloidesbank. Unten Trochitenkalk.

4. Heimbacher Steige: Am Bahndurchlaß Trochitenkalk. 1. Steinbruch unten 12 m unterer Nodosuskalk, dann Cycloidesbank. 2. Steinbruch (rechts) oberer Nodosuskalk, Cycloidesbank in Mannshöhe. 3. Großer Steinbruch (Abb. 37), oberster Nodosuskalk. Bank der kleinen Terebrateln mit Austernriffen, 5—6 m über der Sohle, Hauptterebratelbank als dicke Bank zwischen Mergel, oben Terebratelbank als Hohlkehle nahe dem oberen Rand. Viele Fossilien auf den Schutthalden.

5. Bahnhof Hessental-Steinbach (Straße): 1. Großer Steinbruch, unterste Lettenkohle mit sehr tief eingeschnittenem Sandstein; Semipartitusschichten und oberer Nodosuskalk; fossilreich. 3. Steinbruch, Cycloidesbank etwa 5 m über der Sohle.

6. Steinbach-Tullau: An der Straße Trochitenkalk mit Seelilien; im Kocherbett am Viadukt vielbesuchte Fundstelle In dem spitzen Winkel zwischen Luckenbach und Kocher kleiner Aufschluß im obersten Trochitenkalk (Lima), oben Spiriferenbank. Oben auf der Bergkuppe Semipartitusschichten und untere Lettenkohle.

III. Aus der Kinderzeit der Riesenechsen.

Noch ist der Kampf nicht ausgekämpft. In dem schweren Ringen zwischen Land und Meer war während der Muschelkalk-Episode das Meer allerdings der Stärkere geblieben. Aber jetzt — in der kommenden Keuperzeit — hat sich die Lage ganz gewaltig verändert, und zwar zugunsten des Festlandes. Schon petrographisch ist der Wechsel augenfällig, auf jeder Wanderung durch Muschelkalk- und Keuperland. Über den Kalken liegt überall, wo die Werkzeuge der Verwitterung nicht abtragend und vernichtend hausten, eine mächtige Folge von Letten, Mergeln und Sandsteinen. An Stelle des meerischen Kalksteins tritt also dominierend das Quarzkorn und das Tonteilchen, da und dort vergesellschaftet mit Resten von Landorganismen. Das Meer mußte gehen. Aber es ging nicht, ohne immer wieder verzweifelte Versuche der Rückeroberung zu machen. Dafür sprechen die zwischengelagerten, dünnen und dicken Kalk- und Dolomitbänkchen mit ihren ausgesprochen meerischen Fossilien. Diese gelegentlichen Vorstöße können an unserem Gesamturteil freilich nicht viel ändern: Zu einem schwächlichen Sklaven des Festlandes war auf deutschem Boden das Meer geworden. Am besten können wir den hin und her wogenden Kampf beurteilen, wenn wir den Schauplatz der Handlung — das heißt die Keuperschichten — selbst etwas näher untersuchen. Unterer, mittlerer und oberer Keuper oder besser: Lettenkohle, Haupt-Keuper und Rät — das sind die Abteilungen, die du überall im deutschen Keuper trotz mannigfacher örtlicher Verschiedenheiten wieder zu erkennen vermagst. Zunächst:

Die Lettenkohle! Sie entspricht der Zeit, die den Szenerienwechsel einleitete. Hingebreitet wie ein Teppich liegen ihre Mergel- und Sandsteinschichten über der Muschelkalktafel, selten die Mächtigkeit von 25 m überschreitend. Ein kostbarer Teppich ist's! Denn er bildet Württembergs fruchtbarsten Boden (10% der Gesamtoberfläche): Die ährenschweren Frucht- und Getreidefelder der „Gäue". Hier siehst du ein Schichtenprofil der Lettenkohle:

Lettenkohle (nach Dr. Georg Wagner) in Franken ca. 25 m.

Obere Lettenkohle.

ca. 2 m Grenzdolomit, reich an Myophoria Goldfussi. Lokal als Hohenecker Kalk, Grundgips oder Zellendolomit.

ca. 10 m Schiefertone, Mergel-Dolomitbänke in buntem Wechsel.

Lettenkohlensandstein, 0—15 m in breiten Rinnen abgelagert; bald als Sandstein fehlend, bald mächtig entwickelt und bis auf die Vitriolschiefer eingeschnitten.

Untere Lettenkohle.

6 —7 m Dunkle Tone und Mergelschiefer mit stark wechselnden Kalk- und Dolomitbänken.

1 —1,5 m „Untere Dolomite": Harter dolomitischer Kalk, lokal mit Glaukonit und Myophoria Goldfussi. Dolomite bzw. gelbe dolomitische Mergel und Zellendolomite. Härtere Dolomite oder dolomitischer Kalk, zum Teil fossilführend.

0,5—1 m „Dolomitischer Mergelschiefer", oben mehr gelbe dolomitische Steinmergel.

0,2—0,6 m „Blaubank", muschelreich, selten dolomitisch, Bonebed, lokal Glaukonit.

0,6—1,4 m „Vitriolschiefer", dunkle bis schwarze Schiefertone und Mergelschiefer; mitten mittleres Crailsheimer Bonebed, darunter häufig plattige Lagen; Estheria minuta.

Wenn du aber glaubst, auf deinen Wanderungen durch das süddeutsche Keuperland (suche die Ausdehnung der Lettenkohle auf der Karte festzustellen!) die Horizonte dieses Schichtenprofils überall wiederzufinden, so bist du mindestens zur Hälfte auf dem Holzweg. Wie wäre auch ein einheitliches, überall gültiges Profil möglich auf einem Fleck Erde, der seinen Schichtenzuwachs hier vom Strom, dort vom See, bald vom Süßwasser, bald vom Meere bezieht? Die untersten Schichten[1]) der Lettenkohle: die Schiefertone, dolomitischen Mergelschiefer, die stark und rasch wechselnden Kalk- und Dolomitbänkchen bieten für uns i. a. nur wenig Interesse. Es sind Bildungen des verflachenden, verlandenden Meeres. Dafür sprechen einmal die vielfach vorkommenden Bonebedschichten — die Strandablagerungen des zurückgehenden Meeres. Das Inventar ist ähnlich demjenigen

---

1) Die Schichten der untersten Lettenkohle sind gut aufgeschlossen zwischen Hall und Gaildorf, im Bühlertal zwischen Sulzdorf und Obersontheim, zwischen Crailsheim und Langenburg und bei Rothenburg o. T. *Besonders die „Blaubank" ist fossilreich.*

des Crailsheimer Muschelkalkbonebeds: Zähne, Schuppen, Flossenstacheln von Fischen, Nothosaurus-Wirbel und Mastodonsaurus-Zähne (Bibersfeld, Gaildorf, Crailsheim). Dafür sprechen aber auch — von den Bonebeds abgesehen — die faunistischen Reste in den vielen Kalkbänken und den härteren Schieferplättchen. Es ist eine zwerghafte, verarmte Muschelkalkfauna — überaus spärlich und dürftig (Myophoria Goldfussi Abb. 41, Anoplophora lettica usw.). Charakteristisch für die untere Lettenkohle sind (wie einst für die Bairdienletten) die Estherien (Abb. 47). Spaltet man eines der Mergelplättchen (z. B. im Vitriolschiefer bei Obersontheim) auf, so zeigen sich oft die zierlichen, konzentrisch-gerippten Schälchen (Abb. 47) in wimmelnder Fülle. Fast möchte ich wetten, es geht dir wie mir, als ich diese netten Dingerchen zum erstenmal im Buntsandstein sah. Du wirst sie mit einem regelrechten Zweischaler, vielleicht mit einer Posidonia (T. I, S. 173) verwechseln. Die Maschenstruktur der Schale zwischen den Zuwachsstreifen (Abb. 48) zeigt uns aber unter dem Mikroskop, daß die Tierchen keine Zweischaler im gewöhnlichen Sinne, sondern winzige Krebse waren — aus der Verwandtschaft der Blattfüßler. Die kleinen beschalten Krebschen brauchten sich also beim Wachstum nicht zu häuten. Älter werdend ließen sie einfach ihre ovalen Schälchen in neuen Schichten weiterwachsen.

Abb. 47. Das kleine beschalte Krebschen Estheria minuta. (Nach Zittel.)

Abb. 48. Die Schalenoberfläche (35/1) des Blattfüßlers Estheria zeigt Maschenstruktur zwischen den Zuwachsstreifen c. (Aus Jones.)

Ein weites, flaches Küstenland, ringend mit dem Meere, sumpfige Lagunen, Salzseen, die der Aussüßung anheimfallen, Brackwassertümpel — das ist das Neuland zur Lettenkohlenzeit. Riesenströme, ohne viel Gefälle, in breitem Bette, verfrachten langsam und mühsam ihre Sand- und Tonlast. Und was die trägen Wassergüterzüge mitbrachten, was sie absetzten und aufstapelten, das sind jene breiten Sandsteinstreifen, die in einer Mächtigkeit von 8—15 m[1]) unter dem Namen Lettenkohlensandstein das Land durchqueren. Wenige Kilometer neben großen Steinbrüchen findet man oft vom Letten-

1) Neuenstein 15 m, benutzt zum Bau des Schlosses, Freudenberg o. A. Mergentheim (benutzt zum Bau des Ansbacher Schlosses).

Abb. 49. Diagonalschichtung im Lettenkohlensandstein. (Phot. Dr. G. Wagner.)

kohlensandstein überhaupt nichts mehr (dagegen wird er manchmal von sandigen Mergeln vertreten). Im Hinblick auf des Sandsteins Entstehungsgeschichte braucht der rasche seitliche Wechsel nicht aufzufallen. Häufig läßt sich direkt beobachten (Rothenburg o. T., Gaildorf bei Hall 10 m dick, bei Rieden nur noch 0,9 bis einige Meter dick), wie der Sandstein als das Ausfüllungsmaterial der durch alte Ströme ausgewaschenen Furchen und Rinnen — in die unteren Lettenkohleschichten (bis 9 m) tief einschneidet. Überall[1]) — von Rottenburg a. N. bis hinab nach Rothenburg o. T. hat man sich den grünlichen, feinkörnigen Werkstein[2]) zunutze gemacht — wegen seiner ganz hervorragenden Brauchbarkeit zu bautechnischen Zwecken. Diese Sandsteine bringen uns Kunde vom Leben, das sich in den Ufersümpfen der damaligen Flüsse abspielte. Steinkerne von schenkeldicken Schachtelhalmstrünken (Equisetum arenaceum Abb. 50), Abdrücke von Farn- und Cykadeenblättern[3]) erzählen von sumpfigen Dschungelnwäldern, die überall die

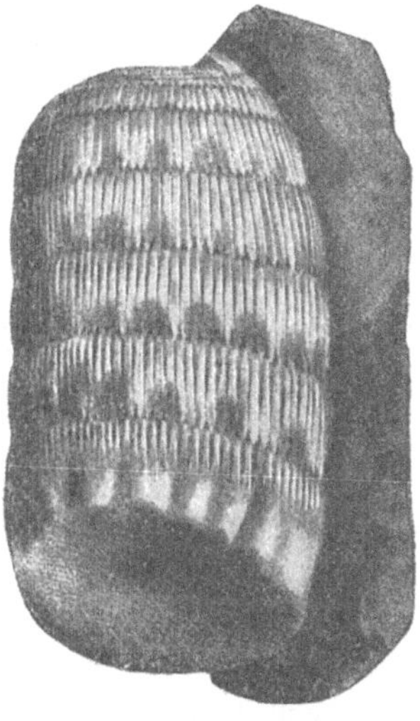

Abb. 50. Ein Riesenschachtelhalm aus dem keuperischen Sumpfwald (Equisetum arenaceum). (Nach Engel.)

1) Im ganzen „Gäu“, Strohgäu, Hall-Gaildorfer Gegend bis zum Taubergrund.

2) Besonders geeignet zum Studium sind die Profile von Obersontheim (Bühlertal), Ellenweiler bei Backnang, Streichenberg bei Eppingen, Großaltdorf bei Gaildorf, Rieden bei Hall.

3) Lepidopteris Stuttgartiensis, Chiropteris digitata; Dioonites pinnaeformis.

Ufer der Flüsse umsäumten. So dicht wucherten schließlich die Sumpfwälder, daß ihr Pflanzenmoder da und dort zur Entstehung kleiner Kohlenschichten Veranlassung gab. Abbauwürdig ist freilich die „Kohle“ nirgends, weder in Süddeutschland [1]) noch in Mitteldeutschland [2]). Trotzdem hat schon mancher Unkundige für Schurf-Experimente viel Geld geopfert, in der Hoffnung, „weiter unten“ auf abbauwürdigeres Material zu stoßen. Die Kohle ist eben stark verunreinigt durch Eisenkies (FeS_2; was gibt's daher beim Verbrennen?), namentlich aber durch Letten — daher der Name Lettenkohle für den ganzen unteren Keuper. Meistenteils sind es aber nicht einmal unreine Kohlenflözchen, die den Werkstein nach oben abschließen, sondern nur sandigkohlige Mulmschichten. Ob Mulm, ob Kohlen — das eine zeigen die sumpfigen Ablagerungen deutlich: die Pflanzen rücken vor! Und zwar sind es nicht mehr die alten Kohlenbildner der Karbonzeit! Schon drängen sich Sagopalmen und Nadelhölzer — also nacktsamige Blütenpflanzen — bestimmter in den Vordergrund. Unter den Sporenpflanzen sind es besonders die Schachtelhalm-Gewächse, die massenhaft wie Spargelwälder aus dem Moraste steigen. Doch nicht Kalamarien (Holzzylinder mit starkem Sekundärzuwachs) sind's, sondern modernere, bekanntere Formen, Equisetaceen mit schwach entwickeltem Holzzylinder — ähnlich den heutigen draußen in unseren Wäldern und Feldern, nur viel größer.

Aufgepaßt! Was rührt sich dort im Dschungelndickicht und bahnt gewaltsam sich den Weg? Ein ganz Großer ist's, der größte unter seinen Zeitgenossen (Abb. 51). Beutelüstern tappt der unheimliche Stegocephale schweren Schrittes dem nahen fischreichen Tümpel zu. Und wo er einst verendend seinen Schädel hinstrecken mußte im Sand und Sumpf — da sind für uns heute die interessantesten Fundstellen der ganzen Lettenkohlenzeit. Bei Gaildorf [3]) war's, wo man beim Abbau der eisenkieshaltigen Kohle (zwecks Vitriolbereitung) so ganz nebenbei — die alten Königsgräber öffnete. Im dunkelbraunen Schiefersarg — zwischen meist verdrückten Equiseten-Stengeln und Sumpfmuscheln — lagen mehrere vollständig erhaltene, 1 m lange Schädel von Mastodonsaurus giganteus. Jeder, der nach

1) Wiederholt versucht bei Gaildorf, Unadingen und Döggingen.

2) Bei Naumburg wurden früher 3000 t Kohlen gewonnen.

3) Auch bei Markgröningen wurde (1867) im Abraum des Werksteins ein prachtvoller Schädel von Mastodonsaurus giganteus gefunden.

Abb. 51. Im Dschungelndickicht der Lettenkohlenzeit. Die Dachschädler auf der Höhe ihrer Macht. (Mastodonsaurus giganteus)

Stuttgart kommt, kann sie sehen. Sie zählen zu den berühmtesten Sehenswürdigkeiten des dortigen Naturalienkabinetts. Offenbar waren diese etwa 4 m langen **Wickelzähner** die größten Vertreter des **Dachschädler-Geschlechts**. Die 10 cm langen Fangzähne bezeugen heute noch, daß die Giganten nicht gerade von den friedlichsten Absichten beseelt waren. So hoch aber damit in bezug auf Größenentwicklung die **Dachschädler** auch zur Lettenkohlenzeit gestiegen waren — dieser Höhepunkt bedeutet für sie zugleich den Punkt des raschen Verfalls und schließlichen Untergangs.

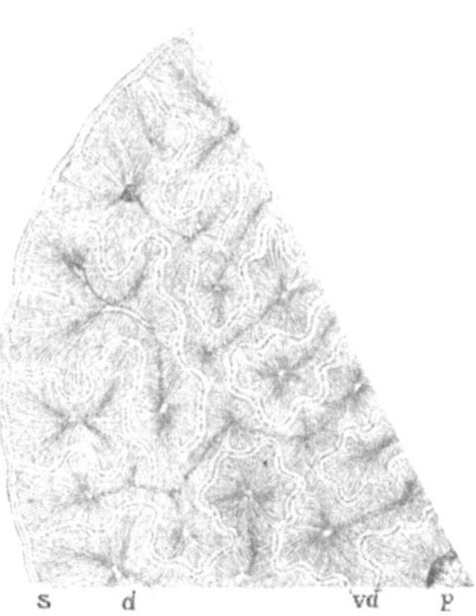

Abb. 52. Querschnitt durch das Zahnstück eines Wickelzähners (Mastodonsaurus giganteus). (Nach E. Fraas.)

Über dem Lettenkohlensandstein liegen **dolomitische Mergel** — der „**Abraum**“ in den Werksteinbrüchen. Estheria minuta (Abb. 47) und Lingula tenuissima, die auf den zwischengeschalteten lichteren Dolomitplatten und härteren Kalkbänken gelegentlich schwarmartig sich zeigen, wissen uns nichts Neues zu berichten. Eine recht zweideutige Sprache dagegen führen die Myophorien, Gervillien, Myaciten usw., die stellenweise häufig sind in den gelb und braun geflammten, lichten Dolomitplatten (Flammendolomite, durch Brauneisen intensiv gefärbt). Was wollen denn diese Proletarier der vergangenen Muschelkalkzeit auf einmal wieder in den mittleren (und oberen) Lettenkohlenschichten? Den Beweis wollen sie erbringen, daß die Muschelkalkbürger noch lange nicht mundtot sind, daß vielmehr gegen Ende der Lettenkohlenzeit das Meer in letztem Anlauf das verlorene Land wiederholt zurückzuerobern versuchte. In der Tat finden wir in ganz Deutschland: am Nordrand des Harzes (Thale) so gut wie in Thüringen, in Franken und Schwaben so gut wie in Elsaß-Lothringen als Abschluß der Lettenkohlengruppe nach oben einen gelblichen dolomitischen Kalk. Bald dicht, bald porös bis löcherig, bald oolithisch, trennt dieser „Grenzdolomit" mit seiner wichtigsten Leitform Myophoria Goldfussi (Abb. 41) den unteren Keuper in scharfem Schnitt von dem Hauptkeuper. Speziell in Württemberg hat man am Kugelberg bei Hoheneck (Ludwigsburg) schöne Funde im Grenzdolomit gemacht: Flossenstacheln eines Hais (Hybodus), Schädel und Knochen von Nothosaurus, Placodus-Zähne, Myophorien, Myaciten usw. Hier im Hohenecker Kalk kannst du auch die sonst seltenen, kammförmigen Zahnplatten eines Lurchfisches (Ceratodus Abb. 53) — eventuell von den Arbeitern in den Steinbrüchen — bekommen, eines Doppelatmers, der zu den interessantesten Gestalten der Lettenkohlen- bzw. der ganzen Triaszeit gehört. Man wußte früher mit den merkwürdigen, hornigen Zähnen nichts so Rechtes anzufangen. Da entdeckte man im Jahre 1870 ganz dieselbe Bezahnung bei einer Fischgattung, die heute noch in zwei kleinen Flüßchen von Queensland (Australien) als Barramundi lebt. Für gewöhnlich atmet dieser Australier durch Kiemen — wie fast alle Fische. Geht ihm aber in Zeiten der Dürre das zum Atmen brauchbare und notwendige Wasser aus, dann kann er auch anders und atmet durch — Lungen. (Die Schwimmblase ist in ein Respi-

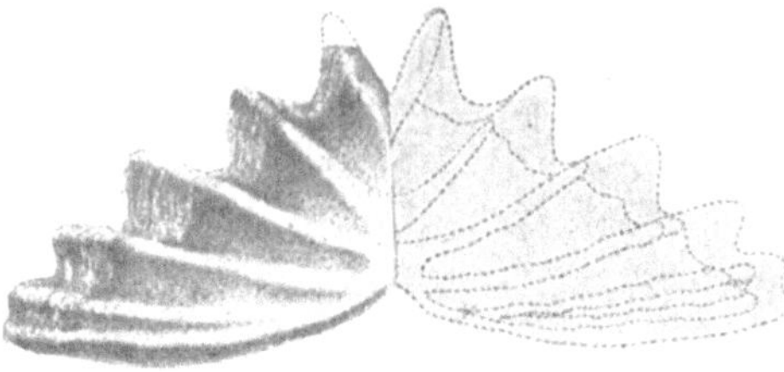

Abb. 53. Gaumenzahnplatte des Lurchfisches Ceratodus runcinatus aus der Lettenkohle. (Aus Teller.)

rationsorgan umgewandelt!) War der Ceratodus der Keuperzeit derselbe Atemkünstler wie sein australischer Epigone (Epiceratodus Forsteri)[1] —. wir wissen allerdings darüber so viel wie nichts —, so würde er eine hübsche, durch Anpassung gleichsam zum Leben gewordene Illustationsprobe für das Wechselspiel bald entstehender, bald austrocknender Ufersümpfe und Wassertümpel sein zur Keuperzeit. An vielen Orten ist der obere Horizont der Lettenkohle mit Gips aus dem darüberliegenden Hauptkeuper durchsetzt.[2]) Besonders schön zeigt sich die Gipsentwickelung in der Crailsheimer Gegend. In der großen Gipsgrube am Sattelbuck

Abb. 54. Ceratodus Forsteri. (Nach Steinmann)

(bei Satteldorf) versteht es die kleine, scharfrippige Myophoria Goldfussi Abb. 41 — obwohl vollständig in Gips umgewandelt — im Chor mit ihren vielen Schwestern und unterstützt von der lauten Stimme des seltenen Nautilus bidorsatus ganz energisch Protest einzulegen gegen das Unterfangen der Geologen, die Lettenkohlenzeit zur Keuperzeit zu rechnen. „Wir sind Muschelkalkbürger und haben ein Recht darauf, überall als solche geachtet und behandelt zu werden — und nicht als Keuperianer", sagen sie. Wer will's ihnen verargen? In Wahrheit ist ja doch die Lettenkohlenzeit mit ihrem Szeneriewechsel nichts anderes als das Postludium zur Muschelkalkzeit, so wie sie gleichzeitig ist das Präludium zur **Hauptkeuperzeit.** Nicht so vorlaut, mein kleines Myphoriamüschelchen! Merkst du nicht, wie das Salzwasser, seichter und seichter werdend, dich im Stiche läßt, wie es abfließt und nur in tieferen Senken noch zurückgehalten wird? Schon ist ganz Süd-

1) Ein Ceratodus-Schädel aus der Alpentrias (bei Lunz) unterscheidet sich nach Abel so unbedeutend von dem Schädel des heutigen Epiceratodus, daß die Lungenfische sich seit der Triasformation kaum wesentlich verändert haben dürften. Wenn aber manche Geologen unter Berufung auf den Ceratodus die weitestgehenden Schlüsse in bezug auf klimatische Bedingungen ziehen, so muß doch daran erinnert werden, daß z. B. noch der Ceratodus des Muschelkalks in Gesellschaft von echten Meerestieren vorkommt, während der moderne Epiceratodus ein echter Süßwasserfisch ist.

2) Ingersheim, Onolzheim (Myophorien, Myaciten, Gervilleia). Asperg (Myophorienbank), Wartberg, Grenzdolomit bei Rottweil usf. Groß-Altdorf und Talheim bei Vellberg.

deutschland nichts anderes als eine weite, weite Niederung, angefüllt mit großen Binnenseen, die infolge der Verdunstung immer mehr der Konzentration zum Opfer fallen. „Tote Meere", sind's, die sich da aneinanderreihen. Der Salztod herrscht. Kaum vermag ein Tier[1]) oder eine Pflanze in der übersalzenen Lake zu existieren. Gips[2]) und Steinsalz[3]) scheiden sich aus und vermischen sich mit dem tonigen Schlamm- und Sandmaterial, das der Regen und die Flüsse hineintragen in den großen Salzsumpf. So etwa mögen die grauen und roten Gipsmergel des unteren Hauptkeupers entstanden sein, den du auf deinen Wanderungen verfolgen kannst, zunächst als schmales Gesteinsband vom Wutachtale an über Donaueschingen (40 m mächtig), Rottenburg—Tübingen (90 m), im Schönbuch (100 m), immer mehr sich verbreitend am Stromberg, Heuchelberg und in den Löwensteiner Bergen (ca. 100 m), im Fränkischen (110—120 m), im Steigerwald und in den Haßbergen (191 m). Wohl verstanden! Diese Zahlen gelten nicht allein für den Gipsmergel, sondern für den ganzen unteren Hauptkeuper. Und dazu gehört noch der über dem Gipsmergel liegende bald an-, bald abschwellende Schilfsandstein! (Profil 55). Dessen Lebensgeschichte ist rasch erzählt. Es ist dieselbe wie die des Lettenkohlensandsteins. Abgelagert in breiten Rinnen und Furchen des tonigen Untergrundes stellt der Schilfsandstein das sandige Mitbringsel der schwäbischen Keuper-

1) Nur wenn die Verhältnisse etwas günstiger wurden, wenn die Verbindung mit dem alpinen Meer (Raiblerschichten) auf kurze Zeit — etwa übers Rhonetal — wiederhergestellt war, tauchten ein paar armselige, alpine Einwanderer auf. Daher finden sich in einigen Kalkmergelbänken teils unscheinbare, teils schlecht erhaltene Spuren des Lebens: Estherien (laxitexta und minuta), (Pseudo-)Corbula keuperina, Anoplophora keuperina Myophoria Raibliana etc. (Vgl. Stiftsberg und Trappensee bei Heilbronn, Kuhberg bei Beuerlbach [Crailsheim] usf.). Von einiger Bedeutung ist die Corbula- oder Bleiglanzbank, die nicht nur in Schwaben und Franken, sondern auch in Thüringen und nördlich vom Harz in den unteren Schichten des Hauptkeupers vorkommt.

2) Die stockförmig eingelagerten, fossilleeren Gipse sind in großen Brüchen aufgeschlossen (Crailsheimer-, Haller- und Herrenberger Gegend, Fuß des Asperg und des Rotenberg usf.) und sind die Hauptgipsquellen des württembergischen Landes.

3) Bei uns ging das Steinsalz wieder in Lösung (Pseudomorphosen nach NaCl!); in Hannover (Salzderhelden, Sülbeck) und in Lothringen (13 Salzlager bei Dieuze mit 50 m Gesamtmächtigkeit) dagegen blieben die NaCl-Einlagerungen der bunten Mergel erhalten.

flüsse dar. Diese Flüsse brachten — den Boden aussüßend — wieder Leben in die triste, öde, abflußlose Salzwüste. **Eine Deltalandschaft** dehnt sich vor uns aus, 350 km in ostwestlicher und über 500 km in südnördlicher Richtung messend (Karte 56), ein ungeheures Deltanetz mit vielen Wasseradern, Tümpeln und Sandbänken. Wieder wie einst umstanden üppige Wälder von Equisetaceen, Farnen, Zykadeen und Nadelhölzern die „Ströme des Lebens". Aber das Bild war doch ein anderes als zur Lettenkohlenzeit.

Palmartige Sagobäume bestimmen die Ästhetik des keuperischen Dschungelnwaldes.

Wohl stehen im Sumpfe noch die Equisetaceen in drängender Fülle — der erste Platz an der Sonne gehört gleichwohl nacktsamigen Blütenpflanzen — den mannigfaltig und prächtig aufgeblühten Zykadeen. Dort, wo der Stuttgarter heute seine beliebtesten Bausteine

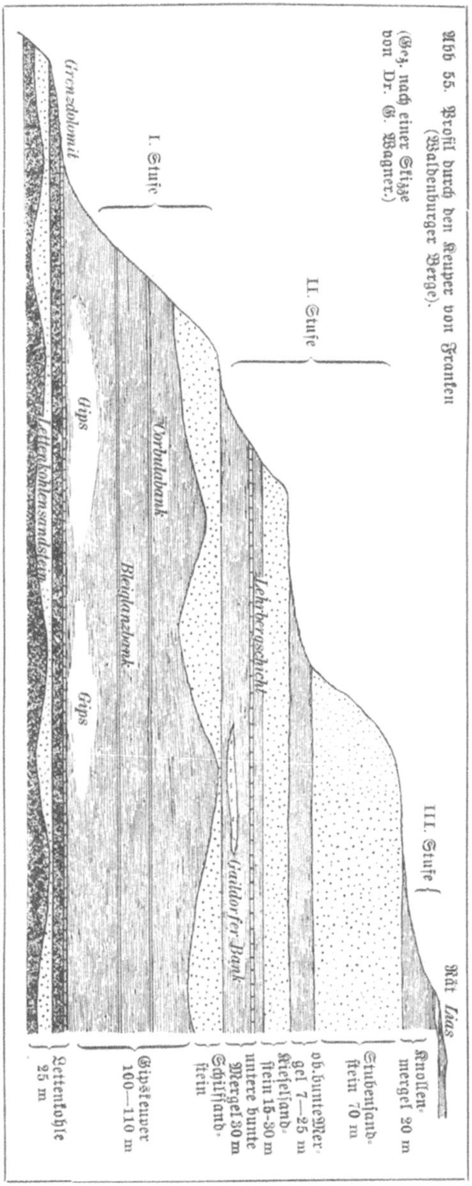

Abb 55. Profil durch den Keuper von Franken (Waldenburger Berge). (Gez. nach einer Skizze von Dr. G. Wagner.)

Abb. 56. Die Sandsteinetagen des mittleren Keupers nehmen von Lothringen über Schwaben bis zur Donau zu. Ihr Material stammt nach Lang offenbar vom „Vindelizischen Gebirge" her und ist von langsam (Schilfsandstein) oder rascher (Stubensandstein) fließendem Wasser forttransportiert und abgesetzt worden. Die Mergelstufenbildungen faßt Lang als meerische Bildungen auf. (Nach Lang.)

heimholt, dort, wo der rote und grüne „Stuttgarter Werkstein" gebrochen wird, auf der Feuerbacher Heide, dort besonders[1]) hat man eine glänzende Folge von Schilfsandsteinpflanzen gefunden: Viele

1) Andere empfehlenswerte Aufschlüsse (nach Dr. E. Silber). a) Östlich von Eutendorf (Station Ottendorf) am Sturz ist die ganze untere Hälfte des Hauptkeupers erschlossen: 1. der ganze Gipskeuper etwa 100 m, mit der Bleiglanzbank und vielen Gipseinschaltungen (Brüche an der Straße Ottendorf—Eutendorf). 2. Der Schilfsandstein in der auffallenden Mächtigkeit von 32 m, während er 4 km südöstlich davon am Eisbach nur 2 m dick ist; 3. die

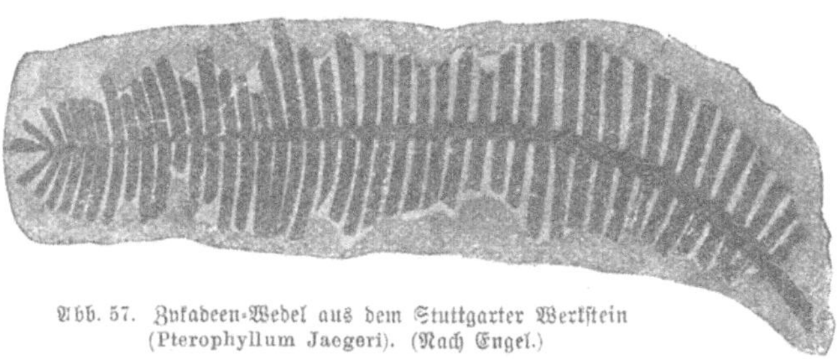

Abb. 57. Zykadeen-Wedel aus dem Stuttgarter Werkstein (Pterophyllum Jaegeri). (Nach Engel.)

Zykadeenwedel (z. B. Abb. 57), Wurzelknollen, Stammstücke, Blätter, Knospen usw. von Equiseten (z. B. Abb. 50), allerlei alte und neue Farne¹), Zweige und Zapfen von Nadelhölzern²) (selten). Überhaupt gehören „Schilfe" — das sind die früher falsch titulierten Equiseten — auch an anderen Orten³) nicht gerade zu den Seltenheiten, weder bei den berühmten roten und geflammten „Maulbronnern" noch bei den grünen und „fleischfarbigen" „Heilbronnern". Zu den größten Seltenheiten dagegen gehören die Labyrinthodontenreste (Abb. 58). Am meisten Material haben u. a.⁴) noch die Brüche auf der Feuerbacher Heide geliefert (Cyclotosaurus robustus).

Mergel und Sandstein — sie bilden allenthalben die erste Stufe der Keupertreppe im Landschaftsbilde. Wo der Keuper vollständig entwickelt ist, folgen noch zwei solcher Stufen, immer zu unterst aus Mergel⁵) und darüber aus dem widerstandsfähigeren Sandstein⁶) bestehend (Profil 55). Willst du die bunten „Berggipse" der zweiten Stufe (die unteren bunten Mergel) in ihrer ganzen

---

unteren bunten Mergel, etwa 25 m mit ausnahmsweise viel Gipseinlagerungen, oben mit den drei Steinmergelbänken der Lehrbergbank, die hier Malachit, aber wenig Fossilien führt; 4. oben 15 m Kieselsandstein, der die Decke der Keuperberge im Fränkischen bildet. b) Rote Steige bei Bretzfeld am Hof Stöckig. Näheres: Dr. Silber, Der Keuper im nordöstlichen Württemberg, 1922.

1) Pecopteris Stuttgartiensis, Schönleiniana und gracilis, Danaeopsis, Lepidopteris, Mattonia quercifolia etc.

2) Voltzia Coburgensis, Widdringtonites.

3) Vgl. auch die Umgebung von Crailsheim (Beuerlbach, Ellrichshausen), Brüche von Wendelsheim (Rottenburg) und Rosenfeld.

4) Funde von Eltingen, Leonberg, Hanweiler (Abb. 58).

5) Nach Lang meerische Bildungen.

6) Nach Lang vorzugsweise fluviatile Bildungen.

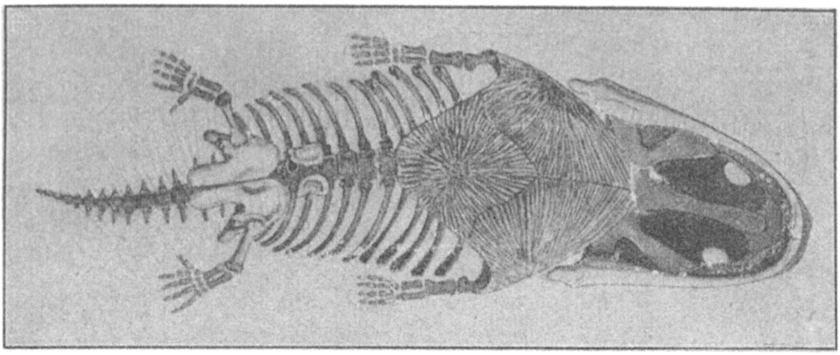

Abb. 58. Hier siehst du die Unterseite eines Labyrinthodonten (**Metopias diagnosticus**) aus dem Schilfsandstein von Hanweiler. Beachte die breiten Kehlbrustplatten, die weit vorne liegenden Augen und die unbedeutenden Zähnchen. (Nach E. Fraas)

Farbenfreudigkeit sehen, so gehst du am besten in die Aufschlüsse am Sonnenberg oder am Kriegsberg im Stuttgarter Talkessel. Breite und schmale Bänder, blutrot, rot, gelb, graublau, grün, durchziehen bald in lebhaften, bald in düsteren Tönen die Gesteinswand („Rote Wand"). Trotz ihrer buntscheckigen Farbentracht sind für uns die unteren bunten Mergel langweilig im höchsten Grade, fast ebenso langweilig wie die meist schwarzgrauen Gipsmergel der unteren Stufe. Herrscht doch hier wie dort dieselbe trostlose Fossilienarmut.[1]) Begreiflich! Offenbar waren die Existenzbedingungen für die Lebewesen hier wie dort gleich ungünstig: übersalzene Sümpfe und Seen in einer abflußlosen, sich senkenden Niederung. Die Lebensbedingungen für Tier und Pflanze wurden erst besser, als das Quarzkorn die Oberhand bekam. Durch raschfließende Strömungen — Geröll (Granit, Gneis, Porphyrtuffe aus dem Rotliegenden) und Sand sind teilweise recht grob! — hergetragen aus dem „verwitternden" vindelizischen Gebirge und als mächtige Sanddecken hingebreitet, viel-

1) Nur in den zwischengelagerten, härteren Steinbänken findet man gelegentlich Lebensspuren, z. B. in der Gaildorfer Bank (nach Dr. Silber verhältnismäßig häufig) (Trigonodus keuperinus). Die „Lehrbergschicht" (beheimatet im bayrischen Franken) zeigt eine kleine Fauna. In neuester Zeit hat man auch in diesem Horizont am Sonnenberg interessante Labyrinthodonten- und Saurierreste gefunden. Die Tone und Mergel direkt über dem Schilfsandstein führen Estherien. Der Kieselsandstein selbst — bekannt durch seine Steinsalzpseudomorphosen, Trockenrisse(!), Wellenfurchen und Fährten — ist augenfällig durch seine Härte. Man heißt ihn auch „kristallisierten Sandstein", weil sekundär ausgeschiedene SiO_2 seine Quarzkörner fest miteinander verkittet hat.

leicht auch unter Mithilfe von Sturm und Wind zusammengeblasen, baut das Quarzkorn heute jenen weißen, grobkörnigen Sandstein auf, der zweifellos der interessanteste der Keupersandsteine ist. Nicht weil er die zweite Hauptterrasse in der Keuperlandschaft bildet, nicht weil er Wälder[1]) — wie der Buntsandstein — trägt und Kapellen und Burgen[2]), nicht wegen seines guten Rufes als Baumaterial (Kölner Dom und Ulmer Münster[3])), nicht weil die unteren, häufig verkalkten Lagen („Fleins") gelegentlich einmal den kleinen Schmelzschupper Semionotus (Abb. 59) führen (Semionotussandstein), nicht weil die oberen, weichen, leicht verwitternden Schichten wegen ihrer Brauchbarkeit als Fegsand zum Reinigen der Stubenböden unter dem Namen Stubensandstein populär geworden sind — nicht wegen alledem ist er so interessant: In diesem Stubensandstein wurzelt der Stammbaum der größten Giganten aller Zeiten und aller tierischen Völker. Reptilien sind's, die statt der aussterbenden lebensmüden Labyrinthodonten zur Keuperzeit mit frischtreibender Lebenskraft auf den Plan treten und nichts Geringeres anstreben als — die Weltherrschaft während des ganzen erdgeschichtlichen Mittelalters. Da haben wir zunächst die Schreckenssaurier (Dinosaurier), eine formenreiche, weitgespannte Reptilgruppe, die mit Rücksicht auf ihre abenteuerlichen, 20 bis 30 m langen „Großen" (in den Jura- und Kreideablagerungen von Ostafrika, Nordamerika und England) den schreckhaften Titel angehängt bekam. Schon in der Triaszeit zeigen die Dinosaurier eine weltweite Verbreitung. Haben sich doch triadische Dinosaurierreste nicht nur in Europa, sondern auch in Südafrika und Nordamerika gefunden. Was hat denn nun unser „Stubensandstein" mit diesen Schreckenssauriern zu tun? Sehr viel! Er ist einst ihr Spiel- und Tummel-

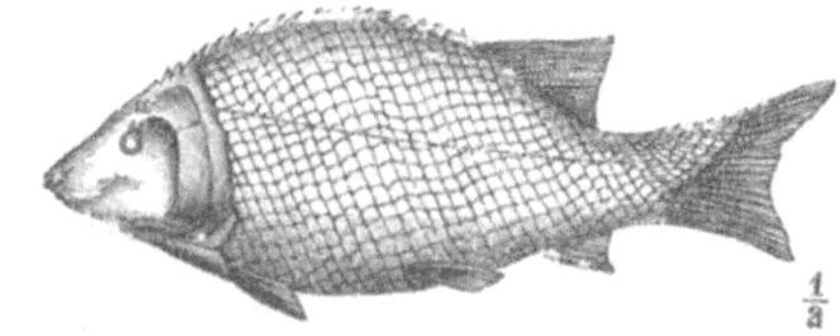

Abb. 59. Ein Schmelzschupper aus dem Stubensandstein (Semionotus Kapffi). (Nach Steinmann.)

1) Vgl. z. B. Welzheimer Wald. Ellwanger- und Löwensteiner Berge.

2) Ruine Sternenfels bei Maulbronn, Ruine Niederalfingen bei Aalen, Michelsberg bei Bönnigheim.

3) Die Steinbrüche von Neckartenzlingen und Nürtingen lieferten Material zu diesen architektonischen Kunstschöpfungen.

platz gewesen, als sie entwicklungsgeschichtlich noch Kinder waren. Die hochinteressanten Funde im Stubensandstein des Stromberges (Pfaffenhofen, Oberamt Brackenheim) zeigen, wie überaus verschiedenartig veranlagt diese Kinder waren. Eidechsenartige Burschen, ziemlich großköpfig, aber langhalsig und schlank, mit scharfen Zähnen und Zehenkrallen machen Anspruch darauf, ursprünglichste Dinosauriergestalten zu sein und in die Gesellschaft ihrer englischen und südafrikanischen triadischen Vettern (Thecodontosaurus) als ebenbürtige Verwandte aufgenommen zu werden. Ein anderer Pfaffenhofer, ein noch nicht ½ m langes Kerlchen mit niedlichem Schädel, hat neben ganz kurzen Vorderfüßchen so langgestreckte Hinterbeine, daß ein „Laufvogel" Staat damit machen könnte. Keck aufgerichtet hüpft und springt der kleine Gernegroß auf seinen Hinterfüßen daher, als ob er sagen wollte: Paßt auf, was alles aus uns „Ornithopoden" noch werden mag!

Zur Stunde sind die Untersuchungen über die Pfaffenhofer Dinosaurierreste noch nicht abgeschlossen. Die gesammelten, recht verschiedenartigen Schädelstücke, Wirbel-, Becken- und Fußknochen usf. deuten aber an, daß es da noch gar manches zu entdecken und zu finden gibt. Sicher bestimmt von dem verstorbenen Stuttgarter Forscher Eberhard Fraas ist noch ein Rumpfstück, das einer wohl 1½ m langen, dickschwänzigen Adlerechse[1]) (Aëtosaurus crassicauda) angehört. Der schönste Adlerechsenfund — ein berühmtes Schau- und Prunkstück des Staatl. Naturalienkabinetts — stammt indessen nicht aus dem Stubensandstein von Pfaffenhofen, sondern aus dem von Heßlach bei Stuttgart (1875). Als ob die zierlichen, sonst sehr seltenen Landsaurier gestern noch eine Massenversammlung abgehalten hätten und dabei überrascht worden wären von einem Dünensturz, einer Sandschlammwelle oder einer Sandbankrutschung, so liegen sie drin im Sandstein — 24 Mann hoch. (Abb. 60.) Wie kleine (bis 0,85 m), schwer gepanzerte Krokodile sehen sie aus. Daher werden sie auch von manchen Geologen als die Vorläufer unserer heutigen Krokodile begrüßt und verehrt. Nicht mit vollem Recht! Der Skelett- und insbesondere der Schädelbau zeigt so starke Abweichungen, daß es E. Fraas geratener erscheint, den Adlerechsen

1) Aëtosaurier oder Adlerechsen nannte man sie, weil man ihren Schädelbau mit dem eines Vogels verglich.

Abb. 60. Sandsteinplatte mit 24 Adlerechsen (Aëtosaurus ferratus) aus dem Stubensandstein bei Stuttgart. (Nach E. Fraas.)

nicht das Krokodilierpatent auszustellen, sondern sie als „eigene Sippe" den Dinosauriern beizugesellen. (?)

Einzig schön wie dieser Sandsteinblock mit seinen 24 Stück Aëtosaurus ferratus ist das reiche Material an Neckarsauriern, welches der Stubensandstein der Stuttgarter Umgebung (durch Kapff) und neuerdings der von Aixheim (durch Haug) und Pfaffenhofen ins Naturalienkabinett geliefert hat. Das sind die stattlichen, bis 4 m langen Nilkrokodile (Abb. 61) und Gangesgaviale (Abb. 61) der schwäbischen Keuperlandschaft.

Leicht kannst du diese Fischräuber, die an den Keuperflüssen Schwabens ihr Unwesen trieben, voneinander unterscheiden.

Dickschnauzig ist der eine, der Pfeilzahn oder das Belodon (Abb. 61). Seine stark aufgetriebene Schnauze sieht aus, als ob er sie der nächsten besten Pferdenase abgeguckt hätte. Im Gegensatz zu diesem keuperischen „Nilkrokodil" ist das andere berühmte Krokodil Schwabens langschnauzig wie ein Gangesgavial. (Mystriosuchus-Löffelschnauze Abb. 61). Krokodile? Ja, ihrem Aussehen nach schon.

Abb. 61. Die hohen und höchsten Herrschaften zur Keuperzeit. 1. = „Schwäbischer Lindwurm", ein Dinosaurier. 2. = Das schwäbische „Nilkrokodil" (Belodon). 3. = Der schwäbische „Gangesgavial" (Mystriosuchus).

Wieder aber will der Skelettbau unserer schwäbischen Panzerechsen nicht so recht übereinstimmen mit dem der heutigen Krokodile (z. B. größere Anzahl der Kreuzbeinwirbel; Tränengrube usw.). Vielleicht vermagst du auf Abb. 61 noch zu erkennen, wie die Nasenlöcher weit nach hinten gerückt sind, ganz in die Nähe der Augen, und wie sie voneinander *getrennt* liegen. Ganz abgesehen davon, daß kein heutiges Krokodil mit einer solch aufgetriebenen „Pferdenase" bekannt ist, liegen bei allen echten Krokodiliern (Jurazeit bis Gegenwart) die Nasenlöcher an der *Schnauzenspitze*, und zwar nicht getrennt, sondern vereinigt ausmündend in eine einzige, gemeinsame Öffnung. Trotz dieser Abweichungen und Eigenheiten im Knochenbau dürften die Neckarsaurier oder Phytosaurier des Stubensandsteins doch ein *krokodilhaftes* Auftreten mit allen Krokodilallüren besessen haben. Eine *wohlbezahnte* Schnauze, ein fester Knochenpanzer, der Brust und Hals, vor allen Dingen aber den Rücken (durch große Knochenplatten mit dornartigen Höckern) schützte, machte den Raubsaurier für den Angriff ebenso tüchtig wie für die Abwehr. Außer Neckar- und Dinosauriern finden wir im Stubensandstein noch eine andere Sippe von Reptilien: die *Schildkröten*. Neben echten Landschildkröten von bedeutender Größe (Psammochelys von Aixheim) treten recht altmodische Gestalten (Pfaffenhofen) auf, altmodische insofern, als bei ihnen die Platten des Rückenpanzers auf der Innenseite noch nicht mit den Rippen, sondern nur mit den Wirbeln Verwachsung zeigten.

Wie das Profil (Abb. 55) dartut, liegen über dem Stubensandstein nochmals Mergel. Es sind die letzten. Aber: last not least! Diese schmutzig-violetten oder blauroten Knollenmergel[1]), die nach neuerer Auffassung äolische Aufschüttungen sein sollen, gelten in der deutschen Trias als das Hauptlager der Dinosaurier.

Gegenüber den Stubensandsteinarten tritt bei den Dinosauriern der Knollenmergel der Hang zur Entwicklung ins Gigantische, Große schon deutlich in die Erscheinung. Da haben wir Riesenformen bis zu 10 m Länge. Auf Seite 72 siehst du die blutgierige Bestie abgebildet — drohend aufgerichtet wie ein Bär, der den Kampf mit seinem Gegner aufnimmt und ihm entgegengeht. Aber so nahe es liegt, daß sich in diesen furchterregenden Raubsauriern teilweise jene Drachen und Lindwürmer[2]) verkörpern, an denen die Helden und Recken in Dichtung und Sage ihren Heroismus beweisen mußten — Menschen haben mit diesen Schreckenssauriern keine gekämpft; denn es gab keine, vielleicht noch nicht einmal ein Säugetier zur Keuperzeit. Wo die abenteuerliche Bestie den starkbekrallten Fuß aufsetzte, wo sie auf den ungeheuren Hinterbeinen und dem mächtigen Stützschwanz halb aufgerichtet in raschem Lauf dahinjagte — da herrschte sie, da konnte kein anderer Keuperianer standhalten. Wohl sind die Vorderfüße im Vergleich zu den gewaltigen Hinterfüßen auffallend kurz; aber was immer diesen mit langen Krallen bewehrten Greiforganen in „die Hände" fiel, mußte zur unentrinnbaren Beute werden. Die Zähne, hakig gekrümmt wie ein Winzermesser, beweisen, daß das Tier kein Vegetarianer, sondern ein fleischfressender Raubsaurier war, wie übrigens alle schwäbischen Dinosaurier. Aber so groß diese „schwäbischen Lindwürmer" oder wie sie Quenstedt mit Rücksicht auf ihre sichelförmigen Zähne noch nannte: diese

---

1) Im Fränkischen ist der Knollenmergel (samt Bonebed) der Abtragung schon stark zum Opfer gefallen. Am oberen Neckar ist er 20—30 m mächtig.

2) So brachte Quenstedt z. B. die Sage vom hl. Georg, der den Drachen tötet, in ursächlichen Zusammenhang mit fossilen Dinosaurierresten.

Zanklodonten[1]) auch dastanden in ihrer rohen, brutalen Körperkraft, so klein und arm waren sie im Geiste. Wie „Dummköpfe" kommen sie uns vor, wenn wir ihren kleinen Schädel mit seinem kleinen Gehirn ins Verhältnis setzen zu dem langgestreckten Riesenleib. Was sich früher für ein mannigfaltiges Lindwurmgesindel hinter dem Namen Zanklodonten versteckte, das zeigten neuerdings die schönen Untersuchungen von v. Huene. Staunenerregend ist die Formen- und Artenfülle unserer „Theropoden". Die Funde aus Württemberg: Stuttgarter[2]) und Tübinger[3]) Gegend, am Stromberg[4]), ferner von Liestal[5]) bei Basel, am Heroldsberg bei Nürnberg, von Halberstadt[6]) legen Zeugnis dafür ab, daß die „schwäbischen Lindwürmer" nicht nur in Schwaben, sondern weit darüber hinaus ihr Unwesen trieben zur Keuperzeit.

Das Rät. Der letzte keuperische Sandstein! Kaum scheint er der Erwähnung wert. Fehlt er doch in Franken nicht selten, und auch südlich davon tritt er nur in vereinzelten Inseln[7]) auf in einer Mächtigkeit von einigen Metern, zuweilen auf wenige Zentimeter heruntersinkend. Aber in diesem lichten, glimmerreichen, feinkörnigen Sandstein („Silbersandstein") findet sich ein nettes, „geflügeltes" Müschelchen — die Avicula contorta[8]) (das „gedrehte Vögelein", Abb. 62).

Abb. 62. Avicula contorta. (Nach Zittel.)

1) Von zanklon = Sichel, odontos = Zahn.

2) Plateosaurus Reinigeri von Degerloch (1847; ohne Schädel, sonst vollständig); Plateosaurus Erlenbergensis bei Kaltental. Gresslyosaurus Plieningeri bei Degerloch. (Naturalienkabinett, Stuttgart.)

3) Ammertal.

4) Teratosaurus minor und Sellosaurus Fraasi (vollständig) von Pfaffenhofen. Diese württembergischen Funde sind zu sehen im Staatl. Naturalienkabinett.

5) Der Fund wurde seinem Entdecker Greßly zu Ehren Greßlyosaurus genannt. Armer, armer, genialer Greßly! Daß du wahnsinnig geworden, unter dem Gedanken, ein wirklicher Greßlyosaurus zu sein, so leiden mußtest!

6) Jaekel fand im obersten Keuper Knochenreste von mehr als zwölf, meist großen Exemplaren.

7) Z. B. zwischen Stuttgart—Eßlingen—Nürtingen, östlich von Tübingen, westlich von Balingen und südlich von Täbingen.

8) Die besten Fundplätze in dem i. a. recht petrefaktenarmen Rätsandstein sind: a) Bei Nürtingen in den Steinbrüchen am Steineberg (Avicula contorta, Gervilleia, Plagiostoma usw., auch Ophiuren); b) Im „Kätterlesloch" bei Täbingen (O.-A. Rottweil) (Avicula contorta, Ceromya praecursor, Modiola minuta, Natica).

Und dieses Müschelchen mit seinem Gefolge verkündet uns den Anbruch einer neuen Zeit. Fernher ist es gekommen, aus dem südlichen Weltmeer. Im alten Rätien war es daheim. Dann aber, als das südliche Weltmeer über die Schweiz hin eine Eingangspforte fand und weit vordringen konnte in der tiefen deutschen Depression — da gehörte überall in Schwaben, Elsaß-Lothringen, in Nordfranken und Thüringen usw. das rätische Müschelchen zu den ersten Pionieren des kommenden meerischen Lebens. Das Vorpostengefecht zwischen dem transgredierenden Jurameer und dem untersinkenden Keuperland hat es miterlebt. Daher finden wir im Rätsandstein — dem Boden des Kampfplatzes — neben seltenen Pflanzenresten hauptsächlich Meeresmuscheln, von denen manche als letzte Triasnachzügler den Artennamen „posteri" oder als erste Jurapioniere den Artennamen „praecursores"[1]) führen. Und auch die wenige Zentimeter mächtigen Bonebeds, die dem Rätsandstein nesterweise bald unter-, bald ein- und aufgelagert sind, mit ihrem abgerollten Trümmerinventar an Fisch-[2]), Labyrinthodonten- und Reptilüberresten[3]) zeigen zu deutlich, wie die Völker der schwindenden Keuper- und der anbrechenden Jurazeit — als Opfer der brandenden Welle — in den Strandablagerungen des vordringenden Meeres ein gemeinsames Grab fanden.

IV. Im Jura.

Was das rätische Müschelchen (Avicula contorta samt ihrem Vortrupp) drohend voraussagte, jetzt sollt' es furchtbar sich erfüllen. Zu tief war die deutsche Keuperdepression gesunken. Eine gänzliche Niederlage war unausbleiblich. Katastrophenartig flutete die Jurasüdsee über die französisch-schweizerische Eingangspforte herein und immer weiter nordwärts. Wie rasch und gründlich sie aufräumte mit allem, was noch zum Keuper sich bekannte, das sehen wir, abgesehen von den Bonebeds, schon aus der Mächtigkeit des Rätsandsteins, die mit ihren paar Metern in keinem Verhältnis steht

1) Z. B. Plagiostoma praecursor, Gervilleia praecursor usw., oder: Myophoria postera, Anoplophora postera usw.

2) Haie (Acrodus, Hybodus), Saurichthys acuminatus, Ceratodus cloacinus (selten).

3) Dinosaurier und Belodonten, Schildkröten, Ichthyosaurier, Plesiosaurier Koprolithen. Fragliche Säugetierzähne (gefunden bei Degerloch und Bebenhausen).

zu den Mächtigkeitsziffern der vorausgegangenen Keuperzeit (durchschnittlich 400 m) und derjenigen der kommenden Jurazeit (durchschnittlich 800 m). Was der hereingebrochene Ozean (kein Binnenmeer!) in buntem Wechsel an Schlamm und Sand absetzte: alle die Tone, Mergel, Kalke und Sandsteine, das kannst du heute noch studieren an jenem Gebirgszug, der unter dem Namen „Schweizer, Schwäbischer und Fränkischer Jura" von den südlichsten Gestaden des Genfer Sees quer sich hinzieht bis zu den Vorhöhen des Thüringer Waldes.

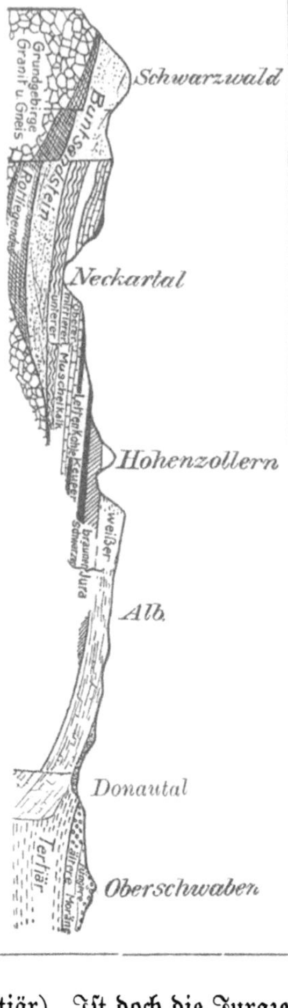

Abb. 63. Profil durch Südwestdeutschland. (Nach E. Fraas.)

Besser als der vielfach zu Gewölben und Mulden zusammengeschobene Schweizer Jura (Faltenjura[1])) eignet sich als Untersuchungsfeld für den Anfänger der Deutsche Jura. Er ist einfach im Bau und liegt da wie eine flach nach Süden geneigte Platte (Abb. 63).

Mit dem neuen Meere kam auch neues Leben. Und was für eins! Staunend wirst du eintreten in diese neue Welt, wo alles, was schwimmt und schwebt, was kreucht und fleucht, so ganz anders ist als ehedem (Paläozoikum) und nachdem (Kreide und Tertiär). Ist doch die Jurazeit der Glanzpunkt des erdgeschichtlichen Mittelalters oder Mesozoikums. Als der Weltuhrzeiger auf der Skala der Entwickelung diese große Stunde kündete, da sagten die Reptilien: Auf! Uns gehört die Welt! Jetzt oder nie! Keiner über uns! Herrscher zu Wasser und zu Lande, Herrscher — versuchen

1) Der Rhein bildet nicht die Grenze zwischen Falten- und Tafeljura. Noch innerhalb der Schweiz, nördlich der Linie Brugg—Läufelfingen—Reigoldswil geht der Faltenjura in den Tafeljura über.

wir's — auch in der Luft! Ins Ungeheuere laßt uns die Entwicklung steigern!

Bei aller Hochschätzung der jurassischen Riesensaurier — als Leitversteinerung nehmen unter den Juravölkern doch die Ammoniten den ersten Rang ein. In wunderbarer Formenfülle treten sie auf. Bald kleiner als ein Westenknopf, bald größer als ein Wagenrad, mannigfaltig in der Form, mannigfaltig in der schmuckliebenden Architektur des Hauses, übertreffen sie ihre Zeitgenossen bei weitem an Individuenzahl. Viele, viele Bücher hat man allein schon über die Berge von Ammoniten geschrieben, die in unseren Museen aufgestapelt liegen. Leicht bekommt man da das Gefühl des Erdrücktseins. Damit du aber auf deinen Jurawanderungen einigermaßen dich in der verwirrenden Fülle zurechtfindest, werde ich dir nur die allerwichtigsten Hauptleitformen in Wort und Bild vorstellen. Ohne zu vergessen, daß die Jurazeit die Blütezeit der Reptilien und Ammoniten ist, wollen wir selbstverständlich auf unseren Wanderungen auch achtgeben auf die Vertreter anderer Tiergeschlechter, auf Muscheln und Schnecken, auf Krebse, Insekten und Fische, auf Seeigel, Seeschwämme und Korallen. Nach Säugetieren und echten Vögeln suchst du freilich im allgemeinen noch umsonst. Die wirst du erst viel später — im Morgenrot eines neuen Schöpfungstages (Eozän) — als Herrscher ihrer Zeit (Tertiär) auf die Bühne des Lebens treten sehen. (S. 173.)

In des Altmeisters Quenstedt klassischem Lande, im Schwäbischen Jura[1]), laß uns wandern. An welcher Stelle wir auch immer den Gebirgszug in Angriff nehmen, ist's von Nordwesten her, so haben wir wie nirgends im deutschen Vaterlande die ausgeprägteste Stufenlandschaft vor uns. Schon das Landschaftsbild drängt dem auf-

1) Wer im Jura wandert, muß im Rucksack haben: Außer der geologischen Spezialkarte (bzw. der prächtigen Regelmannschen Übersichtskarte) den trefflichen „Geologischen Exkursionsführer durch Württemberg" von Dr. Engel, der mir für deine Zwecke „wie gemacht" erscheint. Ausführlicher ist Engels „Geognostischer Wegweiser". Aus diesem Werke habe ich die Fossilienfundorte entnommen, soweit ich letztere nicht aus eigener Anschauung kenne. Vielleicht geht es dir wie mir, vielleicht findest du die eine odere andere Fundstelle leer, verfallen oder ausgeklaubt und ausgeraubt. Drum bitte, bitte! Sei im Sammeln kein Barbar — wie mancher kistenvollweise sammelnde Fossilienhändler! Demnächst dürfte Engels „Geognostischer Wegweiser" in sehr guter Neubearbeitung von Bräuhäuser herauskommen.

merksamen Wanderer gleichsam die Einteilung der Juraformation auf. Unterer, mittlerer und oberer Jura oder nach den vorherrschenden Farben: Schwarzer, brauner und weißer Jura — so liegt das Land vor uns. Der schwarze Jura (Lias), das ist das Vorland mit seinen Fruchtgefilden und Matten, das ist der am Fuße des Gebirges ausgebreitete, flache, wellige „Filder"-Teppich.[1]) Dahinter kommt als zweite Stufe die Hügelzone der Vorberge: der mittlere oder braune Jura (Dogger). Über diesem Sockel erhebt sich als dritte Stufe meist steil wie eine Mauer und in blendendem Weiß die Kalkplatte der Schwabenalb[2]): der obere oder weiße Jura (Malm). Die Dreiteilung der Juraformationen stammt übrigens noch von L. v. Buch. Friedrich August Quenstedt, der Vater der deutschen Juraforschung, blieb jedoch bei ihr nicht stehen. Er zergliederte jede Abteilung wieder in sechs Unterabteilungen und bezeichnete diese von unten nach oben, also ihrem Alter nach, mit den griechischen Buchstaben α, β, γ, δ, ε, ζ. Noch weiter ging sein Schüler A. Oppel in der Detailgliederung (einige dreißig Zonen), die er auch auf andere Länder, besonders England und Frankreich, auszudehnen verstand. Für die meisten meiner jungen Wandergenossen dürfte es genügen, herauszubringen, ob wir unteren, mittleren und oberen Lias, bzw. Dogger oder Malm unter den Füßen haben.

1. Am Grunde des Liasmeeres.

Wer am Grunde des einstigen schwäbischen Liasmeeres wandern und klopfen oder vielleicht gar „buchstabieren" will, dem wird das Quenstedtsche Normalprofil ein guter Fahrtenspiegel sein. Hier ist es:

III. Oberer Lias, 10 m mächtig.

Lias ζ: Jurensismergel, unten Variabilisbänke (A. variabilis) und Radiansschichten (A. radians, Abb. 99), dann Jurensiskalk (A. jurensis) und darüber Aalensismergel mit Lytoceras jurensis (Abb. 100).

Lias ε: Posidonienschiefer, dünnblättrige, bitumenreiche Schiefer. Unten Seegrasschiefer mit viel Fucoiden, dann der eigentliche Po-

1) Bezeichnenderweise heißen im Schwabenlande einige Liasgebiete geradezu „Filder" (= Felder). (Vgl. z. B. die Filderfläche zwischen Schönbuch und Neckar.)

2) Während man also im geographischen Sinne unter „Schwäbischem Jura" nur die „Rauhe Alb" versteht, muß der Geologe auch die vorgelagerte Liasebene und die Vorberge des Doggers zum Schwäbischen Jura rechnen; denn auch sie sind Absätze des Jurameeres.

sidonienschiefer mit Posidonia Bronni (Abb. 81), Pentacrinus, A. communis (Abb. 85) und lythensis (Abb. 83), Geotheutis Bollensis, Ichthyosaurier (Abb. 90), Plesiosaurier (Abb. 94), Pterodactylus, Teleosaurus (Abb. 96), Leptolepis, darüber Bollensisschiefer mit Chondrites Bollensis, A. Bollensis, Walcotti und zu oberst crassus und bifrons.

II. Mittlerer Lias, 15—20 m mächtig.

Lias δ: Amaltheentone. Fette Tone mit Eisenkieskonkretionen und verkiesten A. margaritatus (Abb. 80), sowie viel Pentacrinus basaltiformis, Belemnites acuarius (Abb. 86) und paxillosus (Abb. 78), darüber mergeliger Costatenkalk (A. costatus).

Lias γ: Numismalismergel. Unten Cymbiumschicht mit Gryphaea cymbium, darüber harte, graue Kalkmergel mit Terebratula numismalis (Abb. 76) und Rhynch. rimosa, oben Davoeikalk mit A. Davoei. Außerdem A. Jamesoni, ibex, capricornu.

I. Unterer Lias, 30—35 m mächtig.

Lias β: Turneritone Zähe, schwärzliche Tone, unten versteinerungsarm, oben Kalke mit A. obtusus (= Turneri) und Tone mit A. oxynotus (Abb. 72) und raricostatus (Abb. 74).

Lias α:

3. Arietenschichten, dunkle Kalke voll Gryphaea arcuata (Abb. 68), sowie viel arieten Ammoniten (A. Bucklandi [Abb. 67 usw.], Lima gigantea (Abb. 69), Avicula inaequivalvis, Spiriferina Walcotti (Abb. 70), oben Pentacrinenbank und Ölschiefer.
2. Angulatensandstein, unten Cardinienschichten mit vielen Cardinien, darüber die Angulatensandsteine mit A. angulatus (Abb. 65).
1. Psilonotenkalke mit A. psilonotus Quenst. (= planorbis Sow.).

Nun darfst du natürlich nicht erwarten, überall sämtliche Glieder dieses Normalprofils entwickelt zu finden. Am verbreitetsten ist α, das wie eine Decke weit über den Keuper hinübergreift. Das dankbarste Untersuchungsfeld, das alle Glieder von α bis ζ schön und vollkommen ausgebildet enthält, ist die Umgebung von Balingen (100 m), Kirchheim und Göppingen (60 m). Willst du aber binnen weniger als einer Stunde das ganze Liasprofil kennen lernen, dann gehe in den badischen südöstlichen Schwarzwald, dorthin, wo die vom Feldberg kommende Wutach vorbeischäumt an all den prächtigen Trias- und Juraaufschlüssen der steilen Talwand (vgl. Karte). Nicht weit von Scheffels „Ausruhnest" (Achdorf am Wutachknie) liegt Aselfingen, und dahinter im „Mundelfinger Bachriß" findest du — lückenlos und dicht aufeinandergepackt — das ganze Aktenmaterial aus der Geschichte des einstigen Liasmeeres.

Abb. 64. Ein „Glattrückiger" aus Lias α (Psiloceras planorbis). Er besitzt weder Rippen noch Kiel, ist flach und weitgenabelt. (Aus Quenstedt.)

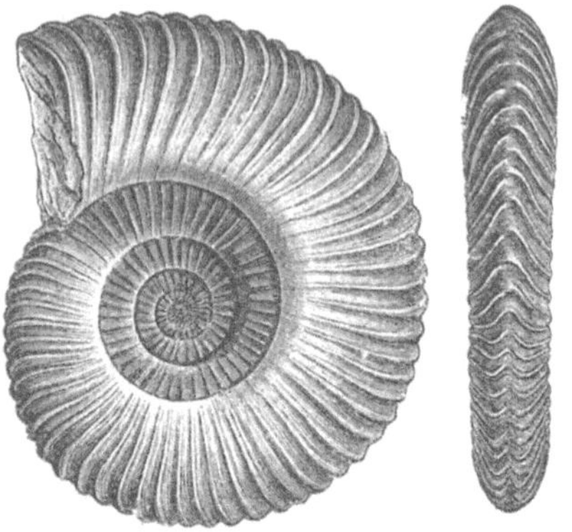

Abb. 65. Ein „Gewinkelter" (Schlotheimia angulata). (Aus Steinmann.)

Unterer Lias. Lias α. Gleich die ersten Schlammabsätze des seichten Liasmeeres: die harten schwarzen Kalkbänke („Pflastersteine") und kalkigen Sandsteine („Malbsteine") zeigen, wie trefflich die Jura Ammoniten zu leiten verstehen. Den Reigen eröffnen die Psilonoten (daher Psilonotenkalke[1])), d. h. die „Glattrückigen" (Abb. 64). Rasch stellen sich schon in dieser alleruntersten Stufe reichliche Variationen z. T. mit Rippen ein. Und aus diesen Berippten entwickeln sich einerseits die Angulaten, deren scharfe Rippen durch eine Rückenfurche unterbrochen sind (Abb. 65), andererseits aber die Arieten, bei denen ein von zwei Rinnen eingefaßter Kiel am Rücken die Rippen unterbricht. Die Angulaten oder die „Gewinkelten" wurden so getauft, weil die Rippen am Rücken sich scharf umbiegen und unter einem Winkel ein Stück weit aufeinander zulaufen. Die Angulatensandsteine[2]) — vielfach als Baumaterial verwendet

1) Verhältnismäßig am besten entwickelt in der Stuttgart-Tübinger Gegend. Viele, früher gute Aufschlüsse heute verfallen. Balingen (Ostdorf, linkes Eyachufer; Elektrizitätswerk), Tübingen (Wanne), Nürtingen (Steineberg), Stuttgart (Degerloch).

2) Überall wunderbar aufgeschlossen: Wutachtal, Balingen (Endingen, Ostdorf), Nürtingen, Plochingen, Stuttgart („Vaihinger Nest"), Schur- und Welzheimer-Wald (Adelberg, Oberberken usw.; Alfdorf, Welzheim), Göppingen (zwischen Stadt und Faurndau, Breech), Gmünd—Aalen (Wäschenbeuren, Oberbettringen, Hüttlingen usw.).

Abb. 66. Thalassites. (Nach E. Fraas.)

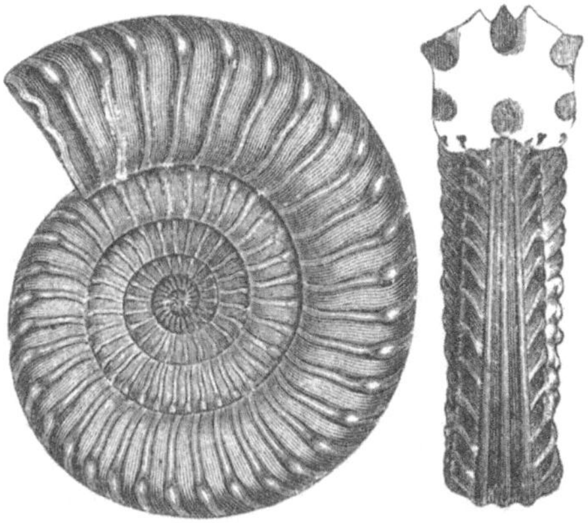

Abb. 67. Der stattliche (bis über ½ m) Bucklandi-Ammonit mit seinem doppelt umfurchten Kiel. (Ammonites Bucklandi.) (Nach Credner.)

und daher gut aufgeschlossen — führen oft eine Unio-artige Muschel (Thalassites Abb. 66), zu Millionen und heißen daher auch Thalassiten- (bzw. Cardinien-) Sandsteine. Lassen schon die Angulatensandsteine und -kalke in bezug auf Fossilreichtum nichts zu wünschen übrig, so gilt das erst recht für die darüberliegenden Arietenkalke.[1]) Wo du auch wanderst: auf allen Haupt- und Vizinalwegen des Landstreifens Donaueschingen (etwa)—Spaichingen über Balingen, Reutlingen bis Göppingen, Gmünd und Ellwangen, fast überall hat man dir die Arietenkalke vor die Füße gestreut — als Straßenschotter. Wie leicht sind die Arieten (Abb. 67) sogar in Bruchstücken zu erkennen! Selbst wer blind wäre, könnte den doppelt umfurchten Kiel noch tastend greifen. Fürwahr! Die jungen Schwabensöhne sind

1) Tuttlingen (Aldingen, Trossingen, Tuningen, Baldingen); Balingen (Ostdorf und Endingen, Pentacrinitenplatte bei der Mühle); Steinlachtal (Bachbett zwischen Dußlingen und Ofterdingen. Unterhalb des letzteren Ortes das berühmte „Arietenpflaster", einen Wasserfall erzeugend. Bei der „Bleiche" Pentacrinusplatte, Ölschiefer und darüber Lias β); Stuttgart (Vaihingen); Göppingen (viel Gryphaeen, wenig Arieten) (Wäschenbeuren, Hattenhofen, Jebenhausen usw.); Gmündener Gegend rechts (Mutlangen, Iggingen, Treppach) und links (Oberbettringen, Böbingen) der Rems. (Die ersten Belemniten: Bel. brevis). Aalen (Monotis inaequivalvis und Pecten glaber am schönsten), (Hüttlingen, Mögglingen usw.); Ellwangen (Quarzkörner nehmen zu); in Bayrisch-Franken (Altmühlgebiet) ein grobkörniger Sandstein.

zu beneiden um die Reichtümer, die in unzählbaren Steinbrüchen und Bachrissen niedergelegt sind. Manchmal Scheibe an Scheibe, manchmal wie Pflugräder so groß, liegen die Arieten beieinander wie in einem Massengrab. Welch ein Ammonitentreiben muß gleich zu Anfang am Grunde des einstigen Liasmeeres geherrscht haben!

Noch ein anderes Tier wird wegen seines massenhaften Auftretens dem armseligen Rucksack leicht zum Verhängnis. Eine Muschel ist's, und zwar keine geringere als eine Auster. Ihre (Unter-) Schale ist nicht plump-breit wie bei der modernen Auster, sondern schlank und hochgewölbt. Abb. 68 zeigt dir diese Austernart (Gryphaea arcuata), wie sie zu Tausenden und aber Tausenden ganze Bänke — eben die Austernbänke des Liasmeeres — erfüllt. Hat doch Quenstedt berechnet, daß in der Gegend von Gmünd — wo bekanntlich die Gryphiten über die Arieten vorherrschen — „auf einem Morgen Landes etwa 30 Millionen Stück in einer nur 6 Fuß dicken Schicht liegen mögen". Natürlich nimmt der Kenner i. a. nur solche Exemplare mit, bei denen sowohl die untere, größere Klappe wie die flachere Deckelklappe erhalten sind.

Außer den Austern sind noch charakteristisch und gelegentlich häufig von Muscheln: die ungleichschalige Avicula inaequivalvis und die glatte Kammmuschel Pecten glaber (z. B. in der Gmünd—Aalener Gegend), die riesige Feilenmuschel Lima gigantea (Abb. 69). Die spärlichen Armfüßer sind durch Spiriferina Walcotti (Abb. 70) vertreten. Hier ist es auch, wo man die ersten Belemniten (bei Gmünd) des Jurameeres gefunden hat, kleine Kerlchen, die im Vergleich zu den kommenden Belemnitengeschlechtern (S. 86) noch Krüppel sind (Belemnites brevis primus).

Lias β tritt an Bedeutung hinter α zurück.[1]) Selbst da, wo die schwarzen Tone am schönsten und mächtigsten entwickelt sind (um Balingen 30—40 m mächtig!), ist die eine Leitform Arietites Turneri[2]) selten. Besser als sie

1) Trotz der bedeutenden Mächtigkeit, die übrigens nach NO abnimmt. Balingen 30—40 m, Tübingen 27 m, Boll-Göppingen 10 m, Gmünd 3—4 m, Ellwangen $^1/_2$ m. Am schönsten ist ganz β entwickelt um Balingen (alle Hügel um die Stadt, die Eyach zwischen Balingen und Frommern, die Hänge bei Erzingen, Endingen, Geislingen usw.), Hechingen (Starzelfall), Tübinger Gegend („Bleiche" [unteres β] und sehr instruktiv der „Kuhwasen" [auch oberes β]; beide Fundplätze bei Ofterdingen). Nürtingen (Zementfabrik, oberes β) — Kirchheim (Lindachfall, Zementgruben, oberes β). — Göppinger Gegend (Filswehr [ganz β], Fuhlbach bei Betzgenried).

2) Neben dem häufigeren Aegoceras capricornum (vgl. obige Fußnote), „Bleiche", „Kuhwasen", Filswehr usw.

Abb. 68. Die häufige Auster Gryphaea arcuata. Lias α (aus Engel).

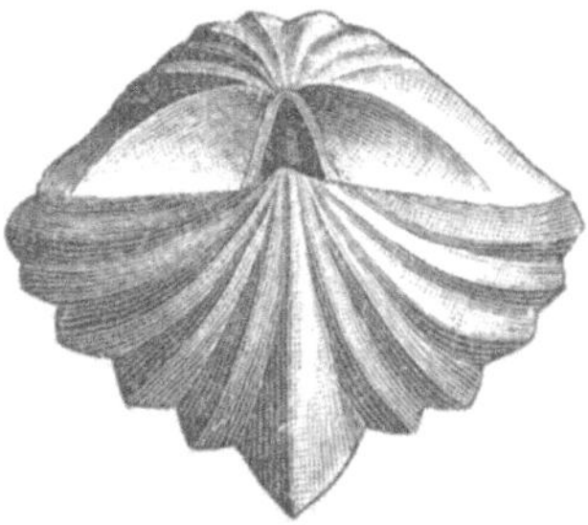

Abb. 70. Spiriferina Walcotti. Lias α (nach Kayser).

Abb. 69. Eine riesige Feilenmuschel (Lima gigantea) aus Lias α (nach Engel).

Abb. 71. Rhynchonella Turneri. Lias β (nach Engel).

Abb. 73. Aegoceras bifer. Lias β (nach Kayser).

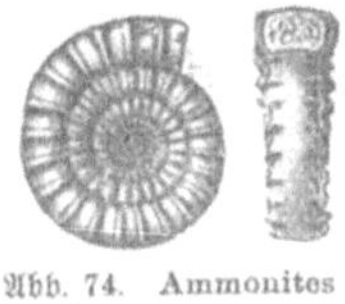

Abb. 74. Ammonites raricostatus. Lias β (nach E. Fraas).

Abb. 72. Ammonites oxynotus. Lias β (nach Engel).

leitet ein unscheinbarer kleiner Armfüßer (Rynchonella Turneri Abb. 71), dessen dünne Schälchen oft zu Tausenden in den „unteren Tonen" liegen.

Ganz anders ist die Sache in den oberen Tonen, die i. a. durch eine austernreiche (Gryphaea obliqua, ähnl. Abb. 68) Kalkbank (Betakalk) von den „unteren Tonen" getrennt werden. Da wimmelt es von „goldigen Schnecken" (Ammonites oxynotus Abb. 72, bifer Abb. 73 und raricostatus Abb. 74). Und wenn die an der Oberfläche liegenden Ammonitenkieskerne nicht mehr glänzen wie Gold, wenn der Verwitterungschemiker an ihrem Versteinerungsmittel, dem FeS_2, schon zu viel seine verderbliche Kunst probierte, dann — grabe tiefer! Der Erfolg kann nicht ausbleiben.

Mittlerer Lias.[1]) Die Brücke zu **Lias** γ hinüber schlägt die Auster Gryphaea cymbium[2]) (Cymbiumbank). Die Zeiten der **Arieten** sind in γ und δ vorbei! Die Zeiten der Ammoniten aber noch lange nicht! Neue Geschlechter sind im Werden (Phylloceraten, Aegoceraten, Lytoceraten), schon in γ. Namentlich die Aegoceraten erscheinen in einer solchen Formenfülle, daß es mir nicht möglich ist, dir ihre Namen anzugeben, geschweige denn sie alle abzubilden. Im Hauptlager der Ammoniten[3]) — im mittleren γ — findest du sicher, wenn vielleicht auch nur in verrosteten Bruchstücken, vielmal den Aeg. Jamesoni (Abb. 75).

Abb. 75. A. Jamesoni. Lias γ (nach E. Fraas).

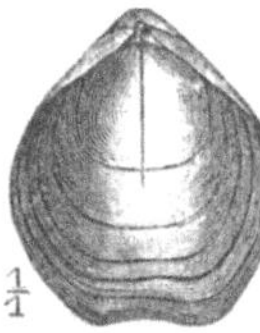

1/1

Abb. 76. Die Münzenmuschel Terebratula numismalis. Lias γ (nach Steinmann).

Zum Glück für den Anfänger sind aber zur Bestimmung des Buchstabens γ die formenreichen Ammoniten gar nicht nötig. Ein Führer von ausgezeichnetem Ruf und dabei leicht kenntlich ist wieder wie einst im Muschelkalk eine Terebratel. Wegen ihrer „**münzenartigen**“ Form hat man sie T. numismalis (Abb. 76) genannt. Während der geübte Beobachter schon aus der Form die γ-Hügel an ihren vegetationslosen, kahlen Hängen, an ihren entblößten und wunden Flecken erkennt, wird es dir an der Hand der „Münzenmuschel“ leicht möglich sein, das γ überall zu rekognoszieren. Findet sich doch Terebratula numismalis in ganz γ (Numismalismergel), am massen-

1) Gute Aufschlüsse für den **mittleren Lias**: Wutachtal (Aselfingen) γ und δ. Um Balingen (γ und δ) (achte auf die vielen kahlen Buckel, auch bei Geislingen, Endingen, Roßwangen usw.). Belemnitenschlachtfelder am schönsten oberhalb Erzingen. Hechingen-Tübingen [Friedrichstraße und am Wasserturm (γ). Bahneinschnitt beim Brühlhof (δ und ob. γ). Altenberg (γ). „Kuhwasen“ (β und γ). „Scheiterhalde“ bei Hinterweiler (mittel γ großartig)]. Reutlinger Gegend [Ziegeleibruch am Irtenbach (nur mittl. δ); am „Schieferberg“ (δ); Sondelfingen (γ und δ); Straße Rommelsbach-Reutlingen: 1. Anstieg: β., 2. Buckel: γ und 3. Buckel: δ.] Kirchheim [Zementbrüche (γ und δ); Lauterbett 1 km oberhalb der Stadt (δ).] Göppingen [Fils von der Brücke von Eislingen bis zum Wehr oberhalb Salach (γ und δ); Ziegelbach hinter Großeislingen (δ); Holzheimer Bach und Heubach usw. (δ).] Rems-Klotzbach (von Oberböbingen aufwärts **sämtliche** Buchstaben; in δ viele Paxillosen). Aalen-Gmündener Umgebung (γ und δ).

2) Überall, am schönsten bei Aalen (Hüttlingen-Dewangen).

3) Die Ammoniten sind wohl am besten zu erhalten in den großen Zementbrüchen von Hinterweiler (südl. Tübingen), von Nürtingen und von Kirchheim u. T.

haftesten allerdings in den mittleren Lagen. In Massen also tauchen — im Gegensatz zur unteren Liaszeit — jetzt im mittleren Lias die Terebrateln auf. Aber noch andere Einwanderer tauchen jetzt (oder γ) scharenweise im Meere auf. Als ob sie in schwarmartigen Heereszügen gekommen und gefallen wären im Kampfe — so liegen ihre letzten Überbleibsel zu Millionen auf- und durcheinander — wie „zerschellte Wurfspeere" nach der Schlacht (Quenstedts „Belemmitenschlachtfelder"). In Abb. 78 siehst du eines dieser zigarrenförmigen Überbleibsel abgebildet. „Donnerkeile", „Katzensteine", „Rabenkegel", „Teufelsfinger" — alle diese volkstümlichen Ehrentitel sind ebenso unwissenschaftlich wie die wissenschaftliche Bezeichnungsweise: Belemniten. Denn das Wort Belemnites ist herzuleiten von dem griechischen belemnon: Pfeil, Geschoß. „Weiß ich besser", wirst du denken; „es muß wohl ein „Geradhorn" (Orthoceras, vgl. Teil I, S. 110) sein." Nicht schlecht geraten, wenn auch für gewöhnlich die herumliegenden konischen Kalkstacheln etwas ganz anderes bedeuten als die Villa eines „Geradhäuslers". Richtig ist, daß die Belemnitentiere Enkel der altzeitlichen Geradhörner sind. Du weißt, daß die einst so stolze Gruppe der Nautiliden gegen Ende der Altzeit ausstarb bis auf wenige Formen. Aber gerade diese Formen, die „Geradhörner", nahmen im oberen Triasmeer eine höchst merkwürdige Korrektur an sich selber vor. Das untere spitze Ende ihres gekammerten Gehäuses wurde gleichsam „vorgeschuht", indem rings um dasselbe herum eine Hülle aus konzentrisch aufgebauten Kalkblättern wuchs. Während nun diese neue Hülle — der Kalkstachel — immer länger und dicker wurde, das ursprüngliche Gehäuse aber mehr und mehr verkümmerte, entwickelten sich aus den einstigen „Geradhörnern" jene Belemnitentiere, die neben den Ammoniten zur Jura- und Kreidezeit sich unter den Tintenfischen zur höchsten Bedeutung emporgeschwungen hatten. Was wir heute vom ganzen Belemnitentier (Abb. 77) noch finden, das ist meist nichts als der massive Kalkstachel (das Rostrum r), wenn's gut geht, noch mit einem Stück des drinsteckenden gekammerten Schalenteils (Phragmokon). Ausgezeichnet erhaltene Exemplare wie die von Holzmaden (Lias ε) zeigen, daß der gekammerte Schalenteil auf der Rückseite sich verbreiterte und nach vorn verlängerte zu einem Schulp (Proostrakum), ähnlich demjenigen der heutigen Tintenfische (Sepia). Und wie beim gemeinen Tintenfisch dieser schildförmige Schulp drin im Rücken des Rumpfes verborgen liegt, so war — das

Abb. 77

Bau eines Belemnitentieres.

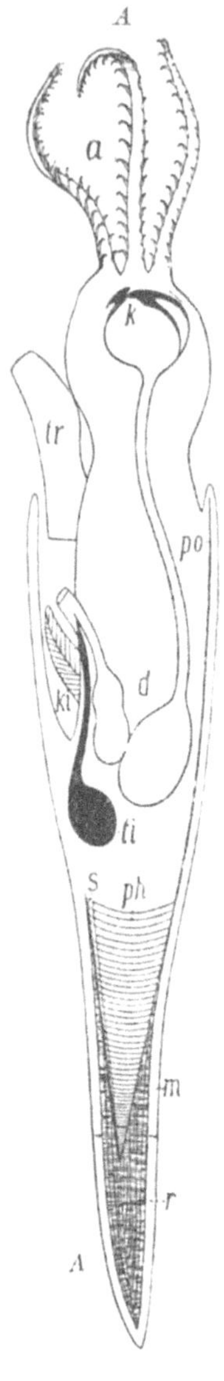

Abb. *A*.

Rekonstruierter Längsschnitt. (Aus v. Stromer.)

Abb. *B*.

Querschnitt durch den Donnerkeil (Rostrum) an der in der Abbildung mit Pfeilen bezeichneten Stelle. Beachte den radiär-faserigen Bau (bituminöser Kalkspat!), die exzentrische bauchständige Lage des **gekammerten Schalenteils** (Phragmokons) mit dem bauchständigen Sipho. (Nach v. Stromer.)

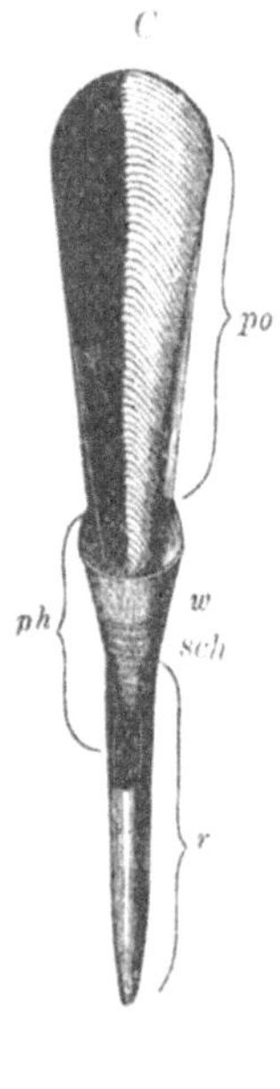

Abb. *C*.

Schalengerüst eines Belemniten (perspektivisch). (Nach Sterne.)

r = Kalkstachel oder „Donnerkeil" (Rostrum) mit kegelförmiger Aushöhlung (Alveole).

ph = gekammerter Schalenteil (Phragmokonus) mit den Scheidewänden *sch*, dem Sipho *s* und der Wohnkammer *w*.

po = Rückenschulp (Proostrakum), fossil selten erhalten.

ti = Tintenbeutel.

ki = Kieme.

tr = Trichter.

d = Darmkanal.

k = horniger Ober- und Unterkiefer.

a = Hälfte der sechs Arme, mit großen und kleinen Hornhaken bewaffnet.

ist vielleicht das Merkwürdigste — der ganze Schalenapparat beim Belemnitentier vom Mantel umwachsen und innerlich geworden. So waren denn — von außen besehen — die Belemnitentiere bei aller Kompliziertheit ihres Schalenapparates — schalenlos.

Abb. 78. Ein „Pflock" a. Lias δ (B. paxillosus). (Nach Fraas.)

Abb. 80. Der schmucke Perlkiel-Ammonit a. Lias δ (Amaltheus margaritatus). (Aus Quenstedt.)

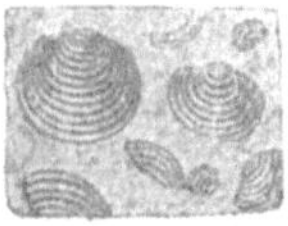

Abb. 81. Das häufige Lias ε-Müschelchen Posidonia Bronni (Posidonienschiefer). (Nach Fraas.)

1/1

Abb. 79. Der Keulenförmige (B. clavatus). (Nach Steinmann.)

Lias δ. Schon im Unter-Gamma waren die kurzen Pippingestalten (B. brevis) ausgestorben. Im Ober-Gamma treten die Paxillosen (Abb. 78) millionenweise auf den Plan (Balingen, Sondelfingen) und im δ wachsen sie aus zu den Riesen unter den Liasbelemniten. Neben diesen „Pflöcken" dürfen wir die „keulenförmigen" Kalkstacheln (B. clavatus Abb. 79) nicht übersehen, die in Mittel-Delta ein ganzes Lager bilden (Clavatenbank).

Ihr charakteristisches Gepräge bekommen aber die schwarz-blauen δ-Tone durch einen wunderbaren Ammoniten, der — nur auf δ beschränkt — ausgezeichnet zu leiten versteht. Das ist Amaltheus margaritatus (Abb. 80). Auffallend durch seine Häufigkeit und seine vielen Abarten, auffallend durch seine geschwungenen Rippen und seinen zopfartig gedrehten Kiel auf dem zugeschärften Rücken, beherrscht der stolze Leitammonit die δ-Tone durchaus (Amaltheentone). Goldig-glänzend liegen die Amaltheen drin in den fetten Tonen — verkiest, aber nicht verrostet wie die an der Oberfläche liegenden γ-Fossilien. Überhaupt ist die feine, wohlerhaltene Verkiesung bei allen δ-Fossilien — die „Goldbänkle" und „Goldbächle" bezeugen es — ein allgemeines[1]), wenn auch nur äußeres Kennzeichen.

1) Nur in den wenigen, kalkigen Zwischenbänken sowie in den nach oben abschließenden Kalkbänken mit Amaltheus costatus (Costatenkalke) sind die Fossilien verkalkt. Beachte gelegentlich auch (z. B. Sondelfingen, Balingen) in

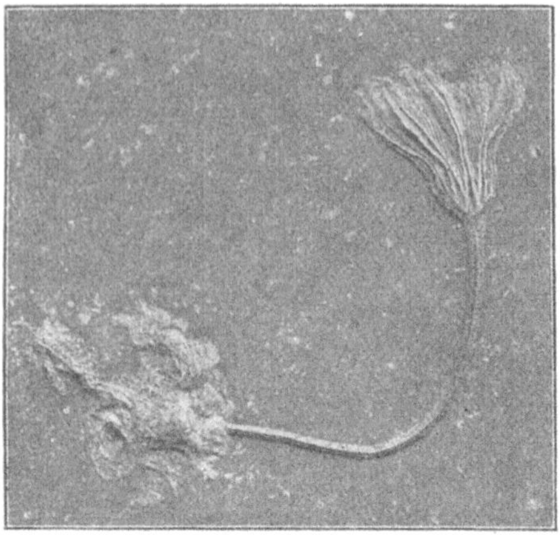

Abb. 82. Eine flottierende Seelilie des Liasmeeres (Pentacrinus subangularis). (Orig. u. Phot. von B. Hauff.)

Oberer Lias. Lias ε, Ölschiefer[1]). Es ist ja ganz nett, mein konzentrisch-geripptes Müschelchen (Posidonia Bronni Abb. 81, nach dem Meergott Poseidon), daß du zur ε-Zeit millionenfach das Liasmeer bevölkertest, daß du in die unverwüstlichen, zähen Pergamentakten aus schwarz- und graublauem, lederartigem Schiefer fast überall[2]) deine Unterschrift in nicht endenwollender Wiederholung hineingeschrieben hast. („Posidonienschiefer".) Entzückend ist in diesem Posidonienschiefer die Formenpracht der Seelilien.[3]) Eine Vorstellung von den wunderbaren Kolonien, von der Größe und reichen Gliederung der einzelnen Individuen gibt z. B. eine 8 m lange und 5 m breite Schieferplatte (von Reutlingen) im Tübinger Naturalienkabinett, die nicht weniger als 24 ineinander verschlungene Exemplare zeigt. 17 m lang ist der längste Stiel; die ausgebreiteten Kronen aber messen über 1 m im Durchmesser (Schwabens „Medusenhaupt"). Von derselben Seelilie (Pentacrinus Briareus) liegt in der Stuttgarter Sammlung eine Platte mit einem „Blumengebinde" von 153 Individuen. Neben den Seelilien, von denen man bald Stiel-

ober-δ das Bänkchen mit Leptaena, einem kleinen, glatten Armfüßer, der wegen seiner weiten Verbreitung (Bayrische Alpen, Schwaben, Franken, Gotha, Normandie, England, Portugal, Sizilien) an der Grenze zwischen mittlerem und oberem Lias von Wichtigkeit ist (Leptaena-Bett).

1) Die dunkeln, schwer verwitternden Pappendeckel-Schiefer des ε sind überall von der Wutach bis nach Ellwangen leicht zu beobachten. Da sie bis zu 11 % Öl enthalten, hat man neuerdings die Schieferölgewinnung wieder aufgenommen, die früher im Wettbewerb mit dem amerikanischen und russischen Petroleum nicht aufkommen konnte. Näheres: Dr. Sauer, Die Verwertung des Ölschiefers, 1920.

2) Am schönsten bei Hechingen, Balingen, auch im Wutachtal, in der Reutlinger und Göppinger Gegend.

3) Besonders schön gefunden in der Hechinger Gegend (Sebastiansweiler: Pentacrinus Briareus).

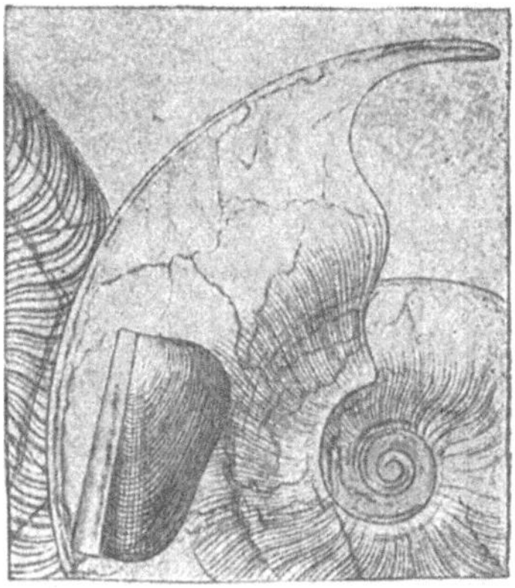

Abb. 83. A. Lythensis. (Nach E. Fraas.)

glieder findet, bald Kronen, bald ganze Exemplare z. T. noch festsitzend auf dem Treibholz, auf dem sie einst im Meere als Flößer dahintrieben (P. subangularis, Abb. 82) interessieren uns natürlich wieder die Ammoniten.

An die Stelle der Ägoceraten und Amaltheen treten Formen mit sichelförmigen Rippen und mit scharfem Kiel (Harpoceraten: H. Lythensis Abb. 83, H. bifrons[1]) Abb. 84 usw.), ferner Formen mit Spaltrippen, nach Art der späteren Perisphinkten (Amm. commune Abb. 85). Zu Riesenformen wachsen die Phylloceraten[2]) aus (Ph. heterophyllum), deren Lobenpracht wir schon in δ und γ zu bewundern Gelegenheit hatten. Auch die treuen Zeitgenossen der Ammoniten, die Belemniten, bilden gelegentlich ganze Lager (B. paxillosus in unter-ε, acuarius in m.-ε Abb. 86, digitalis in o.-ε Abb. 87). Zuweilen sind in dem feinen Meeresschlamm — dem heutigen Schieferpaket des ε — nicht nur der Kalkstachel, sondern Schulpe, Tintenbeutel und selbst Fleischteile des Körpers erhalten geblieben. Zu den schönsten derartigen Funden gehört z. B. der vollständige Körper eines Tintenfisches (Geoteuthis Zitteli), an dem man noch Kopf, Fangarme, Mantel und Tintenbeutel beobachten kann.

Wie gesagt, alle Dinge, wie sie liegen zwischen dem unteren und oberen „Seegras"schiefer [Chondriten(?) in u.-ε (Abb. 88) und o.-ε; vielleicht Bohrgänge von Würmern?]: Die Leitmuschel Posidonia, die Seelilien, die Ammoniten und Belemniten sind für uns nicht ohne Interesse. Gleichwohl waren sie nur das bunte Kleingefüge im Lebensbilde ihrer Zeit — nicht Machtmittelpunkte.

Platz da! Die Jura-Majestäten kommen. Ihnen gilt unsere Huldigung. Als diese Reptilkönige Weltbeherrscher waren, als sie zum letztenmal das Licht der Sonne tranken und hinabsanken in die dunkle Schlammgruft, da konnten sie es nicht ahnen, daß die Zeit des Homo sapiens sie wieder aus den Katakomben der Vergessenheit emporheben würde zum goldenen Sonnenlicht — daß sie so glorreiche Auferstehung feiern sollten. Was Lyme Regis (Lias α!) für England, das bedeutet als Auferstehungsort Holzmaden bei Kirchheim u.

1) Amm. bifrons und crassus am schönsten gegraben bei Heselwangen (Balingen); auch bei Heiningen und Wasseralfingen. (Grenze ε/ζ.)

2) Riesenformen von Boll.

Abb. 84. Harpoceras bifrons. (Lias ε.)
(Nach Steinmann.)

Abb. 87. Der Fingerförmige (B. digitalis)
(Nach E. Fraas.)

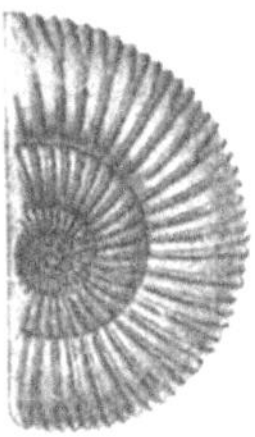

Abb. 85.
A. communis.
(Nach Fraas.)

Abb. 86.
Belemnites
acuarius.
(Nach Fraas.)

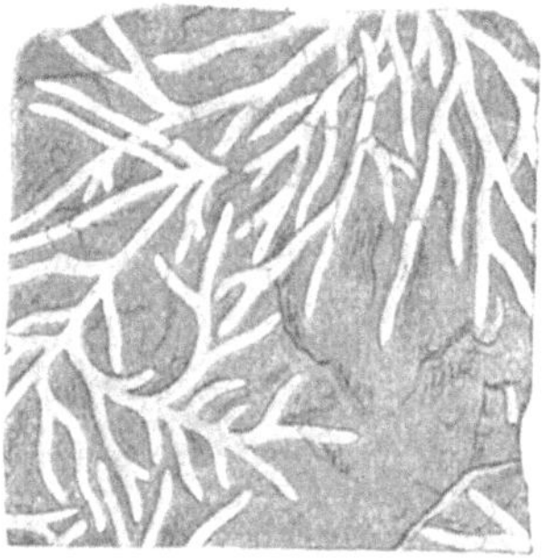

Abb. 88. Seegras. (Nach E. Fraas.)

Teck für Württemberg bzw. für Deutschland.[1]) Von hier aus (Holzmaden, Boll) haben die Lias-Saurier noch einmal die Welt erobert — die Welt der Museen, überall, wo zivilisierte Menschen wohnen. Überall hat man ihnen Ehrenplätze in den Sammlungen eingeräumt, und überall haben sie Ruhm und Ruf ihrer schwäbischen Heimaterde hingetragen. Wohlan, suchen wir die klassischen Fund- und Schädelstätten selber auf! (Titelbild). Nicht lediglich aus paläontologisch-wissenschaftlichen, sondern vor allen Dingen aus praktisch-technischen Gründen sind die Posidonienschieferbrüche im Betrieb.

1) Erwähnenswert sind auch die Funde von Reutlingen und Banz (in Franken).

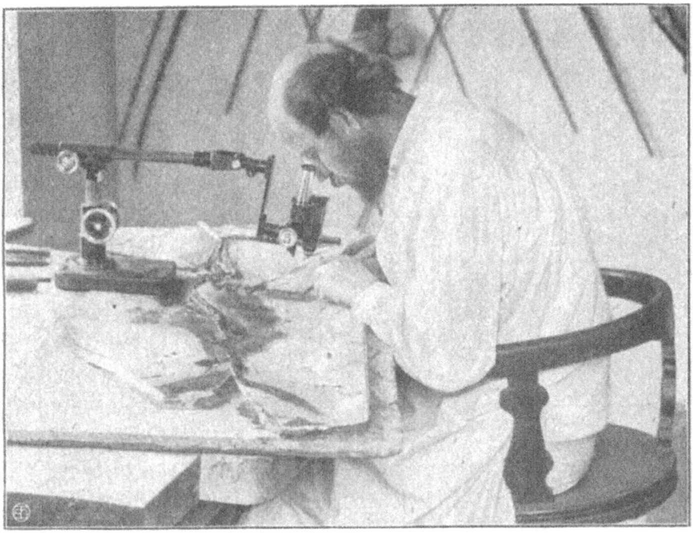

Abb. 89. Der Meisterpräparator Bernhard Hauff bei der Arbeit. Betrachte die Abbildung quer, so siehst du deutlich, wie unter der „stichelnden Nadel" ein Ichthyosaurus mit Hautbekleidung zum Vorschein kommt. (Orig. u. Phot. von B. Hauff.)

Die „Fleinsplatten" werden gebrochen, um als Boden und Flurplatten, als Tische, Gesimse und Schulwandtafeln Verwendung zu finden. Bei dieser Gelegenheit öffnet man die alten Sauriergräber, die vor mehreren Millionen von Jahren sich schlossen, wieder. Und über hundert „Tierle" entsteigen alljährlich dem dunklen Schiefersarg. Wie das zugeht? Nicht so einfach. Das Gestein ist brüchig. Und die Mumien sind — an Stelle der Leinwand — mit Schiefer dicht umhüllt. Hat sich der Kenner dafür entschieden, daß eine ausgebrochene, auffällige Platte zu präparieren wert ist, so geht er mit Hammer und Meißel, mit Grabstichel und Nadel an die Arbeit. Die größte Behutsamkeit und Vorsicht ist nötig, wenn er das Tier nicht „schinden" will. Darum dauert das Werk der Bloßlegung und — was oft nötig ist — das Zusammensetzen der Bruchstücke mehrere Monate.

Sehen wir uns nun einmal die „Geputzten" etwas näher an. Am häufigsten kommen die Ichthyosaurier (ichthys = Fisch) vor. Herdenweise wie unsere Waltiere müssen sie einst das Jurameer bevölkert und beherrscht haben. Der große Schädel ist in eine schnabelartige, lange, mit spitzen Zähnen (Abb. 90) besetzte Schnauze ausge-

Abb 90. Der häufigste Fischdrache aus dem oberen Lias von Holzmaden mit vollständiger Hautbekleidung (Ichthyosaurus quadriscissus). Beachte die scheibenförmigen, tief bikonkaven Wirbel. Der große Knochen in der Vorderflosse ist der Oberarmknochen. Darunter liegen die zwei Unterarmknochen (Elle und Speiche). Sie sind dicht zusammengerückt und so klein geworden, daß sie sich kaum mehr von den darunterliegenden Handwurzelknochen unterscheiden. (Orig. u. Phot. von B. Hauff. Holzmaden.)

zogen. Etwa ein halbes Hundert Zähne steckten in jeder Kieferhälfte, nicht in besonderen Zahngruben, sondern alle nebeneinander in einer gemeinsamen Längsrinne und bildeten so einen furchtbaren Fangrechen. Die großen Glotzaugen waren — zum Schutze gegen den wechselnden Wasserdruck beim Tauchen — von einem Ring aus festen Knochenplatten umgeben. Wie die Abb. 90 es deutlich zeigt, sind die (150—200) Wirbel der mächtigen Wirbelsäule auf beiden Seiten tief ausgehöhlt, also bikonkav wie bei den Fischen. In der Anpassung ans Meeresleben ist der Ichthyosaurus ein vollendeter Künstler! Sieh nur die mächtige Schwanzflosse, die nach dem Prinzip des Schraubendampfers den schlanken, spindelförmig-zugespitzten, kurzhalsigen Körper pfeilschnell durch die Wogen trieb! Sieh die zu

Ruderschaufeln umgewandelten Gliedmaßen, die nicht mehr den Körper stützend tragen und auf dem Lande fortbewegen konnten, dafür aber — das gilt hauptsächlich für die Vorderflossen [1]) — ausgezeichnete Balancier- und Steuerapparate waren. Wenn das vom Land- zum Wasserleben übergehende Tier erst einen Wasserbauingenieur um Rat gefragt hätte, fürwahr, der „Umbau" des Reptilleibes wäre in bezug auf die physikalischen Anforderungen der Zweckmäßigkeit nicht besser und fachmännischer bewerkstelligt worden. Natürlich vollzog sich dieser „Umbau" ganz allmählich, in einer langen Spanne Zeit. Kennt man doch schon Ichthyosaurier aus der Triaszeit. Und es ist nun ganz beachtenswert, daß z. B. bei einem Ichthyosaurus aus der mittleren Trias am Luganer See (Abb. 91) der Oberarm (*e*), die Elle (*g*) und die Speiche (*f*) noch nicht so stark verkürzt und reduziert sind wie bei den Lias-Ichthyosauriern.

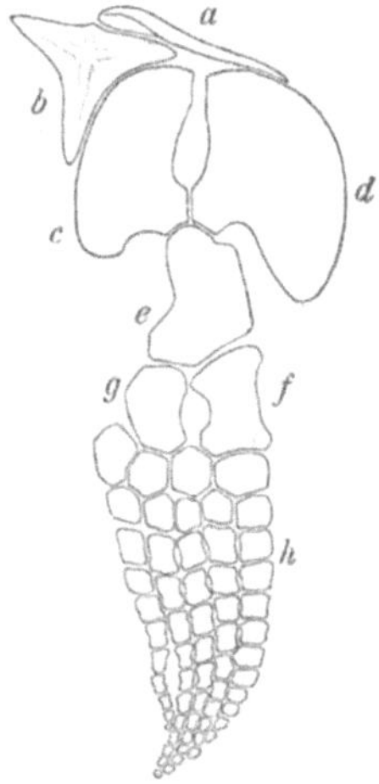

Abb. 91. Vorderflosse eines Ichthyosaurus aus der mittleren Trias am Luganer See. Beachte, daß Elle (*g*) und Speiche (*f*) wenig kürzer sind als der (selbst stark verkürzte) Oberarm (*e*). Außerdem sind diese Unterarmknochen noch getrennt durch einen breiten Zwischenraum. (**Mixosaurus Cornalianus Bassani.**) (Aus Stromer.)

Recht interessant ist die Physik, die der Schwanzflosse, also dem Hauptbewegungsorgan, zugrunde liegt. An allen Exemplaren ist das Ende der Wirbelsäule scharf abgeknickt. Aber es geht nicht wie bei den Haien (Abb. 98) und älteren Ganoidfischen (Teil I, S. 194) in den oberen, sondern in den unteren Schwanzflossenlappen. Aus der Physikstunde erinnerst du dich gewiß noch an die Sätze vom Kräfteparallelogramm. Diese kommen in der Technik unserer (umgekehrt heterozerken) Schwanzflosse in schönster Weise zur Anwendung. Beim schlängelnden Hin- und Herschlagen des Schwanzes geht der untere Lappen, gestützt durch die Wirbelsäule, sofort mit, während der obere Lappen infolge des Wasserwiderstandes langsamer nachgeschleppt wird. Dabei läßt sich der auf den nachgeschleppten, schräggestellten Lappen ausgeübte Wasserdruck nach Art der Skizze (Abb. 92) in zwei Seitenkräfte zerlegen:

1) Die hinteren Extremitäten sind wie der Beckengürtel rudimentär entwickelt und soviel wie funktionslos.

in eine horizontal und eine vertikal wirkende Kraft. Die vertikale Seitenkraft aber drückt das Hinterende des Tieres nach unten und damit gleichzeitig das Vorderende — den Körper um seinen Schwerpunkt drehend — nach oben. Ist das nicht für einen wasserlebenden Lungenatmer eine ganz famose Einrichtung? Gerade umgekehrt liegen die Dinge natürlich bei den Fischen mit (dorsal-) heterozerkem Flossenbau (vgl. z. B. Selachier). Sie werden mit dem Kopfe nach unten schräg ins Wasser getrieben. Auch diese Lokomotionsrichtung ist leicht verständlich, wenn man daran denkt, daß die meisten dieser Fische als Grundfische leben und mit ihrem unterständigen Maule Nahrung am Boden aufzunehmen vermögen.

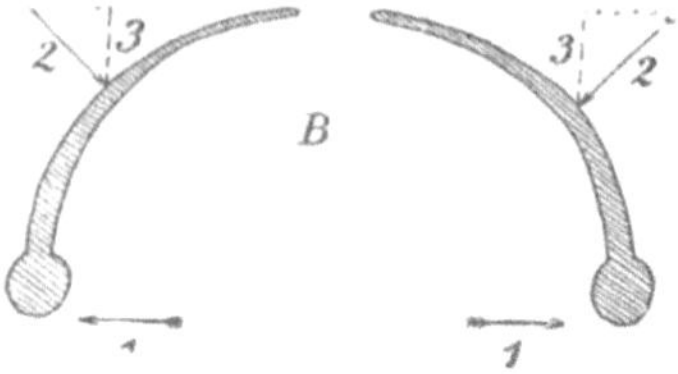

Abb. 92. Die Physik der Ichthyosaurus-Schwanzflosse. (Nach Hesse.)

Wie übrigens die Ichthyosaurus-Schwanzflosse im Laufe der Entwickelung entstand und sich wandelte, das zeigt sich am besten, wenn wir von der Liaszeit aus ein bißchen rückwärts schauen und vorwärts. Man kennt z. B. einen Ichthyosaurus aus der Trias (Muschelkalk von Spitzbergen; Abb. 93*a*). Bei dem ist der Winkel der Wirbelsäuleknickung noch sehr klein. Und der untere Flossenlappen erscheint außerordentlich lang im Vergleich zum oberen. Dieser Größenunterschied zwischen dem unteren und oberen Lappen tritt bei einem neugeborenen Lias-Ichthyosaurier von Holzmaden (Abb. 93*b*) noch stark, bei einem ausgewachsenen Exemplar derselben Art (I. quadriscissus, Abb. 93*c*) nur geringfügig in die Erscheinung. Und bei einem Ichthyosaurus der oberen Jurazeit (Abb. 93*d*) sind die Lappen der mondsichelförmigen Flosse annähernd gleich groß — ja, man könnte ohne viel Übertreibung sagen — Spiegelbilder voneinander geworden.

Seitdem es Bernhard Hauffs präparierender Meisterhand gelungen ist, Ichthyosaurus-Kadaver nicht nur vom ersten bis zum letzten Knöchelchen, sondern auch mit der nackten, glatten Lederhaut, so wie sie ursprünglich war, herauszupräparieren und freizulegen, und seitdem man sogar Nahrungsreste in der Leibeshöhle gefunden hat — seither ist man über die Naturgeschichte dieser Meeresreptilien fast so genau unterichtet, als wenn sie Tiere von heute wären. Namentlich die Nahrungsreste stellen den Ichthyosauriern ein schlechtes Leumundszeugnis aus. Diese sind nämlich nicht immer nur Reste

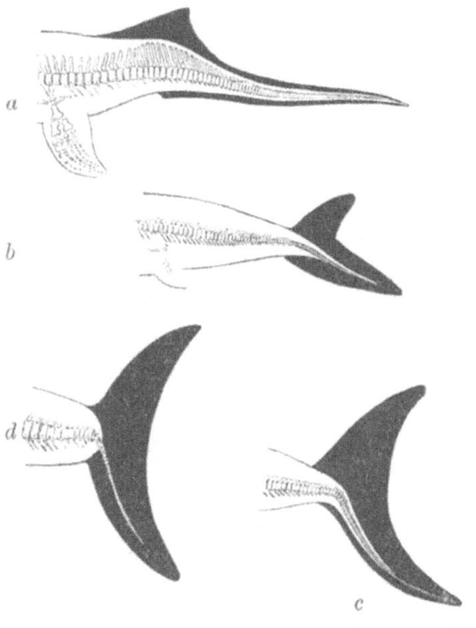

Abb. 93.

Entwicklung der Schwanzflosse bei den Ichthyosauriern. (Nach O. Abel)

a) Ein Muschelkalk-Ichthyosaurier von Spitzbergen (Mixosaurus Nordenskjöldi Wiman). (Nach C. Wiman.)

b) Ein schwäbischer Lias-Ichthyosaurier, Jugendstadium. (Ichthyosaurus quadriscissus, *Qu.*) (Nach E. Fraas.)

c) Derselbe als „Erwachsener".

d) Ein Solnhofer Ichthyosaurier. Oberer weißer Jura. (Ichthyosaurus trigonus var. posthumus.) (Nach F. Bauer und E. Fraas.)

von Tintenfischen, sondern manchmal auch Reste von jungen — Ichthyosauriern.[1]) Wenn man z. B. bei einem Ichthyosaurus in der Nähe der Tintenfischüberbleibsel (Kehlregion) die Reste eines winzigen Jungen entdeckt hat, wenn Branca durch röntgenographische Durchleuchtung bei einem anderen Exemplar **zehn** Junge — alle mit der Schnauze nach vorn liegend — im Innern feststellte, sage und schreibe *zehn* Junge, von denen das vorderste mit seiner Schnauze bis zum Schultergürtel reichte, so können kaum noch Zweifel darüber bestehen, daß die Gefräßigkeit der grimmigen Räuber vor der eigenen Brut nicht haltmachte. Der Einwand: die Jungen seien unzerbissen und unzerkaut, könnten also nicht *gefressen* sein, ist nicht stichhaltig. Verschluckt nicht auch unser heutiger Schwertwal (eine Sektion ergab 27 unzerkaute Opfer: 14 Seehunde und 13 Braunfische) im allgemeinen seine Beute *ungekaut*? So sicher aber bei einem Teil der gemachten

1) Von den 14 gefundenen Ichthyosaurieralten mit Jungen hat nach Branca: 1 Exemplar 3 Junge, 1 Exemplar 5 (bzw. 6) Junge, 1 Exemplar 6 Junge, 7 Exemplar 7 Junge, 1 Exemplar 11 Junge, 2 Exemplare haben je 2 Junge, 1 Exemplare haben je 1 Junges.

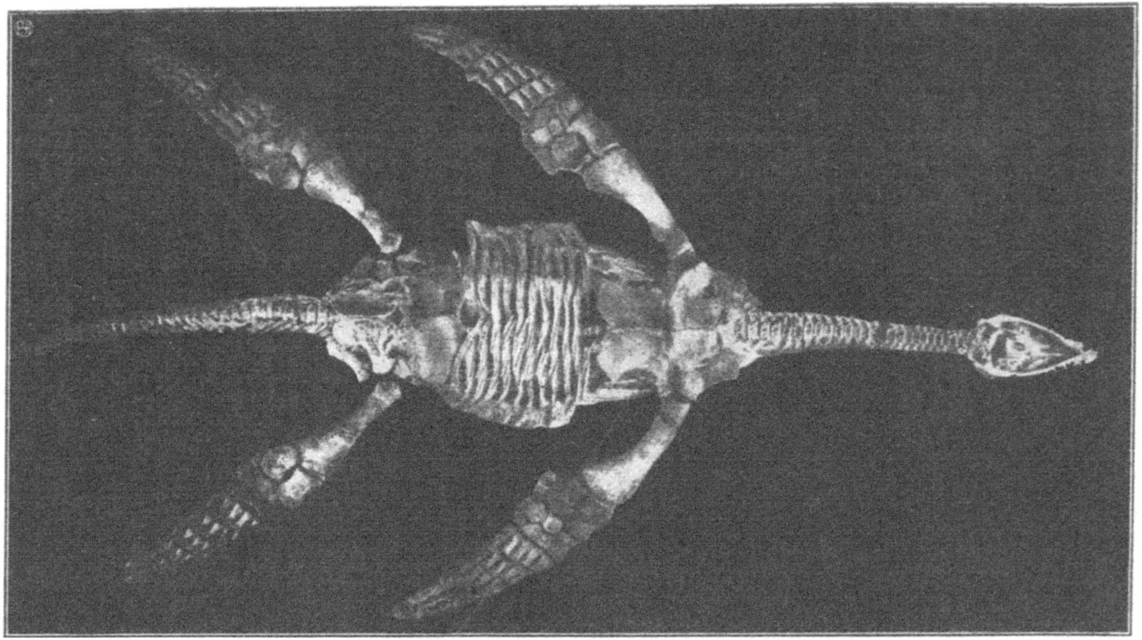

Abb 94. Ein Schlangenhalsdrache (Plesiosaurus) aus dem Stinkstein des oberen Lias von Holzmaden, vielleicht das schönste *fossile* Reptil der Welt. Beachte den noch ziemlich langen, verbreiterten Oberarmknochen. Die verkürzten Unterarmknochen erinnern auffallend an die des Trias-Ichthyosaurus (Abb. 91), stehen aber in schroffem Gegensatz zu den viel stärker reduzierten Unterarmknochen der Lias-Ichthyosaurier (Abb 90). (Thaumatosaurus victor E. Fraas, Original im Stuttgarter Naturalienkabinett.)

Funde die Jungen als gefressen aufzufassen sind, ebenso sicher dürften die Jungen bei einem anderen Teile wirkliche Embryonen der Alten sein. Das gilt insbesondere für diejenigen Funde, die nur ein Junges aufweisen, und zwar mit normaler Geburtslage (Kopf nach hinten; in 6 Fällen) oder mit der für Embryonen charakteristischen Krümmung (in einem Fall). Die alte Streitfrage: vivipar (lebendig gebärend) oder stirpivor (ihre Jungen fressend) dürfte also auf Grund des paläontologischen Materials dahin zu beantworten sein: vivipar und stirpivor! Mit anderen Worten: Die Ichthyosaurier brachten, entgegen aller Gewohnheiten der Reptilien, lebendige Junge zur Welt. Aber entsprechend der Gewohnheit heutiger Amphibien und Reptilien gelüstete sie es häufig nach der jungen Brut ihrer eigenen Art. Gesegnete Mahlzeit!

Ein anderer Anpassungs- und Verwandlungskünstler! Kehren wir wieder zu jenem Nothosaurus der Muschelkalkzeit (Abb. 45) zurück, der als Küstenräuber schon den Strand des unteren Muschelkalkmeeres unsicher machte und der als Urahn eines neuen Geschlechts sich gleichsam sagte: „Dies alles sei mir untertan! In einen echten Räuber zur See will ich mich umwandeln, furchtbar und in allen Sätteln gerecht!" Daß es dem Küstentier glückte, in geradezu idealer Weise das Problem der Anpassung ans Wasserleben zu lösen, das zeigen die Schlangenhalsdrachen oder Plesiosaurier[1]) des Liasmeeres. Diesmal lag aber der Anpassung nicht der Typ des schnellen Schraubendampfers zugrunde, sondern — unsere Schiffsbau-Ingenieure kennen ihn sehr wohl — der Typ des stabilen Flachbootes „mit weitausladenden Rudern". Nicht der Schwanz ist hier das Hauptlokomotionsorgan, sondern — analog der Meerschildkröte — die in lange Ruderflossen umgewandelten Gliedmaßen. (Abb. 94; vgl. die verkürzten Ober- und Unterarmknochen auf Abb. 90 u. 94 miteinander). Der verhältnismäßig kurze Schwanz ist zum Steuer degradiert. Und was die Meerschildkröte durch ihren Panzer erreicht — Schutz gegen den anprallenden Wogenschlag — das erzielt der gedrungene Plesiosauruskörper durch den plattenförmig-verbreiterten Brust- und Beckengürtel sowie durch das korbartige Geflecht der Bauchrippen (falsche Rippen). Der langgestreckte, aber offenbar nicht graziös-bewegliche Schlangenhals (28—50 Wirbel!)

1) plesios = ähnlich, nahe stehend (d. h. den Schlangen).

Abb. 95. Draußen vor dem Faulschlammpoller der Holzmadener Bucht tummelten sich in den Fluten des offenen Liasmeeres Schlangenhalsechsen (Plesiosaurier) und Fischdrachen (Ichthyosaurier).

befähigte das Tier, den Grund nach hartschaligen Mollusken abzusuchen oder den mit scharfen Zähnen bewaffneten Kopf vorzuschnellen und weite Flächen abzufischen.

Während die Ichthyosaurier in den mannigfaltigsten Arten, in allen Größen (bis 12 m lang) und allen Altersstufen so zahlreich vorkommen, daß sie die Württemberger schmunzelnd zu den „schwäbischen Haustieren" zählen, waren die Plesiosaurier (in England über 20 Arten), von jeher seltene Gäste im schwäbischen Lias. Vereinzelte Knochenstücke — das war lange Zeit die ganze Ausbeute. Das Jahr 1893 brachte das erste, annähernd vollständige Plesiosaurusskelett (2,80 m lang). Aber das schlanke Tier trug den kleinen Kopf sehr hoch. Schnurstracks wanderte es — an dem „mittellosen" Stuttgart vorbei — nach Berlin, wo man den stolzen Schwaben als „Plesiosaurus Guilelmi imperatoris" mit kaiserlicher Huld zu begrüßen verstand. Kein Wunder, daß der eifrige Stuttgarter Konservator Prof. E. Fraas immer die „Augen schließen" mußte, wenn er im Berliner Museum an dem durchgebrannten Landsmann vorbeiging. Was das Jahr 1893 versäumte, das machte das Jahr 1906 doppelt wieder gut. Noch ein P. Guilelmi imperatoris wurde gefunden, ein ausgewachsenes und daher größeres Exemplar (3,40 m), prachtvoll erhalten. Außerdem gelang es Bernhard Hauff im gleichen Jahre, in neunmonatlichem Bemühen aus dem stahlharten „Stinkstein" noch eine etwas andere Art mit kürzerem Halse und größerem Kopfe herauszumeißeln, jenen im ganzen plumperen, wuchtigeren Plesiosaurus victor (3,44 m), der nach dem Urteil der Fachgelehrten als das schönste, fossile Reptil der Welt gelten kann. Dank der Opferfreudigkeit zweier Schwabensöhne[1]), die auch draußen in der Welt das Land ihrer Kindheit nicht vergessen hatten, prunken heute die beiden Musterplesiosaurier in dem Staatl. Naturalienkabinett zu Stuttgart — gleich schön als Wunder der natürlichen Fossilisation wie als Wunder der künstlichen Präparation. —

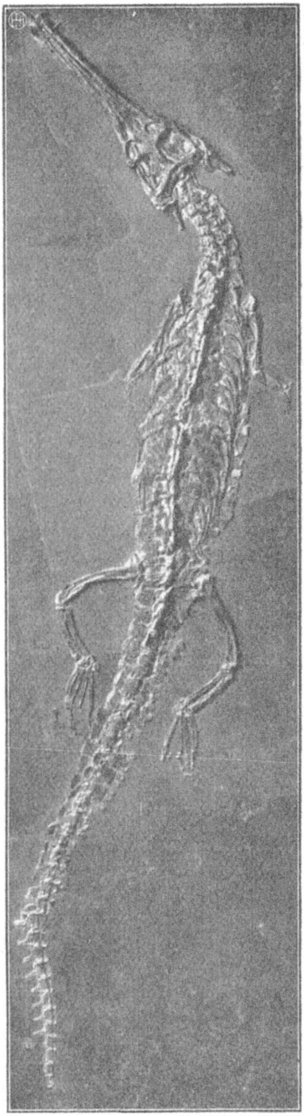

Abb. 96. Ein gavialartiges Krokodil (Teleosaurus) aus dem Liasschlamm (ε) von Holzmaden. Beachte die Hautknochenplatten, die in zwei Längsreihen am Rücken hinziehen, die Hintergliedmaßen, die im Vergleich zu den Vordergliedmaßen auffallend groß sind und die lange, am Ende löffelartig verbreiterte Schnauze (Mystriosaurus Bollensis). (Orig. u. Phot. von B. Hauff.)

Eingebettet in den feinen Liasschlamm findet man in Gesellschaft der Ichthyosaurier, jedoch nicht so häufig wie diese, die Teleosaurier.[2]) Das waren echte Krokodile, ähnlich dem langschnauzigen Gangesgavial (Abb. 96). Im Gegensatz zu den Fischdrachen und Plesiosauriern sind die Teleosaurier in der Anpassung ans Meeresleben mehr oder we-

1) Viktor Fraas, Plauen; D. Landauer, London.
2) teleos = vollkommen, also die „vollkommenen Drachen".

Abb. 97. Der prächtige Schmelzschupper Lepidotus Elvensis aus dem oberen Lias von Holzmaden. (Orig. u. Phot. von B. Hauff.)

niger Stümper geblieben. Wenn sie sich auch gesellschaftlich bewegen konnten im Liasmeere — ein einziger Blick auf ihre langen Gliedmaßen beweist, daß sie ihre ländliche Abstammung noch nicht so geschickt wie die Fischdrachen zu verleugnen wußten, ja, daß sie wahrscheinlich gelegentlich wieder dahin zurückkehrten, woher sie gekommen waren — aufs Land! Die Tiere steckten in einem kräftigen Rücken- und Bauchpanzer aus dicken, viereckigen Knochenschildern.

Zu den größten Seltenheiten in den Schiefern von Holzmaden gehören die Flugsaurier (Rhamphorhynchus). So interessant es wäre, an der Hand der paar gefundenen Skelette Studien zu machen über die flugtechnischen Prinzipien dieser Reptilien — wir müssen uns diesen Genuß aus Zweckmäßigkeitsgründen aufsparen bis zu einer späteren Zeit (S. 144). Nicht nur Reptilien sind's, die massenweise auf dem Lias-Friedhof zu Holzmaden die Grabesruhe fanden. Auch Fische liegen dazwischen, prächtige Ganoidfische in vielen Arten[1]), mit schmelzglänzenden Schuppen, heringsähnliche, zierliche Fischchen mit vollständig verknöcherten Wirbeln (Leptolepis Bronni), Haie. Hybodus Hauffianus ist der wichtigste unter den Haien. Daß das 2 m lange Tier sich weder über Futtermangel noch Appetitlosigkeit zu beklagen hatte, das beweist ein Exemplar in der Stuttgarter Sammlung, dessen Leibeshöhle nach einer Schätzung von Fraas 250 Belemniten birgt. Die Abb. 98 veranschaulicht von diesem Hai ein Hauffsches Meisterstück der Präparation, das mit

1) Lepidotus Elvensis (Abb. 97), Ptycholepis Bollensis, Dapedius, Pholidophorus usw.

seiner Hautbekleidung in bezug auf Schönheit der Erhaltung den Wettbewerb aufnehmen kann mit den vollkommensten Ichthyosauruskadavern.

Der Liasfriedhof von Holzmaden! Woher mag es kommen, daß in dem seichten Liasstrandbecken einst allerlei Meerestiere massenweise ihr Grab fanden wie auf einem Friedhof?

Der hohe Bitumengehalt der schwarzen Schiefer deutet auf viel Faulschlamm des Beckens hin. Wahrscheinlich haben wir hier Faulschlammgründe vor uns, in denen sich schwarzer Schlick und alles Leben ertötender Schlamm absetzte wie am Grunde des Schwarzen Meeres oder in den seichten Pollern der norwegischen Fjorde. Was immer in diese Schlammgründe geriet, war ein Kind des Todes — gleichgültig, ob es Fische waren, die an der Küste in großen Schwärmen laichen wollten, oder ob es Belemniten waren und Raubsaurier, die diesen Laichzügen scharenweise an die Küste folgten. Vielleicht waren die Tiere aber auch schon draußen auf der Hochsee verendet und wurden als Leichen angetrieben in die Holzmadener Bucht, etwa so wie die tausend und aber tausend von der Meeresströmung eingeschwemmten Walleichen in der Bucht von Biscaya. Du siehst, der Phantasie ist ziemlich viel Spielraum gegeben. Mögen die Tiere tot

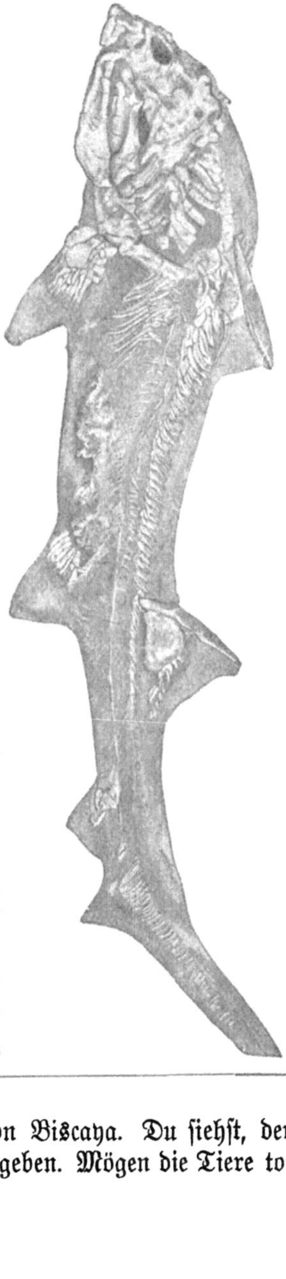

Abb. 98. Ein Haifisch aus dem oberen Lias (ε) von Holzmaden. Beachte, wie wunderbar die Haut erhalten und herauspräpariert ist. Auf dem Rücken sieht man deutlich die beiden Flossenstacheln. Körperlänge über 2 m. (Hybodus Hauffianus E. Fraas, aus Koken.)

Abb. 99. Harpoceras radians, ein Sichelripper. Lias ζ. (Nach Kayser.)

Abb. 100. Der lobengeschmückte Jurenser (A. jurensis). (Nach Fraas.)

oder lebendig in die (nach Abel sauerstofflosen und von Fäulnisbakterien freien) Liaspoller geraten sein — ihr Schicksal war immer dasselbe: Der Schlammgrund wurde für sie zur Schlammgruft, in der ihre Leichen wunderbar konserviert und fossil erhalten blieben bis zum letzten Hautlappen und bis zum letzten Mageninhalt. —

Lias ζ. Über den dunklen Pappendeckelschichten der fruchtbaren und daher siedlungsreichen ε-Ölschieferebene liegt, die Farbe wechselnd, eine wenige Meter mächtige Decke von gelblichen und grauen Mergeln.[1])

Neben den reich entfalteten (ähnlich wie in ε) Belemniten sind die Ammoniten in dieser obersten Liasstufe (ζ) von besonderer Wichtigkeit. Nach den drei Hauptammoniten kann man da, wo die Kräfte der Verwitterung noch nicht zu stark abtragend hausten, in der Mergeldecke drei Horizonte[2]) unterscheiden. Die scharfgekielten „Sichelripper" oder Harpoceraten — wir haben einige schon in ε kennen gelernt (S. 89) — liefern die Leitformen für den unteren[3]) und oberen Horizont (H. radians in u. ζ (Abb. 99) und H. Aalensis in o. ζ). Die mittleren Schichten, die Jurensiskalke bzw. Kalkmergel, da-

1) Fossilienfundplätze: Wutachgegend, Spaichingen [(Straße von Aldingen nach Schura; A. rad.); Schömberg (zwischen Rottweil und Balingen)]; Reutlingen (Eisenbahneinschnitt ζ [und Braun α]; Zementfabrik); Holzmaden, Lindach zwischen Jesingen und Weilheim (1 km unter Weilheim) usw.

2) Z. B. bei Eislingen, Heiningen, Wasseralfingen.

3) Die unterste Radiansbank ist in der Göppinger Gegend (Heiningen, Roßbach, Schlater Bach [unterhalb Ursenwang], Holzheim), durch die sogenannte Variabilis-Schichte (mit A. variabilis, bicarinatus und discoides) vertreten.

gegen sind charakterisiert durch das häufige Vorkommen von Lytoceras jurensis[1]) (Abb. 100).

Bevor wir weiter steigen, höher hinauf, in die Vorhügel der Schwabenalb und damit hinein in die mittlere Jurazeit (Dogger), wollen wir noch an der Hand der übrigen deutschen Liasvorkommnisse die ungefähre Ausdehnung des einstigen Liasmeeres festzustellen suchen. Im Norden von Schwaben scheinen zunächst nur noch im Frankenjura und im nordwestlichen Deutschland (Weserkette usw.) bedeutendere Liasablagerungen zu sein. Die teils abgetragene, teils durch jüngere Bildungen überlagerte Liasdecke war aber ursprünglich zweifellos viel größer. Nimmt man die in Verwerfungsspalten hinabgefallenen und damit vor weiterer Abtragung geschützten Liasschollen von Eisenach, Gotha und Göttingen noch hinzu, bedenkt man, daß Tiefbohrungen bei Berlin (Hermsdorf: Amaltheus margaritatus!), im Odermündungsgebiet (bei Kammin und Kolberg), am Niederrhein (Xanten, Vreden usw.) und in Holland überall unter jüngerem Deckgebirge Lias feststellten, beachtet man ferner die Liasablagerungen in den oberrheinischen Vorbergen des Schwarzwaldes (Näheres S. 185 u. 186) und der Vogesen und endlich noch diejenigen von Lothringen, Luxemburg, Frankreich und England — so ergibt sich, daß fast ganz Westeuropa vom Liasmeere überflutet war. Ganz anders im Osten! Schon bei Regensburg und Passau, in Sachsen (Hohenstein), Mähren, Oberschlesien, Rußland usw. beginnt der Jura nicht mit Lias, sondern mit höheren Schichtengliedern, ein Beweis, daß im Osten zur Liaszeit noch Festland war. Nun aber war's aus mit dem landfesten Osten. Jene weitreichende Meerestransgression, die um die Mitte der Jurazeit (Dogger/Malm) Kontinente überflutete von einem bis zum anderen Ende der Welt[2]), diese gewaltige Meerestransgression schritt zur Doggerzeit auch hinweg über den landfesten Osten unserer deutschen Heimat und machte ihn zum Meeresgrund.

---

1) Da die auf den Äckern zusammengelesenen letzten Verwitterungsrückstände der Jurensis-Kalkmergel häufig als Straßenschotter dienen, hast du Gelegenheit, auch auf vielen Vizinalwegen (Eislingen, Boll, Reutlingen usw.) herausgewitterte, lobengeschmückte Steinkerne dieses Ammoniten zu bekommen.

2) Europäisches und asiatisches Rußland, Kleinasien, Indien, der größte Teil von Afrika (ausgenommen der Norden und äußerste Osten), Südamerika, das nordwestliche und arktische Nordamerika, Ostgrönland, Spitzbergen, Franz-Josephs-Land usw.

2. In den braunen Bergen!

Die ersten Berge! Als ob die stolz und jäh aufsteigenden weißen Kalkberge (Malm) sie vorausgeschickt hätten, Besuch zu empfangen und dem Wanderer den ersten Willkommgruß zu entbieten, so stehen ganz im Vordergrunde die braunen Berge (Dogger) da — eine Hügelkette von sanft gerundeten anmutigen Bergformen (Abb. 123 u. 128). Diese Vorstufe in der Berglandschaft der Alb mit ihren Ackerfluren, Wiesen, Obstbaumhainen und Eichenwäldern ist aber nicht zu vergleichen mit einem fremdartigen Gesteinsband, das die trotzige Stirne der Schwabenalb von unten her lose umgibt. Die Braunjurazone, nur von der Verwitterung als Außenzone herausgearbeitet, setzt sich vielmehr als natürliches Fundament im Gebirgskörper fort. Ja, bei seiner mittleren Gesamtmächtigkeit von 150 m, ist dem Braunen Jura ein nicht unerheblicher Anteil an der Alberhebung zuzuschreiben. (Profil 101.) Für unsere Bergfahrten durch den „Braunen" soll wieder das Quenstedtsche Normalprofil Kompaß und Steuer sein.

III. Oberer brauner Jura, 7—30 m mächtig.

ζ: Ornatentone, dunkle, fette Tone mit verkiesten Ammoniten (A. ornatus [Abb. 121], A. Jason usw.), zu oberst Lamberti-Tone mit A. Lamberti (Abb. 122).

ε: Tone und Eisenoolithe. Von unten nach oben: A. Parkinsoni (Abb. 117) (Parkinsoni-Oolith), Dentalium Parkinsoni (Abb. 119) (Dentalienton), Rhynchonella varians (Abb. 120) (Varians-schichten) und zu oberst A. macrocephalus (Abb. 118), bullatus (Macrocephalus-Oolith) usw.

II. Mittlerer brauner Jura.

δ: Humphriesianusstufe. Unten Tone mit Riesenbelemniten (Giganteustone), dann Ostreenkalke mit O. Marshi (Abb. 111) und eduliformis, Lima pectiniformis (Abb. 112), Trigonia costata (Abb. 116) usw., darüber Coronatenschicht mit A. Humphriesianus und Blagdeni und endlich noch darüber Bifurcatenschicht mit A. bifurcatus und den Eninger Hamiten (Abb. 115) usw.

γ: Blaue Kalke mit A. Sowerbyi (Abb. 107, Sowerbyibank unten) und Pecten demissus (Abb. 108).

I. Unterer brauner Jura, bis 150 m mächtig.

β: Murchisonaesandstein, gelblich und rot (Roteisenoolithe von Wasseralfingen, Kuchen!). Leitfossilien: A. Murchisonae (Abb. 105) und Pecten personatus (Abb. 106), Trigonia striata.

α: Opalinuston, bröselige, dunkle (100 m) Schieferletten mit A. opalinus (Abb. 102). Ganz unten A. torulosus, opalinus, Nucula

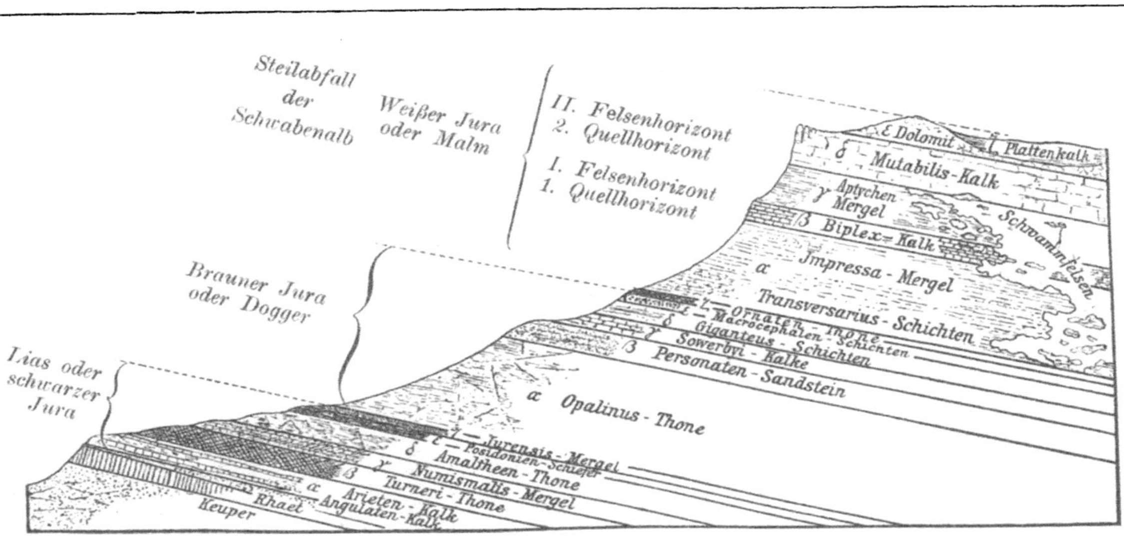

Abb. 101. Profil durch den Jura der Schwäbischen Alb (stark überhöht, nach E. Fraas). „Unterer, mittlerer und oberer Jura oder nach den vorherrschenden Farben: Schwarzer, brauner und weißer Jura — so liegt das Land vor uns, eine Stufenlandschaft feinster Prägung. Der schwarze Jura (Lias), das ist das Vorland mit seinen Fruchtgefilden und Matten, das ist der am Fuße des Gebirges ausgebreitete, flache, wellige ‚Filder'-Teppich. Dahinter kommt als zweite Stufe die Hügelzone der Vorberge: der mittlere oder braune Jura (Dogger). Über diesem Sockel erhebt sich als dritte Stufe meist steil wie eine Mauer und in blendendem Weiß die Kalkplatte der Schwabenalb: der obere oder weiße Jura (Malm)." Da die Felsenhorizonte I und II alles Wasser in die Tiefe sickern lassen bis zur nächsten Tonschicht (α bzw. γ; vgl. Teil I S. 30), sind die Grenzhorizonte α/β und γ/δ zugleich Quellhorizonte.

Hammeri (Abb. 103). Mittelregion: Kalkige Bänke mit Pentacrinus opalinus, Lucina plana und Astarte opalina. Ganz oben: Trigonia navis (Abb. 104) und wieder A. opalinus.

Unterer Dogger. Dogger α. Ohne scharfe Grenze geht der schwarze Jura in den braunen über. Der dunkle Tonschlamm, der für die Ablagerungen des Lias so charakteristisch war, wird auch zu Anfang der Braunjurazeit noch vom Jurameere abgesetzt. Und zwar sind diese Schlammabsätze von Braun α keineswegs unbedeutend. Als schwarze, bröselige Schiefertone bilden sie nicht nur das mächtigste Glied im „Braunen", sondern überhaupt das mächtigste Tongebirge von ganz Schwaben (rund 100 m [1])). Kein Fluß ist so harmlos und kein Bergbach so klein, der nicht in tiefausgenagten, düsteren Schluchten Aufschluß und Einsicht gäbe. Diese wildromantischen Schluchten mit ihren fast senkrechten, oft 60—80 m hohen Seitenwänden, mit ihren „Gumpen" und ihrem Dorngestrüpp — die sind's, die du für deine Studien im „Opalinuston" aufsuchen mußt. Du mußt buchstäblich — ohne Scheu vor Schmutz und Kot — „in die Bäche". Selten gibt es Schichten, die durch ihre Versteinerungen sich so leicht zu erkennen geben wie diese α-Tone. Sind doch die schneeweißen, oft noch opalisierenden Schalen [2]) der

Abb. 102. Der opalisierende Sichelripper (Harpoceras opalinum). (Nach Zittel.)

Abb. 103. Nucula.

1) Wie der Lias nimmt der — im SW am stärksten entwickelte — Dogger gegen NO fortwährend ab: Balingen 270 m, Reutlinger-Kirchheimer Gegend 200 m, Aalen 168 m, Bopfingen 120 m (nach Engel). Diese Gesamtabnahme ist hauptsächlich auf die Abnahme der oberen Braunjuraglieder zurückzuführen. Die unteren Glieder (α und β) bleiben überall ziemlich gleich mächtig.

2) Die berühmteste Braun-α-Stelle, wo die weißen Schalen schon zu Bauhins Zeiten (16. Jahrh.) die Aufmerksamkeit der Petrefaktensammler auf sich zogen, war das Teufelsloch bei Boll („Helenental" der Badgäste). Diese Opalinusschlucht, in der man früher die Lucinenbank (Lucina plana) und noch weiter oben die Pentakrinenbank gut beobachten konnte, ist heute kaum mehr eines

Versteinerungen ausgezeichnete, nicht mißzuverstehende Erkennungsmittel. Eng wie in der Gesteinsbildung schließen sich die „Opalinus“-tone auch in der Fauna an den oberen Lias an. Noch dominieren die scharfkieligen „Sichelripper“. Einer davon — Harpoceras opalinum — geht durch ganz α hindurch. (Abb. 102.)

Am meisten allerdings findet man ihn ganz unten (neben Lytoceras torulosus und dem Muschelnüßchen Nucula Abb. 103) und ganz oben, hier in Gesellschaft mit der reizenden Dreiecksmuschel Trigonia navis (Abb. 104).

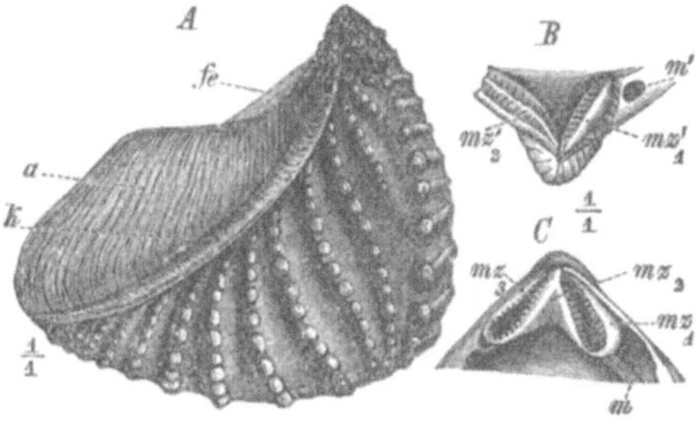

Abb. 104. Die stolze Dreiecksmuschel Trigonia navis A = Schale gegen die R. Kl. gesehen; B = Schloß der R. Kl. C = Schloß der L. Kl. (Nach Steinmann.)

Dogger β, „Eisensandsteine“, „Wasserfallschichten“. Geht man in den Opalinusschluchten weit genug bachaufwärts, so sieht man die fossilreichen[1]) oberen Lagen meist im Gelände scharf markiert durch einen — Wasserfall. Wo das Wasser in Kaskaden hinabfällt in die Opalinustone, da haben wir die Grenze α/β und damit wahrscheinlich die erste größere Sandsteinbank vor uns. Die Opalinustone werden nämlich nach oben allmählich glimmerig-sandig und gehen schließlich in einen regelrechten Sandstein β[2]) über. Dieser eisenhaltige, daher gelbliche

Besuches wert. Man beschränkt sich am besten auf die oberen Bänke beim Wasserfall (Grenze Braun α/β) (Opalinusstücke und Tr. navis), Krähenbach (zwischen Winzingen und Wißgoldingen). Bachbett der Krumm (1 km unter Ottenbach). Lauter (bei Donzdorf-Süssen); Nagelkalk, Pentakrinitenbank; unter dem Wehr: viele weißschalige Fossilien. Bei Grünbach Tr. n.; Schweinbach-Schlucht (Süssen—zum Grünenberg), Bach durch Bargau und von Heubach herunter. Steinlach (zwischen Ofterdingen und Mössingen). Schalksbach bei Zillhausen (Balingen) [Wasserfall; Astarte opalini]. Zimmerner Bach (bei Hechingen) [A. torulosus]. Wutachgebiet: Der ganze Braune ist in den Taleinschnitten bei Mundelfingen, Aselfingen, Achdorf und Eschach gut aufgeschlossen.

1) Die weißschaligen Fossilien sind häufig zu ganzen Knollen zusammengebacken. Schlage diese Opalinusknollen — wo du sie auch findest, z. B. weit bachabwärts geschwemmt — immer auf. Sie bergen oft die schönsten Sachen („Muschelnester“).

2) Wie da und dort heute noch (Donzdorfer- und Westhausersandstein), so war der β-Sandstein auch schon früher (vgl. die Burgen Hohenstaufen, Rech-

oder rotbraune Sandstein bildet eine durchschnittlich 30 m mächtige, schützende Decke über den weicheren Opalinustonen und läßt so den ganzen unteren Dogger (α und β) als *erste* Bergterrasse[1]) wohl ausgeprägt im Landschaftsbilde heraustreten. Achte neben den „Niederburgen"[2]) besonders auf die Eichenwälder. Die sind häufig auf β-Sandstein daheim. Das beste Erkennungsmittel für diese *rostfarbigen* Eisensandsteine, nach deren Farbe man den *ganzen* Dogger den „braunen Jura" nannte, sind natürlich die Fossilien.[3]) Obenan steht wieder ein Sichelhorn: Harpoceras Murchisonae (Abb. 105). Mit Rücksicht auf diesen wichtigen Leitammonit, der in vielen Varietäten und Abarten vorkommt, nennt man die β-Sandsteine bezeichnenderweise *Murchisonae*-*schichten*. Aber auch der Name *Personatensandstein* hat seine Berechtigung. Findet sich doch unter den häufigeren Zweischalern (Gryphaea calceola[4]), Pecten demissus [Abb. 108], Trigonia striata usw.) die kleine 9—11 rippige Kammuschel Pecten personatus (Abb. 106) so viel wie überall, oft zu Tausenden in den gelben Sanden und Eisenerzflözen. In der Gegend zwischen Geislingen und Aalen reichert sich nämlich der Personatensandstein stellenweise derart mit Eisen (zirka 35 %) an, daß abbauwürdige Eisenerzflöze entstehen.

Abb. 105. Murchisons Sichelhorn (A. Murchisonae). (Nach Engel.)

Abb. 106. Das „maskierte" Kammüschelchen (Pecten personatus, persona = Maske). Die Schale ist außen glatt; innen aber hat sie 9—11 Rippen.

---

berg, Donzdorf, Staufeneck, Weißenstein, Kapfenburg, Ramsberg usw.) ein beliebter Baustein.

1) Z. B. Asrücken zwischen Hohenstaufen und Rechberg, Höhenzug zwischen Staufeneck und Rechberg, zwischen Dürnau und Eckwälden usw.

2) Z. B. Staufeneck, Ramsberg, Lotenberg, Baldern, Kapfenburg.

3) Fundorte: Wutachgebiet („Scheffheu", Eschacher Bergrutsch, Blumberger Schlucht usw.). „Katzensteigle" bei Gosheim (Spaichingen), Wochenberg bei Schörzingen (Schömberg). Hirschberg (Fußweg von Frommern nach Zillhausen). Reutlingen (Straße von Gomaringen nach dem Kugelberg). Boll-Göppingen (früher Trümmeroolith gut aufgeschlossen). Donzdorfer Gegend (gelber Bausandstein). Eisenerze von Wasseralfingen und von Kuchen.

4) Fast nur in der Zollerngegend. Jungingen, Laufen, Zimmern, Reutlingen.

Die Eisenerze sind aus kleinen, konzentrischen Eisenoolithkügelchen zusammengesetzt und werden bei Wasseralfingen zur Gewinnung des Eisens verhüttet. Der hohe Gehalt an Kieselsäure (Eisenoxydulsilikat), zu deren Entfernung ein Zuschlag von Kalk und damit mehr Brennmaterial nötig ist, verteuert die Metallgewinnung aus dem roten Toneisensandstein dermaßen, daß die Wasseralfinger Bergmannsuniformen nur noch historische Bedeutung gehabt hätten. Infolge des Verlusts unserer Minette wird der Bergbau neuerdings wieder in größerem Umfang aufgenommen.

Woher die mächtigen β-Sandmassen kamen? Natürlich vom Lande her, von den Flüssen hineingetragen ins Doggermeer und weithin abgelagert. Daß unsere Eisensandsteine Strand- und Küstenbildungen sind, darauf deuten auch die „Zopfplatten" hin mit ihren charakteristischen Tierfährten und Wellenschlägen in unter-β[1]), sowie in ober-β der manchmal entwickelte „Trümmeroolith" mit seinem ganzen Strandgrus: Gerölle, zusammengewürfelte Muscheln, abgeschliffene und abgerollte Fischwirbel und Fischzähne (lokal!) [Muscheltrümmerbank].

Gegenüber dem Liasmeere hat uns das Unterdoggermeer nur wenig Neues gebracht. Im Gegenteil. Die Liasgrößen: die Ichthyo- und Plesiosaurier, die Fische, die Seelilien und Belemniten treten auffallend in den Hintergrund. Nur die Trigonien machen einen erfreulichen „künstlerischen" Anlauf. Dagegen bleiben die Ammoniten in ihrer Entwicklung zunächst noch bei den Harpoceraten stehen. Jetzt aber wird vieles anders, im

Mittleren Dogger.[2]) Dogger γ. Die Küste verschwindet. Das Meer dringt vor. Langsam ändern sich die Verhältnisse, die paläontologischen und die petrographischen.

In Unter-γ[3]) hat noch ein sichelhorn-ähnlicher Ammonit mit Schalenkiel, aber mit gespaltenen und geknoteten Rippen sein Lager (Hammatoceras

1) Hauptsächlich in der Gegend von Hechingen-Balingen und Kirchheim.

2) Spaichingen-Balingen zirka 40 m, Göppingen 30 m, Stuifen 22 m, Gmünd 14 m, Ipf 7 m mächtig (nach Engel).

3) Man kann in γ von unten nach oben im allgemeinen unterscheiden: die Sowerbyibank (am schönsten in der Göppinger-Gmünder Gegend), petrefaktenleere Tone und die „Blauen Kalke" (typisch nur in der Reutlinger und Nürtinger Gegend; von Kirchheim bis Bopfingen treten sandige Mergelschichten oder dunkle Tone an ihre Stelle.) (Nach Engel.)

Sowerbyi[1]), Abb. 107, Sowerbyibank). Findet er sich im ganzen auch selten, so bildet er doch gelegentlich ganze Schneckenpflaster. Auch die glatte, firnisglänzende Kammuschel P. demissus (Abb. 108), von den Eninger Steinbrechern umgetauft in „Ochsenaugen", hat für denjenigen, der mit Erfolg in β klopfte, ebensowenig etwas Überraschendes wie die Gryphaea calceola.

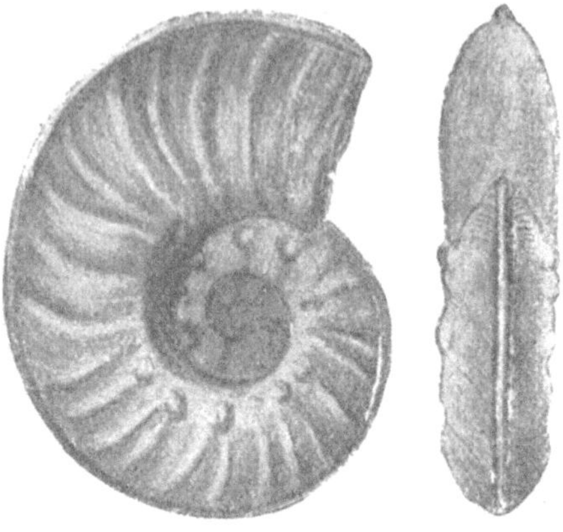

Abb. 107. Ammonites Sowerbyi. Der Sowerbyi-Ammonit besitzt einen Schalenkiel (ähnlich den Sichelhörnern). Aber die Rippen sind gespalten — unter Knotenbildung. (Hammatoceras Sowerbyi). (Nach Kayser.)

Und doch ist γ[2]) die Wiege jener merkwürdigen Ammoniten, die von jeher besondere Aufmerksamkeit erweckten — wegen der Prachtentfaltung in der Architektur ihrer Gehäuse [Stephanoceras = Kranzhorn]. Sieh dir das Haus an von Stephanoceras Humphriesi! (Abb. 109, oder von St. Sauzei bzw. von St. Gervillii, Abb. 110). Wie reich verziert das ist! Einfache Rippen genügen den „Kranzammoniten" nimmer. Gegabelt müssen die über die gerundete Außenseite fortlaufenden Rippen sein und zwar mehrfach. Und genau an der Gabelungsstelle muß womöglich zur Verzierung ein Knoten sitzen. Vergleicht man die Hausfassade anderer Ammoniten, so wie sie im Laufe der Erdgeschichte nacheinander kamen und gingen, mit dem Villenstil unserer Stephanoceraten, ist's nicht, als ob wechselnde Jahrhundertmoden in diesen Fossilien versteinert festgehalten würden?

Abb. 108. Das angebliche „Ochsenauge" (Pecten demissus). (Nach E. Fraas)

---

1) Auf dem Rehgebirg (zwischen Staufeneck und Rechberg). Dangelhof (bei Donzdorf), Weg von Nenningen zum Galgenberg und zum Heldenberg usw.

2) „Blaue Kalke": Reutlingen-Nürtingen, Neuffen (z. B. hinter Kohlberg), Beuren, Balzholz. Am besten bei Eningen (großartige Steinbrüche, frühere Pflastersteine von Reutlingen, Pecten dem.). Trigonia clavellata, St. Humph. (St. Sauzei und Gerv.) (im Abraum wimmelt's von δ-Fossilien), Balinger Gegend (Streichen, Zillhausen, Laufen und Lautlingen) [A. Humph. und Gervillei!] (nach Engel).

Dogger δ. Das ganze reiche Leben, wie es der mittleren Doggerzeit, wo das Jurameer tiefer wird, eigen ist, tritt uns aber in seiner flutenden Fülle erst in δ[1]) entgegen. Gleich die dunklen, oft blauschwarzen „Giganteustone"[2]) bringen Überraschungen. Sie haben ihren Namen von dem Riesen unter den Belemniten: B. giganteus, der fast überall recht häufig ist. Was mögen das für Ungeheuer gewesen sein, deren Kalkstacheln allein ½ m Länge erreichen!

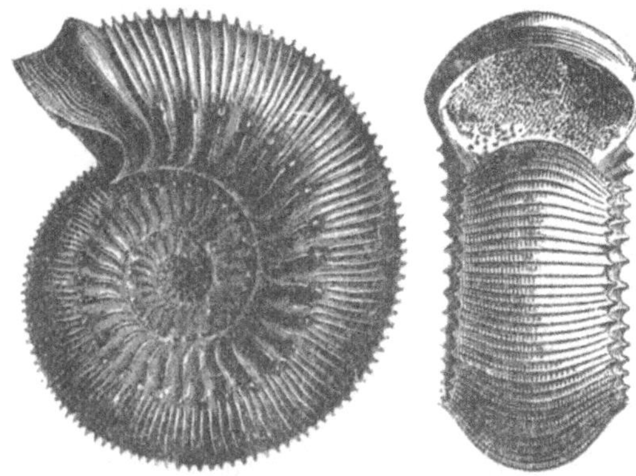

Abb. 109. Hier siehst du das klassische „Modell" eines Kranzammoniten aus dem mittleren Doggermeer (Stephanoceras Humphriesi). Die Hausfassade bekommt ihren charakteristischen Schmuck durch kräftige, unter Knotenbildung gespaltene Rippen, die über den breiten, gerundeten Rücken (nicht gekielt!) fortlaufen. (Nach Steinmann.)

Ja, man hat schon Alveolen gefunden, die auf einen Kalkstachel von fast 1 m Länge schließen lassen. Wehe den Zeitgenossen, die diesen Riesenkraken in die Hände bzw. in die Fangarme fielen! Nur der Tod erlöste sie aus der widerlich-furchtbaren Umarmung. Wie die Riesenbelemniten, so haben die zwei Austern [Ostrea Marshi und eduliformis] in δ zwar ihre Hauptentwicklung, beginnen aber schon in γ und gehen bis ε. Die

Abb. 110. A. Gervillii. (Nach E. Fraas.)

1) Um: Aalen (Ipf, Oberalfingen), Gmünd (Heubach, Fuß des Stuifen), Donzdorf (fast jeder Anstieg; Wasserriß oberhalb Winzingen γ—ζ), Göppingen (Gruibinger Ziegelhütte, Reichenbach im Täle usw.), Kirchheim (Neuffenfuß), Reutlingen (Fuß der Achalm, „Heusteige" [von Eningen nach St. Johann] berühmt insbesondere wegen der Hamiten,. verkiest in einem fetten Ton wie auch C. bif.), Balingen (Laufen [Pectinitenbank], Höhen von Zillhausen und Streichen usw.). Dieselben fossilreichen Schichten bis Spaichingen und Tuttlingen. Obere Donau (Höhen von Riedböhringen, Geisingen, Gutmadingen, Öfingen). Steilhalden am Eichberg und Buchberg.

2) Eigentlich muß man zwei Giganteuslager unterscheiden, ein unteres (unter den Ostreenkalken) und ein oberes (das sind die Tone direkt über den Ostreenkalken, aber unter den Coronatenschichten).

Auster, nach der jeder zuerst bei seinen paläontologischen Studien im mittleren Dogger greift, ist die berühmte „Hahnenkamm"auster (O. Marshi, Abb. 111). Sie hat für den Suchenden zwei angenehme Eigenschaften. So häufig sie ist, so charakteristisch ist sie. In scharfem Zickzack steigen die großen und dicken Schalen am Außenrande auf und ab, zahnartig ineinandergreifend. Gleicht diese gefaltete Zickzackauster ihrer indischen Verwandten, der Hahnenkammuschel (daher auch cristagalli genannt), so hat eine andere, häufige -Auster — eine glatte, flache, dickschalige — viel Ähnlichkeit mit unserer allbekannten Speiseauster (daher eduliformis). Wegen der ungemeinen Häufigkeit dieser beiden Austernarten, die als gesellig lebende Muscheln weitausgedehnte Bänke bilden, nennt man ganz δ schlechtweg „Ostreenkalke". Als getreuer Bundesbruder findet sich mit diesen Austern zusammen häufig eine große, dickschalige Avicula-Muschel [Kteno-

Abb. 111. Die Hahnenkammauster Ostrea Marshi. Dogger δ. (Nach Kayser.)

Abb. 112. Lima pectiniformis

Abb. 113. Der Gekrönte (Stephanoceras coronatus.) Dogger δ.

(Nach E. Fraas.)

Abb. 114. Das zweigabelige Schmuckhorn (Cosmoceras bifurcatum.)

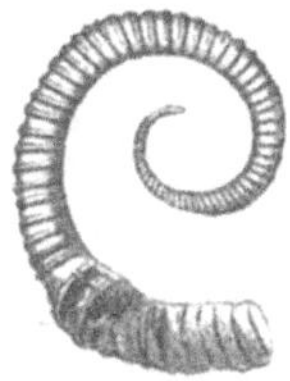

Abb. 115. Das Schnörkelhorn (Spiroceras).

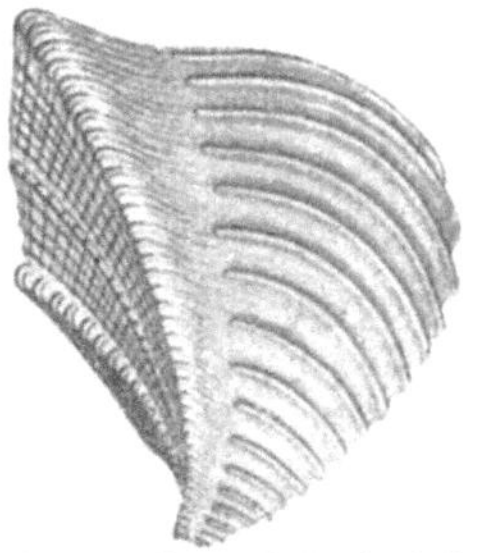

Abb. 116. Die gerippte Dreiecksmuschel (Trigonia costata).

(Nach E. Fraas.)

streon (früher Ostrea) pectiniformis] Abb. 112, die an ihren grob gerunzelten, manchmal in hohle Stacheln verlängerten Rippen leicht erkannt wird.

Die Stephanoceraten, deren Stilrichtung wir schon im γ zu bewundern Gelegenheit hatten, lassen jetzt in bezug auf architektonische Motive erst recht alle ihre Künste spielen. Mit dem stolzen Humphriesianer tritt erfolgreich in Schönheitswettbewerb der größte aller jurassischen Stephanoceraten, der Gekrönte (St. coronatus, Abb. 113, Coronatenschicht). Du kannst dir denken, daß so prachtvolle Exemplare wie das der Abb. 113 heute nicht mehr am Wege liegen und auf einen Liebhaber warten. Immerhin sind ganze Stücke noch nicht allzu selten; Bruchstücke findet man überall. Über den Coronatuskalkbänken folgt — δ abschließend — der Bifurcatenoolith.[1]) Cosmoceras bifurcatum heißt der Missetäter, der den verzwickten Namen Bifurcatusschicht auf dem Gewissen hat. Sagt der aber einem seinen Namen deutsch, so löst sich alles in Wohlgefallen auf. Cosmoceras = Schmuckhorn, bifurcatum = zweigabelig. Das zweigabelige Schmuckhorn! Klingt das nicht nett und wahr zugleich? (Abb. 114.) Doch halt! Was liegt denn da für einer, gleich neben dem weitgerippten Schmuckhorn?[2]) Sieht fast genau so aus wie der, aber scheint etwas aus der „Rolle" gefallen zu sein [Abb. 115 Spiroceras (Hamites) bifurcati]. Die fest geschlossene Einrollung hat der Kauz

1) Diese Oolithbildung ist besonders entwickelt und zur Orientierung geeignet im Süden (Spaichingen-Wutach).

2) Eningen, an der alten Steige nach St. Johann.

aufgegeben. Die Windungen berühren sich nicht mehr. Und die Tendenz, der Spiralkurve untreu zu werden, sich auszurollen und gerade zu strecken, tritt deutlich — aber auch bedenkenerregend — in die Erscheinung! Bedenkenerregend. Ist's Zufall, daß zu einer Zeit, wo derlei „Nebenformen" sich mehren und der Ammonitenfauna ein besonderes Gepräge geben (Kreidezeit), daß zu dieser Zeit die Lebensuhr für den Ammonitenstamm so gut wie abgelaufen ist? — Was das δ sonst noch beherbergt: die Trigonien mit ihren scharfen Zeichnungen (Tr. costata Abb. 116, Tr. clavellata) die Terebrateln in allen Formen und Größen (T. perovalis), die Rhynchonellen (quadriplicata und spinosa), Seeigel, Bryozoen usw. — wer zählt die Völker, nennt die Namen? Dasselbe gilt — wenn auch die großen Austern fehlen — vom

Oberen Dogger.[1]) Dogger ε. Die Leitung haben immer noch die Ammoniten. Gleich die untere Zone (von ε) beherbergt in ihren Oolithen und Tonen verkalkte, bzw. (in den T.) verkieste Ammoniten, die zu den bezeichnendsten Leitfossilien des oberen Doggers gehören: die Parkinsonier (Abb. 117). Ihren Besuch angemeldet haben sie zwar schon im Bifurcatenoolith (o.-δ). Jetzt aber in den Parkinsonischichten kommen sie zahl- und formenreich, bald weit-, bald enggenabelt, vor. Leicht könnte man sie verwechseln mit den Stephanoceraten. Doch an ihrer Rückenfurche wirst du sie erkennen. Die gegabelten Rippen setzen nämlich bei

Abb. 117. Parkinsonia Parkinsoni. (Nach Zittel.)

1) Wutachgegend (Abhänge des Buch- und Eichbergs), zwischen Gutmadingen und Geisingen (alte Erzhalden), Bachzimmern, Riedböhringen, Gosheimer Steige. Um Balingen [Laufen zur Schalksburg (alle Buchstaben), Lautlingen (Reservoir) Pfäffingen, Margaretenhausen.] Oberes Steinlachtal (ε und ζ), Eningen (Steige), Linsengraben (Metzingen), Albtrauf zwischen Neuffen, Lenningen und Neidlingen. Gruibingen. Stuifenfuß (Wißgoldingen). Oberalfingen. Südfuß des Ipf.

ihnen nicht fort über den Rücken, sondern werden unterbrochen durch eine Furche. Zum Unterschied vom „zweigabeligen Schmuckhorn" aber tragen die Rippen weder Knoten noch Stacheln. Charakteristisch wie die Parkinsonischichten und konstant entwickelt der ganzen Albtrauf entlang ist der mehr oder weniger eisenschüssige Macrocephalusoolith, so charakteristisch und so ausgesprochen selbständig, daß man es Quenstedt fast verargen möchte, die beiden scharf getrennten Horizonte in einem einzigen Buchstaben zusammengefaßt zu haben. Macrocephalus! Warum hast du auch so dick getan, wie vor Stolz dein Gehäuse aufgebläht? Jetzt mußt du dir es eben gefallen lassen, daß man dich den „Dickkopf" nennt (Abb. 118). Und doch sind unter deinen Begleitern Stephanoceraten mit noch größeren Dickköpfen. Bullaten [Kugelige] heißen die. Von der Scheibe zur Kugel — das ist die Stilrichtung unserer ε-Stephanoceraten. Weltbummler waren sie beide, der Macrocephalites macrocephalus und der Sphaeroceras (Kugelhorn) bullatus. Nicht nur vom Randen bis zum Staffelstein, nicht nur in Europa — in Chile, Ostindien, auf den Molukken findet man ihre Versteinerungen, ein Beweis, daß diese „Dickerle" unter den Ammoniten im einstigen Doggermeer eine Rolle spielten auf dem ganzen Erdenrund.

Abb. 118. Der „Dickkopf" (Ammonites macrocephalus).

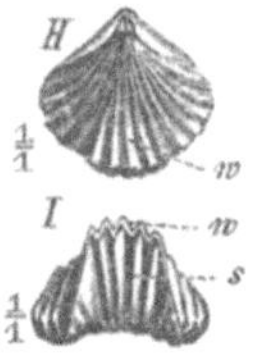

Abb. 120. Rhynchonella varians.

Abb. 119. Eine Zahnschnecke (Dentalium entalloides).

Zwischen dem konstanten Macrocephalusoolith und der unteren oolithischen (bläulichen) Kalkbank mit den großen Parkinsoniern liegen Tone, unten gekennzeichnet durch die schneeweißen Röhren einer Zahnschnecke (Dentalium entalloides Abb. 119), weiter oben aber in manchen Gegenden durch die gefalteten Schälchen eines kleinen Armkiemers (Rhynchonella varians Abb. 120). Zu Millionen finden sich die netten „Geschnäbelten" oft über den Dentalientonen. Und nicht umsonst spricht man in der Jurageologie kurzerhand von Variansschichten (nach der gleichnamigen Auster auch Ostrea-Knorri-Schichten genannt).

Dogger ζ. Ein Lieblingsbuchstabe für alle, die klopfend und sammelnd durch die braunen Berge ziehen, ist das oberste Doggerglied, das ζ. Es sind Tone und Mergel, nicht gerade mächtig[1]), dunkel blaugrau, fett, wasserführend, zu Bergrutschen neigend und meist nicht anstehend, stellenweise wimmelnd von Fossilien. Hat doch Quenstedt allein in diesen Tonen gegen hundert Ammonitenspezies festgestellt. Zwar sind die Formen im allgemeinen klein. Und es ist nicht so sehr die Fülle, die den Wanderer überrascht, nicht so sehr die Schönheit der Verkiesung — ähnliches hat er ja schon im Lias geschaut (S. 88) — als der architektonische Schmuckreichtum der Ammonitenschalen. Scheinbar ganz vom Dekorativen beherrscht, bricht für die Ammoniten eine Stilepoche an, die fast überreiche Motive der Ornamentik zeitigt. Der Kunsthistoriker würde sagen: Dieser Stil ist ein Stil der Kompromisse. Von den Parkinsoniern (Abb. 117) mit ihren gegabelten, am Rücken absetzenden Rippen stammt die Grundform. Und an die Gabelungsstellen Knoten zu setzen, ist Stephanoceratenmanier. Während also einerseits der Cosmoceras-Stil vorhandene, ornamentale Motive in sich aufnimmt, geht er andererseits einen Schritt weiter, indem er da, wo die Rippen endigen, am Rücken, weitere Knotenreihen hinzufügt. Das gilt für den zierlichen, flachen, enggerippten Cosmoceras Jason[2]), dem Leitammoniten im unteren Horizont der „Ornatentone", wie für Cosmoceras ornatum[3]) (Abb. 121), der Leitform in den mittleren Schichten der „Ornatentone". Obwohl C. ornatus nicht im ganzen Land und erst von den

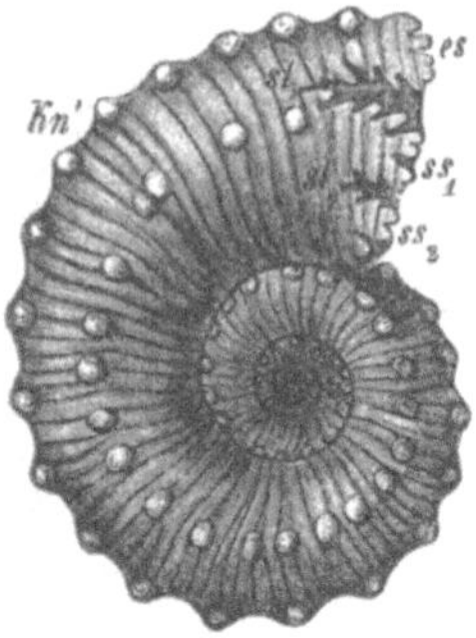

Abb. 121. Der „Geschmückte" (Cosmoceras ornatum). (Nach Steinmann.)

Abb. 122. Ammonites Lamberti (Nach Engel.)

---

1) In der Balingen—Tübinger Gegend ist ζ am mächtigsten (10—12 m), schon bei Boll—Kirchheim fehlt das Ornatenlager (vgl. dagegen den Jasonhorizont!) und in der Gmünd—Aalener Gegend ist ζ zu 1 m Mächtigkeit zusammengeschrumpft (Lambertiknollen). (Nach Engel.)

2) Am schönsten in der Boll—Kirchheimer Gegend (Gammelshausen, Neuffen Oberlenningen, Neidlingen usw.). Verkiest!

3) Hauptentwicklung um Balingen (Fuß des Lochen und Plettenberg, Laufen, Lautlingen usw., vgl. S. 114), um Urach—Reutlingen (Ursulaberg, Linsengraben). Verkiest!

mittleren Schichten ab sich findet, darf dieses typische Schmuckhorn mit seinen kräftigen Seiten- und Rückenknoten doch heute noch — wie zu L. v. Buchs Zeiten — dem ganzen letzten Doggergliede seinen Namen geben (Ornatuston). Im oberen Horizont von ζ stellt sich der Lambertiammonit[1]) (Abb. 122) (Lambertitone und Lambertiknollenschicht) ein und wird leitend. Der gehört aber nicht zu den Schmuckhörnern. Denn Knoten besitzt er überhaupt nicht und die geschweiften und gegabelten Rippen laufen, ohne abzusetzen, über den zugeschärften Rücken hinweg. Er ist ein Vorbote aus dem „Weißen", eines jener „Herzhörner" oder Cardioceraten, die durch den ganzen Weißen gehen und von denen die Lambertiammoniten (neben Belemnites semihastatus) als Wächter auf der Grenze zwischen Braunem und Weißem eine bedeutende Rolle spielen. In den schwarzen Lambertimergeln treiben die (verkalkten!) Petrefakten gern Versteckspiel und umhüllen sich mit kugeligen Mergelknollen. Natürlich wird es infolgedessen dein Hammer besonders auf diese Knollen abgesehen haben. Ein Schlag — und manchmal tritt ein freundlicher Lambertigrenzwächter aus seinem Steingehäuse heraus und zeigt dir den Weg hinüber über die petrographisch schlecht markierte Grenze und damit hinein in die — Montes albi!

3. Im Weißen.

Montes albi! Die Römer hatten recht! „Weiße Berge" sind's, die sich da vor uns türmen, nicht mehr gebaut aus dunklem Tonschlamm und Sand, sondern in der Hauptsache aus hellen, lichten Kalkmergeln und Kalken, schwankend in der Farbe zwischen gelblichem und blendendem Weiß. Mit ausgeprägter Höhenkante, steil aufsteigend, vertritt uns der weiße, lang hingezogene Felsenschemel gleichsam den Weg. Da und dort haben die Kräfte der Verwitterung aus der Kalktafel wohlprofilierte Einzelberge (Abb. 123) herausmodelliert und sie als Vorposten hingestellt vor die im übrigen geschlossene Gebirgsmauer. Das ist es ja, was die deutsche Juralandschaft so schön macht. Von welchem Aussichtspunkte aus du auch das Bild aufrollen magst, nirgends ist es unklar, verschwimmend, ineinanderfließend. Überall zeigt es feste Orientierungspunkte und deutlich erkennbare, in die Landschaft eingebaute Richtlinien. Eine

1) Findet sich in den Mergelknollenlagern so ziemlich durchs ganze Land vom Braunenberg (Wasseralfingen) bis Balingen und Spaichingen. Verkalkt!

Abb. 123. Hohenzoller. Nicht der Meißel des Zufalls und der Laune hat die Vorposten-Berge, wie z. B. den Hohenzoller, aus dem Albkörper herausmodelliert. Die Hohenzollernscholle lag ursprünglich innerhalb der Albtafel, aber – umrissen von Verwerfungsspalten — etwa 60—80 m tiefer als ihre (südwestliche und nordöstliche) Umgebung. Infolge dieser tieferen und daher geschützteren Lage konnten die harten Weißjurakalke der eingesunkenen Scholle länger der Verwitterung Widerstand leisten als ihre Gesteinsumgebung. (Nach Grünvogel und Lang. Phot. O. Stocker.)

großzügige, fast mathematisch strenge Gliederung! Die *Wagrechte*, der große horizontale Albzug mit seinen aus- und einspringenden Winkeln ist unstreitig Beherrscherin des Bildes. Aber die *Senkrechte* gibt ihm die plastische lebendige Raumwirkung. Wohl können wir im allgemeinen drei übereinander aufsteigende Terrassen im Albkörper unterscheiden, drei Terrassen, die uns gleichzeitig die geologische Einteilung des Weißjuras in *unteren* (α und β), *mittleren* (γ und δ) und *oberen* (ε und ζ) Weißen im Landschaftsbilde vor Augen führen. Was aber den Steilrand — vom Unterlande aus gesehen — so steil macht, das ist insbesondere die *untere* gewaltige Gebirgsterrasse Weiß α und β. Oft ist es diese erste und wichtigste Terrasse allein, die — sich vorschiebend im Landschaftsbilde — die Stirnseite der Alb ausmacht. Weiter zurückgelagert erhebt sich dann darüber erst die zweite Terrasse γ und δ.[1]) Oft aber liegen die beiden Terrassen nicht *hinter*-, sondern direkt *übereinander*, indem γ, δ (mitunter sogar ε) mit einer orographisch gut ausgeprägten Kantenlinie an den Steilabsturz herantritt.[2]) Die Gliederung des ausgesprochenen Terrassengebirges fällt jedem aufmerksamen Wanderer

1) Vgl. z. B.: Köbele und Kornbühl δ und Dreifürstensteinfläche β, Bolberg δ und Filsenberg β, Roßberg δ und Schönberg β, Wackerstein und Pfullinger Schönberg δ und Wanne β, Kornberg (Göppingen) γ und Sielenwang β usw. (nach Ströhmfeld).

2) Z. B. Mädchenfels ε, bei den Metzinger Bergen (Grüner Fels δ), Breitenstein δ, Hohenstein δ, Messelstein ε, Rosenstein ε usw.

deshalb so leicht, weil Tonschichten und Kalkbänke miteinander abwechseln (α, γ, ζ = Tonfazies, β, δ, ε = Kalkfazies, vgl. auch Teil I, S. 30). Wo du daher einen Wechsel in der Bergkontur beobachtest, kannst du sicher sein, einen Schichtenwechsel vor dir zu haben. Und umgekehrt: Wo eine Fläche kilometerweit sich ausbreitet und dehnt, da liegt mit größter Wahrscheinlichkeit ein und dasselbe Schichtenglied zu deinen Füßen.

So leicht aber auch die Gliederung in ihren allgemeinen Umrissen ist, so schwer wird sie oft im einzelnen — für den Geologen. „Aha! da gibt's wohl keine Fossilien in dem Weißen", wirst du denken. Doch, die rund 300 m mächtige Schichtenfolge[1]) zeigt einen ungeheuren Reichtum an Versteinerungen (ca. 1000 Spezies, Lias ca. 700, Dogger ca. 700). Aber die Malmfossilien lieben meist die strenge Schablone nicht und den ordnenden Buchstaben. Da die fahrigen Gesellen gern in allen möglichen Buchstaben herumzigeunern, ist eine klare, exakte Profilierung, wie wir sie beispielsweise aus dem Lias kennen, nicht mehr möglich. Wenn ich dir daher zur Übersicht ein Gesamtprofil des Weißen in die Hand gebe, wie es sich aus den Arbeiten von Engel, Schmierer und Haizmann ergibt, so wundere dich nicht, wenn du das Profil in seiner Gesamtheit nirgends in der Natur verwirklicht findest. Es ist ein Idealprofil, nicht so sehr festgelegt durch saubere, exakte Leitfossilien als (von Quenstedt) herausgelesen aus der Landschaft und deren petrographischem Charakter.

ζ: Krebsscherenkalke und Zementmergel (Blaubeuren—Ehingen). Lithograph. „Schiefer" von Nusplingen mit Flugsauriern, Fischen, Krebsen usw. Oolithkalke von Stotzingen, Wippingen usw. Korallenkalke Schwabens (Nattheim, Blaubeuren) mit Isastraea, Stylina, Thamnastraea, Cidaris coronata und elegans, Crinoiden, Armfüßler usw. Leitende Ammoniten: A. Ulmensis und steraspis usw.

ε: „Muschelmarmore" und Trilobatenkalke. „Plumpe Felsenkalke", bald als Marmor, bald als „Zuckerkorn", bald als Dolomit. Schwammkalke vom Örlinger Tal, Sontheim; Apiocrinusschichten von Bolheim (Lindich). Mergel mit Rhynchonella trilobata und Terebratula insignis.

δ: Wohlgeschichtete, dickbankige Quaderkalke mit A. pseudomutabilis und inflatus (Abb. 151). Verschwammt als „massige Felsenkalke" am Nordwestabhang der Alb. Darin viele Steinschwämme, große Armfüßler (wie

1) Lias 50 m, Dogger 150 m mittlere Mächtigkeit. Der Weiße ist bei: Balingen über 400 m, Reutlingen ca. 311 m, Kirchheim—Göppingen ca. 250 m, Aalen 165 m mächtig. (Nach Engel.)

in γ') und Seeigel (wie in γ'; überhaupt sind die Fossilien in α', β', γ' und δ' im allgemeinen dieselben).

γ: Tonige Kalkbänke, Tenuilobatusschichten: A. tenuilobatus (Abb. 149), polyplocus (Abb. 148) usw. [zu unterst Schichten mit A. Reineckianus (Abb. 147)]. Viele Riffeinlagerungen (γ') mit vorwiegend sechsstrahligen Schwämmen (Abb. 132), Cidaris coronata (Abb. 136), Eugeniacrinus (Abb. 135), Terebratula bisuffarcinata (Abb. 133), Rhynchonella lacunosa (Abb. 134).

β: Wohlgeschichtete Kalke A. biplex (Biplexkalke, Abb. 126), bimammatus Abb. 127), colubrinus. Verschwammt: Untere Riffkalke der Alb (Balinger Gegend).

α: Impressaschichten, hellfarbige Kalkmergel mit Terebratula impressa (Abb. 125), A. alternans und complanatus, Belemn. hastatus usw. (darunter Transversariusschichten: Kalke und Tone mit dem seltenen A. transversarius Abb. 124). Schwammbildungen am schönsten am Lochen (α', Lochenschichten).

Die erste Albtreppe! (Weißjura α und β.) Sie trägt — wie gesagt — die Hauptschuld an dem unvermittelten Emporgehen des nordwestlichen Steilrandes. Unten besteht sie aus Mergeln und Tonen (α: 40 bis 110 m), darüber liegen (15—30 m mächtig) die „wohlgeschichteten Kalkbänke" des Weiß β. Ist demnach das α auch weit mächtiger als das β, es wäre schon lange eine Beute des abtragenden und fortspülenden Regentropfens geworden, wenn nicht das β seine feste Kalkdecke schützend über die leicht angreifbaren α-Tone geworfen hätte.

Abb. 124. A. transversarius. (Nach E. Fraas.)

Abb. 125. Die „Eingedrückte" (Terebratula impressa). (Nach E. Fraas.)

Leitend für die unteren lichten, von Kalkbänken durchzogenen Mergel von α könnte Ammonites transversarius (Abb. 124) sein, wenn er nur nicht so „hoffnungslos" selten wäre. Da du diesen stratigraphischen Taugenichts wahrscheinlich beim eifrigsten Suchen nicht vor Gesicht bekommst, will ich ihn dir wenigstens im Bilde zeigen. (Transversarius-Schichten)

In einem besseren Rufe steht das Leitfossil für die oberen α-Tone. Diese Tone sind blaugrau und werden nach oben mehr und mehr von handhohen Kalkbänken durchsetzt. Am besten leitet unter den kleinen, verkiesten Versteinerungen ein gerundeter Armkiemer, Terebratula impressa (Abb. 125). Nicht umsonst heißt diese Terebratel die „eingedrückte". Zeigt doch die Bauchklappe (vgl. Teil I, Abb. 85) eine ausgemuldete, typische Einbuchtung. Als Leitmuschel ist T. impressa recht brauchbar. Sie ist häufig und findet sich fast im ganzen

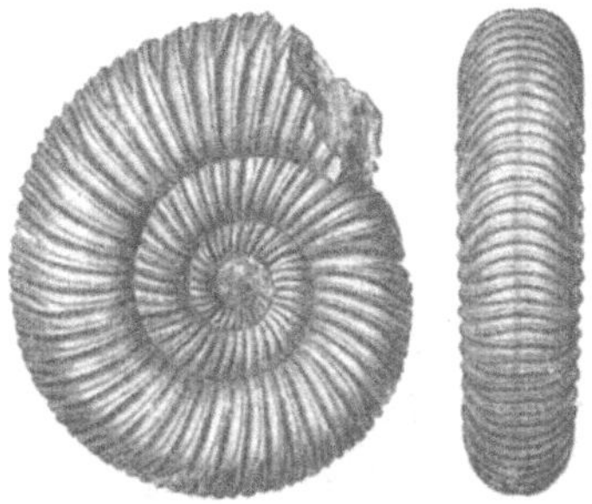

Abb. 126. Der „Zweigespaltene" (Perisphinktes biplex). (Nach E. Fraas.)

Abb. 127. Der „Zweizitzige" (A. bimammatus).

Lande (ausgenommen Balinger Gegend). Während die Ammoniten in den „Impressa-Tonen" noch vielfach Anklänge an die ζ-Formen des Braunen zeigen, werden in den β-Kalken die Perisphinkten immer mehr zum herrschenden Ammonitengeschlecht. Das sind Ammoniten mit zahlreichen, scharfen, knotenlosen Rippen, die sich ein- bis mehrere Male auf den Seiten spalten und ringförmig über den Rücken hinweglaufen (Perisphinktes = umschnürt). Mehrere Vertreter dieser Gruppe kamen schon im oberen Dogger vor. Im unteren und mittleren Malm treten sie aber so formenreich auf den Plan, daß selbst dem Fachmann die Identifizierung oft recht schwer fällt. Über hundert Arten sind allein aus dem schwäbisch-fränkischen Malm beschrieben. Der häufigste von diesen „Umgürteten" ist im unteren weißen Jura Perisphinktes biplex (Abb. 126), und zu Ehren dieses „Zweigespaltenen" nennt man die β-Kalke nach dem Vorgange von E. Fraas Biplex-Kalke. Noch verhältnismäßig häufig finden sich neben den Perisphinkten die Oppelien (Abb. 143), die im unteren und mittleren Malm ihre schönste Entwicklung zeigen. Sie fallen besonders auf durch ihre enggenabelten Schalen, durch sichelförmige Rippen und die Knoten auf der Außenseite. Doch merke! Im großen und ganzen sind die wohlgeschichteten β-Kalke (nicht β') arm an Versteinerungen, und selbst der eigentliche Zonenammonit, der „Zweizitzige" (Abb. 127), läßt sich nicht gerade häufig blicken. Wohlgeschichtet sollen die β-Kalke sein? Sieh nur! Hier[1]) setzt ja die wohlgeschichtete β-Mauer plötzlich ab und an ihre Stelle tritt ein ungefüger, massiger Kalkklotz, der keine Spur von Schichtung mehr zeigt. Was ist denn das? Ein Zwillingsbruder von β, genannt β'. Riffe sind's, erbaut von Schwämmen (später auch von Korallen), die — aus der Schweiz kommend — im schwäbischen Malmmeer einge-

1) Vgl. z. B. Nase des „Grat" (Balingen) oder die β-Wände des Gräbelesberges.

Abb. 128. Ein Blick ins Eyachtal. Beachte hier den ersten Felsenkranz. Die Schwammriffe (γ') bleiben im Verwitterungskampfe als trotzige Felsensporne stehen, während die weniger widerstandsfähigen wohlgeschichteten β-Kalkbänke zurücktreten. (Phot. O. Stocker).

wandert waren. Daher finden wir auch die ersten Schwammstotzen in der südlichen Alb, in der Balinger Gegend[1]), schon heraufwuchernd aus dem Weiß α (Abb. 129). Und gerade die eindrucksvollsten Felsenberge dort — Lochenstein, Hörnle, Böllertfels, Schalksburg usw. — sie sind nichts anderes als das Produkt riffbauender Schwammkolonien. Wie sie es nur zu so mächtigen Kalkanhäufungen brachten, die Schwämme? Um diese nicht ganz leichte Frage zu beantworten, müssen wir uns zunächst wieder daran erinnern, was überhaupt Schwämme für Tiere sind!

Ihr Bau ist einfach. Nerven, Muskeln und Sinnesorgane fehlen. Der weiche gallertartige Körper, in seiner einfachsten Form ein krugförmiger Schlauch, ist von einem Kanalsystem durchzogen. Die Löcher und Poren auf der Außenseite sind nichts anderes als Einlaßpforten für das Wasser. Hier tritt das durch den Schwamm zirkulierende Wasser ein, geht durch die einfachen oder komplizierten Kanäle hindurch, gibt dabei die mikroskopisch kleine Nahrung (winzige Tiere und Pflanzen) sowie den zum Atmen nötigen Sauerstoff ab und führt endlich die unverdauten Reste und Exkremente nach außen wieder ab. Entweder münden die Ausfuhrkanäle in einen größeren inneren Hohlraum, die „Magenhöhle" (Abb. 130), oder aber sie endigen getrennt auf der Außenseite des Schwammes. Für die Beantwortung unserer Frage ist von allergrößter Bedeutung das Stützgerüst der Schwämme. Um einen Halt zu haben, scheidet nämlich die weiche Körpermasse stützende Hartteile im Innern

1) Lochengründle, Böllert, Hörnle, Steige an der Bittenhalde.

aus. Der bekannteste aller Schwämme, unser Badeschwamm z. B., ist nichts anderes als das beim Verfaulen des eigentlichen Schwammtieres zurückgebliebene Fasergerüst aus Hornsubstanz. Gesteins- und riffbildend spielen Schwämme mit Horngerüst (Hornschwämme) natürlich keine Rolle.

Ganz anders ist die Sache aber bei jenen Schwämmen, deren Stützgerüst aus kohlensaurem Kalk (Kalkschwämme) oder aus amorpher Kieselsäure (Kieselschwämme) besteht.

Jetzt ist es klar, wirst du denken, was für Baumeister unter den Schwämmen bei der Bildung unserer Kalkriffe tätig waren. Natürlich: Kalkschwämme! Fehlgeschossen! Wie die meisten heutigen Schwämme, so war die Mehrzahl unserer Rifferbauer sicher Kieselschwämme. Und zwar gehörte die eine Hauptgruppe zu jenen Kieselschwämmen, deren Kieselnadeln sechsstrahlig im Raume (nicht in der Ebene) angeordnet und miteinander verwachsen waren (Sechsstrahler Hextactinelliden). Eine auffallende Vorliebe für das Achsenkreuz des Oktaeders zeigen diese Sechsstrahler. Ein dreiachsiges Balkenkreuz, gebaut aus zierlichen Kieselnadeln, gliedert sich ans andere, so daß ein überaus fein ziseliertes Gittergerüst entsteht. Wie das im einzelnen zugeht, möge die Abb. 131 zeigen. Zu den häufigsten Sechsstrahlern des oberen Jurameeres gehörten die großen becher- bis schüsselförmigen Tremadictyon-Schwämme (Abb. 132), sowie die kreisel-, mützen- oder auch schüsselförmigen Cypellia-Arten mit ihrer runzeligen Oberfläche.

Obwohl schon mancher Feld- und Salongeologe im schwäbischen Schwammparadies Raubbau getrieben hat, obwohl in Zeiten der Hungersnot, wo's „viel Steine gab und wenig Brot", die Schwämme von den Leuten gesammelt und nach allen Museen der Welt verkauft und korbvollweise verschickt wurden, paradieren auf manchen Ackerfeldern die Schwämme immer noch, so daß jeder Albwanderer Musterproben für seine Sammlung bekommen kann. Neben den Sechsstrahlern gab es unter den Kieselschwämmen noch eine andere Gruppe, die beim Riffebauen hervorragend beteiligt war. Das sind die Lithistiden oder Steinschwämme. Sie stehen in bezug auf Filigrankunst nicht auf der mathematischen Höhe ihrer Brüder. Die (einstrahligen Abb. 159, vierstrahligen oder ganz un-

Abb. 129. Der Lochenstein bei Balingen gehört zu den ältesten Schwammriffen der Schwabenalb. (Kolonisiertes Weiß α' und β'). (Phot. von O Stocker.)

regelmäßigen) Skelettelemente sind *wurzelförmig verästelt*. Ihr Zusammenschluß erfolgt nicht nach stereometrischen Richtlinien, sondern ganz unregelmäßig, indem bald da, bald dort die *verästelten Armende hakig ineinandergreifen*. Die Abb. 158 und 159 mögen dich bekannt machen mit der äußeren Form und den Skelettelementen zweier häufigen *Steinschwämme* aus dem schwäbisch-fränkischen Malmmeer.

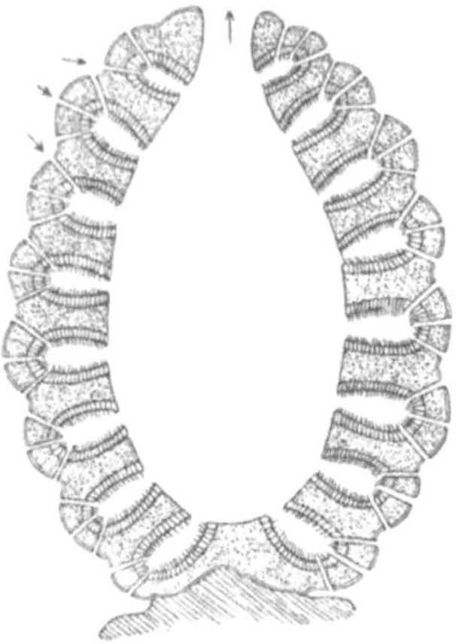

Abb. 130. Schematischer Schwamm-Längsschnitt. Die Pfeile bezeichnen die Ein- und Ausfuhröffnungen. (Aus Hesse.)

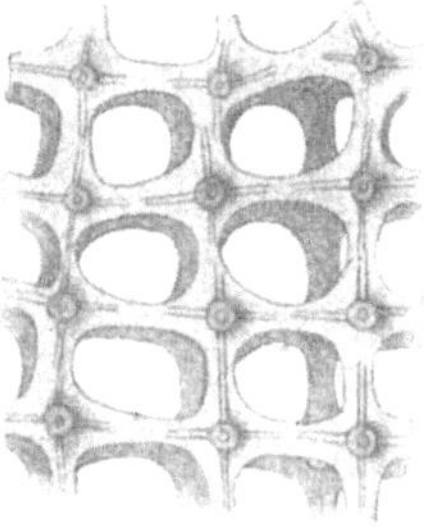

Abb. 131. Stützskelett eines 6-strahligen Kieselschwammes aus dem Malmmeer. (Craticularia stellitexta.) (Aus Oppliger.)

Sechsstrahler und Steinschwämme — wetteifernd miteinander haben sie ihre Kieselgerüste aufgetürmt zum Balkenwerk der späteren Kalkriffe. Aber sie hätten ohne fremde Hilfe es nie zu den mächtigen Kalkanhäufungen der Riffe gebracht. Helfershelfer haben mitgewirkt, zunächst der ganze *riffliebende Hofstaat*. Die Schwämme samt ihrem riffliebenden Hofstaat hatten eine für den Anfänger recht löbliche Eigenschaft. Sie bauten drauflos, unbekümmert um griechische Buchstaben, unbekümmert um Gliederung und Schichtung der normalen Meeressedimente daneben (Abb. 144). So kommt es, daß wir bei den Malmbildungen zwar unterscheiden müssen zwischen der „*ruppigen*" *Fazies* der Schwammriffe und der „*glatten*" *Fazies* der ruhigen, wohlgeschichteten Meeresabsätze, daß wir aber andererseits bei den ruppigen Kalkriffen höchstens zu unterscheiden haben eine *untere* Schwammfazies (α—δ) und ein *obere* (ε und ζ). Haben wir unter den Schwämmen der unteren Schwammfazies so gut wie keine *Kalkbildner* entdeckt, so wimmelt es auf einmal von *kalkabscheidenden* Tieren, wenn wir im riffliebenden Hofstaat ein bißchen Umschau halten. Da sind es vor allen Dingen die *Brachiopoden*, die in geschützten Winkeln und Lücken der Schwammstotzen ein üppiges Stilleben führten. Aus der Schar der vielen Terebrateln möge nur die „Zweibuckelige" (T. bisuffarcinata) mit ihren zahlreichen Abarten genannt sein (Abb. 133). Und unter den Rhynchonellen zeichnet sich durch eine erstaunliche Formenfülle die „Eingebuchtete" (Rh. lacunosa, Abb. 134) aus. So massenhaft erfüllten besonders zur mittleren Malmzeit diese Brachiopodenschalen das Riffgestein, daß man vielerorts geradezu von Lakunosenkalken reden muß.

Auch für die Seelilien (und Seesterne) waren die Riffe beliebte Ansiedlungs- und Aufenthaltsorte. Wenigstens sprechen die vielen Kalktäfelchen und Bruchstücke der Kelche und Stiele dafür. Aber die meist sehr kleinen und unscheinbaren Burschen (Eugeniacrinus Abb. 135) können unsere Aufmerksamkeit nicht lange in Anspruch nehmen.

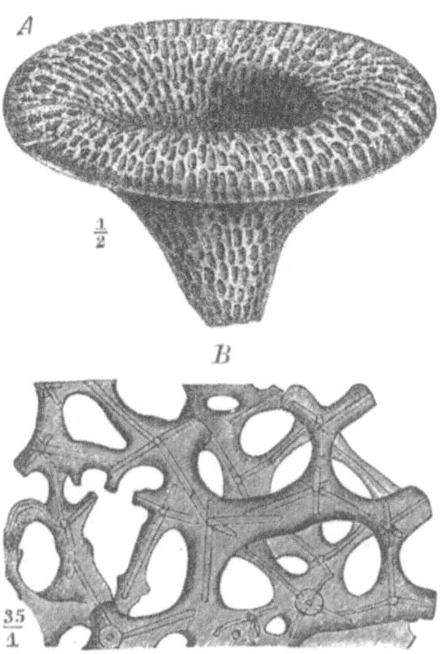

Abb. 132.
A = Ein „sechsstrahliger" schüsselförmiger Kieselschwamm (Tremadictyon reticulatum) aus dem Malmmeer. Die Wurzel fehlt. Beachte die ovalen Kanalöffnungen auf beiden Seiten der Wand.
B = das Gittergerüst ist nicht so regelmäßig wie in Abb. 131. Durch Verzerrung sind unregelmäßige Maschen entstanden.
(Nach Steinmann)

Andere Kolonisten, auch Stachelhäuter, machen dem Sammler mehr Freude. Das sind die Seeigel. Zwar sind die Stacheln — dieser charakteristische Oberflächenschmuck eines jeden „Igels" — in der Regel bei der Einbettung den Tieren verloren gegangen. Dafür ist das Kalktäfelchengehäuse selbst manchmal in entzückender Schönheit

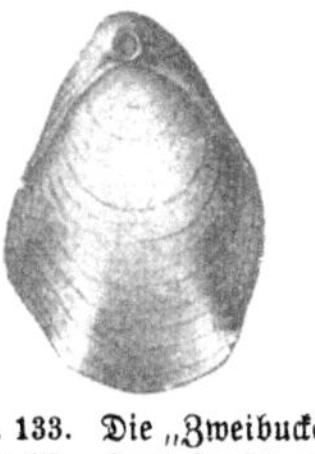

Abb. 133. Die „Zweibucklige" (Terebratula bisuffarcinata) (Nach Engel)

Abb. 134. Rhynchonella lacunosa. (Nach E. Fraas.)

Abb. 135. Eugeniacrinus. (Nach E. Fraas.)

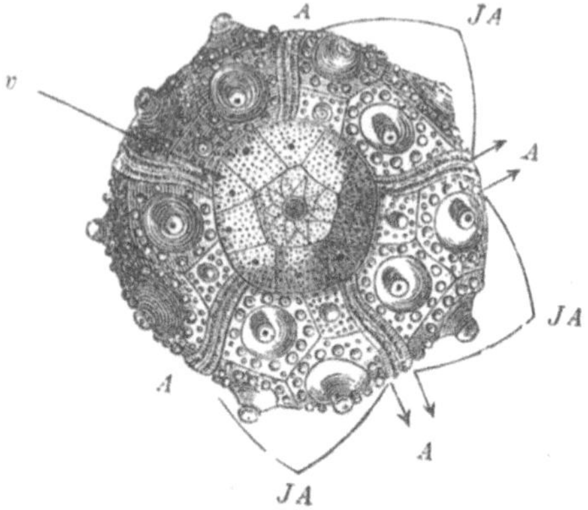

Abb. 136. Ein Turban-Seeigel (Cidaris coronata). (Nach Zittel.)
A = Ambulakralfelder; JA = Interambulakralfelder.

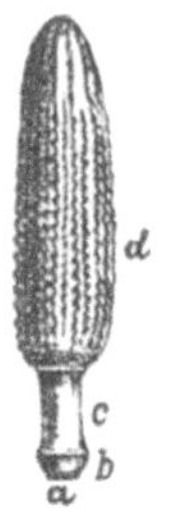

Abb. 137. Seeigelstachel (von Cidaris coronata).
a = Gelenkpfanne.
b = Kopf, c = Hals
d = Körper.

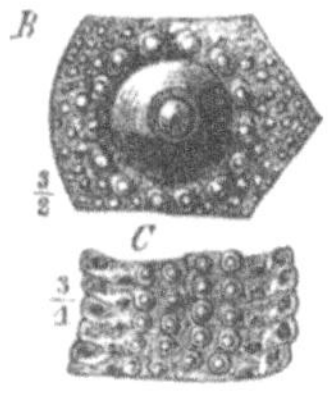

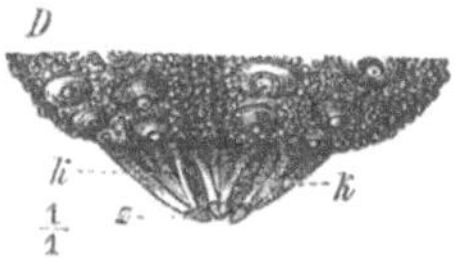

Abb. 138. Cidaris. (Nach Steinmann.) B = JA-Platte, undurchbohrt, mit einer großen Stachelwarze. C = Stück eines A-Feldes mit Porenstreifen. D = unterer Teil der Schale von der Seite mit dem Kauapparat (k); z = Zahnspitzen.

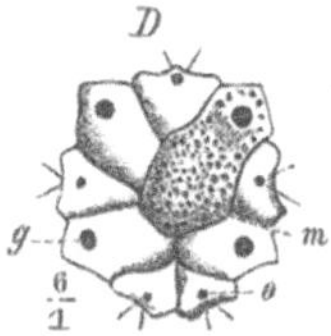

Abb. 139. Scheitelschild von Micraster, aus 5 Augentäfelchen (o) und 4 Genitaltäfelchen (g) bestehend, von denen das vordere rechte, durch seine Größe und Porosität ausgezeichnet, die Madreporenplatte (m).

und Vollständigkeit erhalten. Vergleichen wir für den Augenblick einmal das kleine Kugelgehäuse mit etwas recht Großem, mit der Erdkugel!

Dann haben wir an Stelle des Nordpols den Scheitelpunkt (Abb. 136), an Stelle des Südpols den Mund (Abb. 138). Entsprechend den Vertikal- oder Längenkreisen ziehen vom Scheitel zum Mund Bänder, fünf ganz schmale mit durchbohrten Kalktäfelchen (A = Ambulakralfelder) und fünf auffallend breite mit undurchbohrten Täfelchen, aber bedeckt mit starken Warzen (JA = Interambulakralfelder). Sieht man genauer zu, so löst sich jedes Band in zwei direkt nebeneinander liegende, gleichartige Einzelbänder auf, so daß sich die Kapsel im ganzen aus 20 bandförmigen Täfelchenreihen zusammensetzt. Auf den durchbrochenen Täfelchen treten schlauchförmige, zur Fortbewegung und zu Tastzwecken dienende Anhängsel des Wassergefäßsystems heraus, die schwellbaren Saug- oder Ambulakralfüßchen. Auf den verschieden großen Warzen (Abb. 136 u. 138) sitzen wie auf halbkugeligen Gelenkhöckern bewegliche, verschieden große Kalkstacheln (Abb. 137). Diese Stacheln dienen in erster Linie zum Schutz. Sie können jedoch — als Stelzen — auch zur Fortbewegung verwendet werden. Von großer Wichtigkeit für den Paläontologen sind die Polarregionen. An Stelle der Südpolarregion befindet sich die Mundöffnung mit fünf strahlig gestellten Kalkzähnen, die durch einen sehr kräftigen Kauapparat aus fünf Kieferpaaren (Abb. 138) in Bewegung gesetzt werden. Daß die Zähne nicht nur zur Verzierung da waren, geht schon aus den Gepflogenheiten mancher heutigen Seeigel hervor, die mit ihren Zähnen Löcher in die Felsenküste bohren, unbekümmert darum, ob sie Sandstein, Kalkstein oder Granit vor sich haben. Nicht weniger interessant ist die nördliche Polarzone, das „Scheitelschild" (Abb. 136 u. 139). Geht man von den schmalen Ambulakralfeldern nach oben, so stößt man ohne weiteres auf fünf weitere Täfelchen des Scheitelschildes, die fälschlich sogenannten „Augentäfelchen". Im Wechsel mit diesen fünf kleineren Platten (*v*) stehen größere Platten von meist unregelmäßig sechseckigem Umriß. Da sich auf ihnen die Ausführungsgänge (Abb. 136 u. 139) für die Geschlechtsprodukte (Eier und Samen) befinden, nennt man sie Genitaltäfelchen (*g*). Eines dieser Genitaltäfelchen ist in der Regel größer als die anderen und siebförmig durchlöchert (Madreporenplatte (*m*)). Durch seine Löcher und Poren tritt das Wasser in den Steinkanal ein, speist das Wassergefäßsystem und bringt dessen „Saugfüßchen" zum Schwellen.

Zwar sind in unseren Riffkalken normale, regulär gebaute Seeigel (vgl. Cidaris coronata Abb. 136), d. h. solche, bei denen der After im (oder am) Scheitelpol, der Mund im entgegengesetzten unteren Pol sich befindet, in bezug auf Art- und Individuenzahl weitaus am häufigsten. Doch auch Irreguläre (zweiseitig gebaute Seeigel) kommen vor, bei denen der After seine zentrale Stellung verloren und ganz aus dem Scheitelschild heraus nach hinten sich verlagert hat. Ja, wir haben es hier mit den Unregelmäßigsten unter den Unregelmäßigen zu tun, mit Formen, bei welchen sowohl der After als auch der Mund eine exzentrische Lage haben (Abb. 140 u. 141). Die fünf Ambulakralfelder konvergieren bei unseren „Disasteriden" nicht mehr; drei laufen im vorderen, zwei im hinteren Stücke des stark gestreckten und verzerrten Scheitelschildes zusammen. Seltsamerweise ist nämlich der in die Länge gezogene Scheitelschild in zwei Stücke zerrissen, von denen das vordere (Trivium Abb. 140tr) durch Einschaltung überzähliger Platten getrennt ist vom hinteren Stück (Bivium Abb. 140b).

So unscheinbar sie sind — als kalkabsondernde Helfershelfer beim Riffebauen mögen die Röhrenwürmer eine ganz hervorragende Rolle gespielt haben. Was sie auf diesem Gebiet zu leisten imstande sind, das zeigen sie uns heute noch. Gibt es doch Kalkriffe, die im Innern jede Spur der röhrigen Struktur verloren haben, an deren Außenrande aber die Röhrenwürmer oder Serpuliden noch heute mitten an der Arbeit sind. Von den vielen Serpula-Formen, die man bald frei, bald auf Schwämmen, Muscheln usw. aufgewachsen findet, möge nur ein Vertreter abgebildet und genannt sein (Abb 142).

Noch viele Kalkbildner (Muscheln, Schnecken, Bryozoen, Kalkalgen) belebten das Schwammriff. Sie alle zu nennen ist unmög-

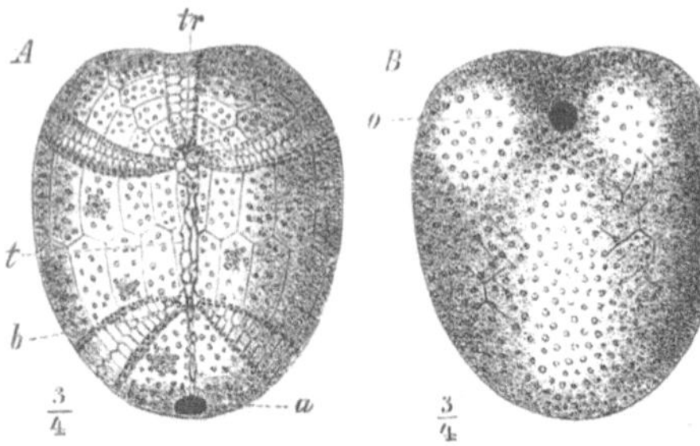

Abb. 140. Ein irregulärer Seeigel aus dem Weißen (**Disaster bicordata**). (Nach Steinmann.)
A = Schale von oben. a = Afterlücke
B = von unten. o = Mundlücke.

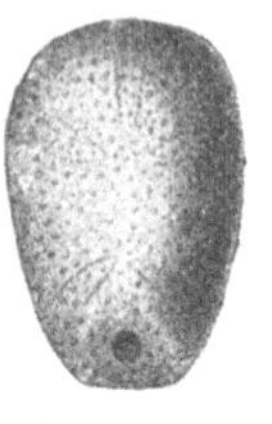

Abb. 141. **Disaster granulosus** aus **Weißjura.** (Nach E. Fraas.)

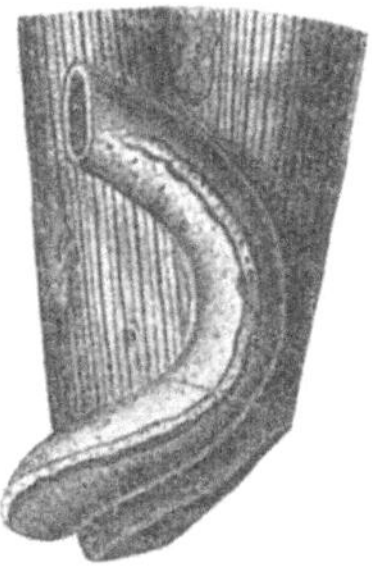

Abb. 142. Ein Röhrenwurm (Serpula lumbricalis). (Nach E. Fraas.)

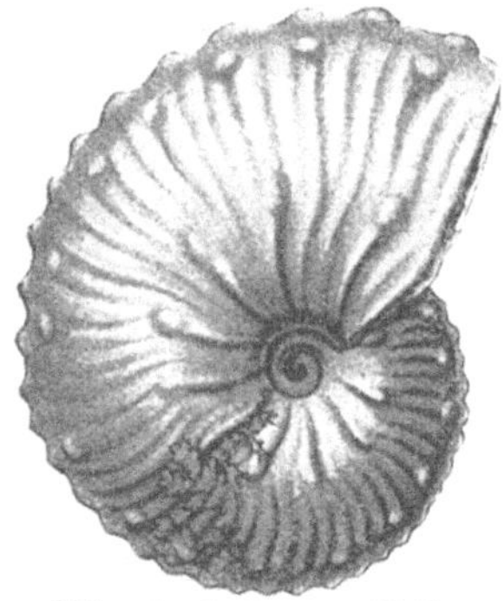

Abb. 143. O. **flexuosa** (Weißjura $\beta-\gamma$). (Nach E. Fraas.)

lich. Und erst die wichtige Zunft der Ammoniten! In Scharen haben sie die Riffe, diese Konzentrationsstellen wogenden Lebens, auf- und heimgesucht (Cardioceras alternans, Oppelia flexuosa Abb. 143, Perisphinktes biplex Abb. 126, Aspidoceras perarmatus Abb. 150, Haploceras lingulatum usw.). Doch auch sie dürfen uns nicht mehr länger aufhalten. Heraus endlich mit der Antwort auf unsere längst gestellte Frage: Wie sind denn nun diese mächtigen klotzartigen Kalkanhäufungen zustande gekommen?

Wahrscheinlich so:

Die Kieselschwämme mit ihren Kieselnadeln lieferten nur das luftige Stangen- und Balkengerüst. Das Herschaffen des Kalkes und das Vermauern mit Kalk besorgte in erster Linie der riffliebende Hofstaat und — die brandende Welle. Daß die Riffauna:

alle die Seeigel und Seesterne, die Brachiopoden, Muscheln und Schnecken, die Röhrenwürmer und Bryozoen usf. in der Tat imstande sind, durch ihre Lebenstätigkeit aus dem Meerwasser kohlensauren Kalk — gleichsam als Stoffwechselprodukt — abzuscheiden, das beweisen ja die Kalkschalen und Skelette dieser Tiere am besten. Was sich da auf dem Tummelplatz der Riffe abspielt, ist allerdings nichts anderes als ein Ausschnitt jener großartigen, gesteinsbildenden Vorgänge überhaupt, die auf die Tätigkeit kalkabsondernder Meeresorganismen[1]) zurückzuführen sind. Aber nicht nur durch ihren Lebensprozeß, durch eine (im einzelnen noch

1) Da $^3/_4$ des Meerwassers verdunsten müßte, ehe wegen Übersättigung eine direkte Kalkabscheidung erfolgen könnte, besteht kein Zweifel darüber, daß die meisten marinen Kalke im Laufe der Erdgeschichte unter Vermittelung von Meerestieren entstanden sind. Aber wie? Das ist eine seit langem vielumstrittene Frage. Schon Volger (1857) hat die Ansicht vertreten, daß die Tiere das im Ozean reichlicher vorhandene Kalksulfat (89,45 % Chloride, 10,34 % Sulfate, 0,21 % Karbonate) in ihrem Körper aufnehmen und unter Mitwirkung von Kochsalz in kohlensauren Kalk verwandelten. Nach der Mohrschen Hypothese nimmt die Pflanze das $CaSO_4$ auf und besorgt die einleitenden Umwandlungsprozesse (CaO, S). Indem dann das Tier die Pflanze verzehrt, werden die Umwandlungsprozesse vollendet. (Die Kohlenhydrate werden bei der Respiration zu CO_2 oxydiert, die sich wieder mit dem CaO zu $CaCO_3$ verbindet.) Da gleichzeitig der S einen interessanten Kreislauf dabei macht [$CaSO_4$, S-haltiges Albumin, Schwefelsäure (bzw. H_2S beim Verfaulen), die den von den Flüssen zugeführten kohlensauren Kalk wieder umwandelt zu $CaSO_4$], wäre die Theorie recht ansprechend, wenn sie nur nicht gar so „theoretisch" klänge. Steinmann hat im Jahre 1889 durch seine Untersuchungen an Hühnereiweiß gezeigt, „daß das aus dem Lebensprozeß ausgeschaltete Eiweiß die Eigenschaft besitzt, den kohlensauren Kalk aus Chlorkalzium oder schwefelsaurem Kalk niederzuschlagen, und dieses Verhalten des Eiweißes liefert uns den Schlüssel zur Erklärung zweier scheinbar verschiedenen, in großartigem Maßstabe sich vollziehenden Prozesse, der Bildung der Kalkschalen wirbelloser Tiere und der Entstehung der marinen Kalksteine". Nach Steinmann und Baumann liefern die stickstoffhaltigen Substanzen des Tierleibes, wie z. B. das Eiweiß, durch bakterielle Prozesse als Zerfallprodukt große Mengen von $(NH_4)_2CO_3$, das in Ammoniumsulfat $CaCO_3$ umgewandelt wird, indem (NH_4)-Jonen an das Meerwasser abgegeben und Ca-Jonen aus demselben aufgenommen werden. Die Steinmannsche Hypothese nimmt durch ihre natürliche Einfachheit und geniale Großzügigkeit sofort gefangen. Ob sie aber im Lichte der zukünftigen Forschung standhalten kann, ob insbesondere die einfache Kalkfällung nicht mit weit komplizierteren Prozessen in der lebenden Zelle zusammenhängt, das muß vorerst dahingestellt bleiben. Die Versuche mit Seeigeln und Kalkschwämmen, die Maas und Herbst nach dieser Richtung hin anstellten, haben wenigstens der Annahme, daß die Tiere

nicht genügend bekannte) besondere Zelltätigkeit vermochten die schalen- und skelettbildenden, riffliebenden Tiere mitzuwirken bei den gewaltigen Kalkanhäufungen. Auch nach ihrem Tode noch — als Leichen dürften sie durch sog. doppelte Umsetzung Veranlassung zur Abscheidung und Anhäufung von kohlensaurem Kalk gegeben haben. Bekanntlich enthält der Tier- (und Pflanzen-) Körper in seinem Eiweiß kohlensaures Natron. Bei der Verwesung entsteht außerdem viel kohlensaures Ammoniak. Es ist nun — bei der geringen Wasserzirkulation absterbender Riffe — durchaus nicht ausgeschlossen, daß die Millionen verwesender Rifftiere in ganz erheblichem Maße „anorganogene" Kalksedimente niederzuschlagen vermögen, indem durch Umsetzung des Ammonium- (bzw. Natron-) Karbonats mit den Kalksalzen des Meereswassers ($CaSO_4$, $CaCl_2$) Kalkkarbonat ausgefällt wird.[1]) Da das ausgefällte Kalkkarbonat wie Mörtel oder Zement die Riffelemente zusammenkittet, kann man den Vorgang der chemischen Fällung vielleicht mit dem Vermauern vergleichen. Aber noch ein anderer Maurer hilft mit, kein chemischer, ein mechanischer. Was nämlich die Tiere dem Riffe gaben — lebend oder verwesend — das wird gar leicht ein Spiel der brandenden Welle, wird zerschlagen, hin- und hergewälzt, zermahlen, zermürbt und — als Kalksand und Kalkschlamm (unter Umständen noch vermehrt durch den vom Lande stammenden Kalkschlamm einmündender Flüsse) hineingeworfen in das Ast- und Strauchwerk der Schwammskelette. Und wenn Walthers Definition richtig ist: „Das Wesen der Riffbildung beruht im Sandfangen", wo gäbe es eine Reuse, zum „Sandfangen" geeigneter als das feine Gittergerüst unserer Kieselschwämme?

Gern habe ich dir etwas ausführlicher berichtet über die Lebensgeschichte der Malmriffe: Sind sie doch heute so recht das Wahr- und Prägezeichen der Schwabenalb. Jedes Kind kennt die „Felsen", und jedem Schwabenfahrer treten diese ungeschichteten Riffkalke, Schwammstotzen und Schwammbänke[2]) als verwitterungstrotzige Hochzinnen landschaftlicher Schönheit an allen Ecken, Kanten und Vorsprüngen entgegen. Doch mußt du besonders darauf achten, daß nur in der Zollerngegend die Verschwammung (Balinger Alb, Abb. 128, 129

---

in einem Nährwasser mit $CaSO_4$ und $CaCl_2$ (ohne jede Spur von kohlensaurem Kalk) Kalkgerüste bauen können, nicht recht gegeben.

1) Z. B. $(NH_4)_2CO_3 + CaCl_2 = CaCO_3 + 2NH_4Cl$; ähnlich mit $CaSO_4$.

2) Näheres: Fischer, Geolog. Untersuchungen des Lochengebiets bei Balingen.

u. 144) hinabreicht bis β bzw. α. Die meisten Felsgestalten, die so keck aus dem Buchengrün des (nordwestlichen) Albrandes heraustreten und das Land weitum beherrschen, heute allerdings in einem freundlicheren Sinne beherrschen als damals, wo die Raubvögel des Mittelalters auf ihnen horsteten — alle diese verwegenen, plumpen Felsenklötze sind verschwammtes, oder wie Quenstedt sagte, „kolonisiertes Weiß δ". Aber noch etwas anderes mußt du beachten: Die Kieselnadeln sind in α' und β' nicht mehr erhalten. An die Stelle der Kieselsäure ist überall kohlensaurer Kalk getreten. Ganz anders in δ' bzw. ε'! Hier bestehen die Nadeln noch aus SiO_2, ja die Kieselmassen und Kieselknollen werden oft wie Köpfe so groß!

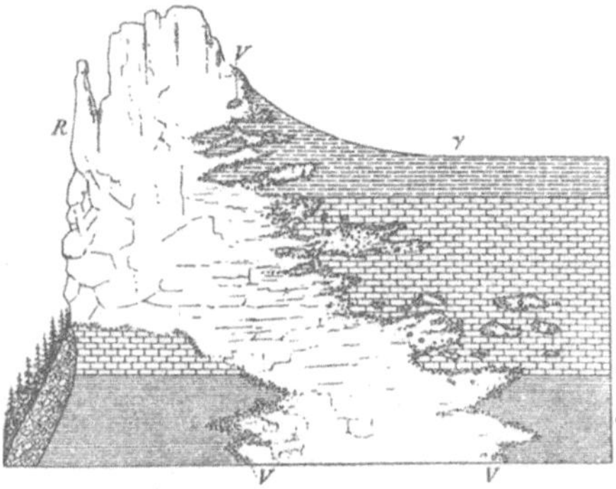

Abb. 144. Schwammriff. (Nach E. Fraas.) Das Vorriff V—V, in dem sich organische und mechanische Sedimente mischen, kann auch ohne Anlehnung an ein eigentliches Riff ganz selbständig auftreten. Ein klassisches Beispiel für ein Schwammriff ist der Lochenstein (Abb. 129), für eine Schwammbank das benachbarte Lochenhörnle.

Nun aber aus der Verschwammung heraus und zurück zur **zweiten Albtreppe!**

Weißjura γ und δ (Abb. 145). Ihre zwei Stufen γ und δ sind petrographisch zum Verwechseln ähnlich den unteren Treppenstufen α und β. γ besteht wieder aus Tonen und Mergeln, von (zerfallenden) Kalkbänken durchsetzt; δ aber bildet mit seinen wohlgeschichteten, meterdicken, groben Kalkplatten den festen Schlußstein darüber. Wie auf der Töpferscheibe abgedreht und herausgearbeitet, sitzen — aus der Ferne gesehen — oft die abgerundeten γ-Höcker und γ-Hügel[1]) modellgleich auf der breiten Betaplatte (Abb. 146). Wer mit den Augen des Künstlers hinzuschauen vermag in die Welt der Bergformen, der wird den Gegensatz in der Linienführung zwischen γ und δ (bzw. β) unmittelbar ästhetisch empfinden. Das gerundete γ mit seinen Tonhügeln, wie anmutig, wie weich, wie mild! Und im

1) Solche γ-Buckel sind beispielsweise: Salmendinger Kapelle und Roßberg bei Tübingen, Kornberg nördlich Gruibingen, Wasserberg südlich Schlat (Mon. lacunosa kommt hier als Bank am schönsten vor), der Burren, Stuifen, Nägelsberg, Braunenberg.

Abb. 145. Ein Blick ins Honauer Tal (Lichtenstein!) Beachte die zwei Felsenkränze β und δ übereinander. [Weiß α: Eisenbahnsteige hinter und über dem Bahnhof Honau (45 m), darüber die Bänke des wohlgeschichteten β (20 m), darüber (ca 70 m) γ und zu oberst die prächtigen Riffe des zweiten Felsenkranzes δ'.] (Phot. von O. Stocker.)

Gegensatz dazu das meilenbreite Mauer-δ (bzw. β; β = I. Felsenhorizont) in seinen Linien so gerade, so hart, so rauh! (II. Felsenhorizont). Vom paläontologischen Standpunkte aus ist der mittlere Weiße mindestens ebenso interessant wie vom landschaftlich-ästhetischen aus. Mehr als durch seine wechselnden Landschaftsformen vermag der mittlere Weiße den Sammler zu fesseln durch seinen Reichtum an Fossilien.[1]) Vor allen Dingen das Ton-γ ladet zum Sammeln ein. Gleich im Unter-γ wimmelt es so an Perisphinkten, daß diese

1) Zu Profilstudien und zum Sammeln im Weißjura eignet sich fast jede Steige, die auf den Albkörper hinaufkriecht. Hier nur ein paar Beispiele: Neue Steige von Weißenstein nach Böhmenkirch (bestes Profil für den ganzen Weißen). Honau—Lichtenstein (α, β, γ und δ). Bei Ebingen: Bitzer Steige (α—ζ), Neuweiler Straße (γ—δ). Bei Balingen: Lochengründle (α'), Lochensteinbruch (β'), Bittenhalde [=Äcker nördlich von Tieringen (γ und γ') berühmt!], Tuttlingen—Witthoh (β, γ, δ, ζ), Nendingen (Marienkapelle, neuer Feldweg)—Bräunesberg (α, β, γ, δ, ζ), Mühlheim—Kolbingen (β, γ, δ, ζ), Immendingen (Straße nach Möhringen β—δ) usw.

Abb. 146. Aussicht von der Achalm. Die Höhenkante (gleich hinter dem vulkanischen kegelförmigen Georgenberg) ist Weiß β. Beachte insbesondere den schön herausgedrechselten γ-Maulwurfshaufen des Roßbergs (γ/δ), daneben links Pfullingerberg γ/δ, Gielsberg W. J. δ.

„Umgürteten“ (im Verein mit Flexuosen und Inflaten) geradezu eine Ammonitenbreccie bilden. (A. polygyratus, colubrinus). Gute Führerdienste für diesen Grenzübergang von β/γ leistet ein kleines Perisphinktchen (Abb. 147). Es ist ein „verdrücktes“ Bürschchen. Aber gerade, weil es so verdrückt ist, weil es auf seiner Wohnkammer einen doppelten Knick besitzt, ist das langohrige Kerlchen so leicht kenntlich und leitet so gut („Zone des A. Reineckianus“ nach Haizmann). Im mittleren γ stellen sich massenhaft Ammoniten ein, die — angetan mit Kragen — als die Gigerl unter den Perisphinkten gelten können. Außer durch lange Löffelohren fallen sie besonders auf durch abgeschnürte kragenartige Erhöhungen auf der Wohnkammer („Kragenplanulaten“). Sonst ähneln sie in ihrer Mode ganz dem Biplexammoniten. Nur

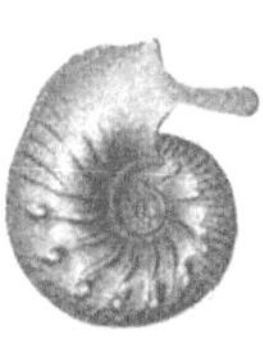

Abb. 147. Der Reineckianus-Perisphinkt, leitend für Weiß β/γ. Beachte den doppelten Knick der Wohnkammer. Wo die Skulptur sich verliert und zurückgeht, ist der erste Knick. Anormale Wachstumserscheinung in ausgewachsenem Zustande.) (Nach E. Fraas.)

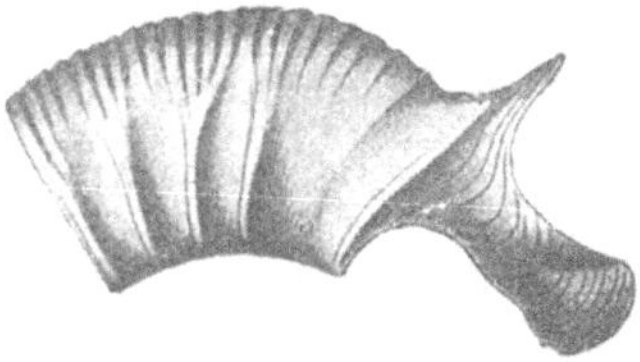

Abb. 148. Ein Kragenplanulat (Perisphinktes polyplocus). Beachte die langen Ohren und die bündelförmige Spaltung der Rippen. (Weiß γ, Kaltes Feld.) (Nach E Fraas.)

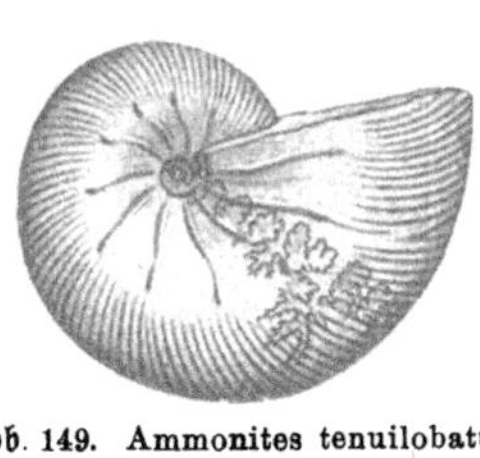

Abb. 149. Ammonites tenuilobatus. (Nach Engel.)

Abb. 150. Ammonites perarmatum Abb. 151. Ammonites inflatus. (Nach Engel)
Zwei Schildhörner aus dem mittleren Weißjura.

sind ihre Rippen mehr als zweimal gespalten (A. polyplocus [= vielfaltig] Abb. 148). Die Oppelien — wir haben von diesem Ammonitengeschlecht schon in β gehört — sind neben den Perisphinkten in γ ebenfalls reichlich vertreten.

Besonders der Ammonites tenuilobatus (Abb 149) wurde von Oppel für würdig erachtet, als Zonenammonit für γ aufgestellt zu werden. Ein schlechter „Zonenammonit"! Wohl ist der flache, feine Sichelripper häufig in γ. Seine Hauptentwicklung fällt ins Ober-γ. Aber bei seinem Hang zum Vagabundieren bleibt er dem γ nicht treu, sondern geht hinauf ins δ. Ja, gelegentlich treibt er sich selbst noch im β und ζ herum. Ebenfalls fahrige Gesellen sind die Aspidoceraten, zu deutsch: die Schildhörner. Sie spielen neben den Perisphinkten und Oppelien eine große Rolle im oberen Jura. Den charakteristischen Aspidoceras perarmatum (Abb. 150) (wohlbewaffnet) — leicht kenntlich an der Verbindungsbrücke je zweier Knoten — haben wir schon in β zu finden Gelegenheit gehabt. Durch β, γ und δ hindurch geht der „Aufgeblähte" (Aspidoceras „inflatum" Abb. 151). Die Abbildungen von diesen beiden — vom „Wohlbewaffneten" und vom „Aufgeblasenen" — genügen wohl, um dir die wesentlichen Merkmale der Aspidoceraten zu zeigen. Dick, aufgeblasen, mit breiter Außenrundung, ohne eigentliche Rippen, nur mit einzelnen Knoten bzw. mit Knotenreihen besetzt, geben sie sich dem aufmerksamen Beobachter leicht zu erkennen. Die merkwürdigen Dinger (Abb. 152 und 153), die manchmal mit den Ammonitenschalen zusammen (auf der Mündung [selten], im Innern oder ganz außerhalb der Schalen) vorkommen, sind nicht etwa zwei aufgeklappte flache Muschelschälchen, sondern es waren vermutlich die Deckel der einst verschließbaren Wohnkammern. Diese paarigen Verschlußstücke — wahrscheinlich nichts anderes als die verkalkte Kopfkappe des Tieres — sind auf der Außenseite bei den „Aufgeblasenen" punktiert (Abb. 152), bei den Oppelien gefaltet (Abb. 153). So häufig sind im γ (namentlich im Mittel-γ über den Polyplocus-Platten) die Ammonitendeckel (Aptychus), daß man γ auch schon kurzweg Aptychus-Tone genannt hat.

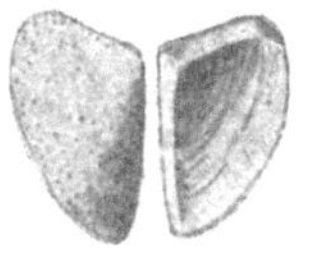

Abb 152. Deckelhälfte eines „Aufgeblasenen" (Inflaten). Außenfläche punktiert. (Aptychus latus, Solnhofen. Nach P. Wagner.) Dagegen sind die Deckel der Oppelia-Ammoniten auf der Außenfläche „gefältelt" (daher Aptychus „lamellosus"). Vgl. auch Abb. 153.

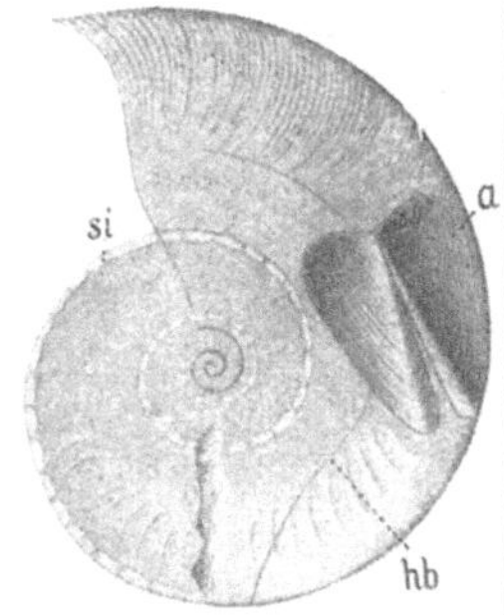

Abb. 153. Eine plattgedrückte Oppelia-Schale (Oppelia steraspis mit den Deckelhälften (Aptychus). *a* = von innen; *si* = Sipho; *hb* = Haftband, (Lithographischer Schiefer. Vgl. S. 144.)

Abb. 154. A. dentatus. (Lochen.)

Abb. 155. Ammonites mutabilis Weiß δ.

Ohne den anderen γ-Fossilien viel Ehre anzutun (Disaster granulosus [Abb. 141] und carinatus, Terebratula substriata, Monotisplatte in Ober-γ mit Monotis lacunosa), wollen wir gleich δ unter den Hammer nehmen. Viel gibt's da nicht zu holen. Nur die Grenzschichten zwischen γ und δ sind noch petrefaktenreich. Aber unter den Ammoniten, die sich in Ober-γ und Unter-δ wichtig machen[1]), findet sich ein Perisphinkt, dessen Rippen nach außen abnehmen und sich verschwächen (Per. Balderus; A. Doublieri γ/δ hat gar schon eine Rückenfurche).

Aus der Art zu schlagen und eine Rückenfurche zu bilden — das ist die Tendenz der kommenden δ = „Umgürteteten." Und in der Tat, der einzige Ammonit, der als typisch gelten kann für (m. und o.) δ, ist nichts anderes als ein entarteter Perisphinkt (Reineckia mutabilis Abb. 155).

1) Oppelia pictus, Oppelia dentatus (fast nur in Lakunosenstotzen) (Abb. 154), Perisphinktes Balderus, trifurcatus, divisus.

Außer diesem Mutabilis-Ammoniten gibt es keine guten, eindeutigen Leitfossilien in δ. Die Oppelien und die „Aufgeblähten" (Inflaten) — so sehr sie Passionen nach dem Gigantischen hin haben — sind Überläufer von γ her, die kaum nennenswerte Abänderungen aufweisen. Und auch die kleinen, kurzschwänzigen Maskenkrebse, welche man gelegentlich im Mittel-δ findet (Prosopon-Schichten), sind keineswegs auf δ beschränkt.

Bei aller Seltenheit der Versteinerungen, bei aller Armut speziell an Leitfossilien drängt sich das δ dem Beschauer gleichsam selber auf — orographisch und petrographisch. Wer könnte auch den bezeichnendsten Strich im ganzen Landschaftsbilde der Schwabenalb übersehen, jenen weithin erkennbaren zweiten Felsenhorizont (Abb. 146) mit seinen metermächtigen plattigen Kalkbänken und seinen massigen Felskolossen (δ'), wie er namentlich in der Mitte des Landes (Reutlingen Abb. 145, Urach, Kirchheim) als Stirn- und Höhenkante überall mit trotziger Kraft herrschend in die Erscheinung tritt! Nach oben zeigt das δ häufig Hornsteine und Kieselschnüre usw. [Kiesel, zuckerkörnigen Marmor (Marmor-δ), teilweise Dolomitisierung (Dolomit-δ)].

Weißjura ε und ζ. So kommt man, ohne eine eigentliche Grenze wahrzunehmen, hinüber nach Weiß ε. Wer die δ-Felsenkante erklettert hat und nun auf der einförmigen, wasserlosen δ-Hochfläche donauwärts weiterwandert, der wird Gelegenheit genug haben, nicht nur diesen Gesteinswechsel von δ, sondern auch die Ablagerungen des „sogenannten" oberen Weißjuras zu beobachten: Die auf die δ-Platte aufgesetzten unfruchtbaren ε-Buckel und ε-Kuppen mit den dazwischen eingesenkten, fruchtbaren[1]) ζ-Mulden und ζ-Becken. Wasserarmut, steinübersätes, mageres Ackerland, „wegelagernde", durchlöcherte, knochenbleiche „Kugelsteine", kurzberaste Trockentäler, einsame Schafweiden, Vogelbeere, Schlehe, Buche — aber keine Obstbäume, Karstphänomene wie in Dalmatien oder im Apennin — das ist der Charakter des (δ ε)-Landes droben auf der Höhe — rauh wie das zuckerkörnige, zerklüftete, wasserdurchlässige Gestein selber. Und drunten im Donautal (Abb. 156) und seinen Seitentälern, welch ein ergreifender Gegensatz! Frische Wiesengründe, durchmurmelt von Bach und Strom, umsäumt von buchengrünem Steilhang und hoch hinausragend über all diese trauliche Anmut

---

1) Vgl. z. B. die von ε-Marmorhöhen umkränzten Kornfeldermulden von Hörvelsingen, Bernstadt, Luizhausen usw. auf der Ulmer Alb.

Abb. 156. Donautallandschaft. „Hab' euch oft umjubelt, ihr kühnen, wettergrauen Felstitanen, schon in meinen Bubenjahren, auf meinen ersten Wanderfahrten mit Väterchen.“ (Beuroner Kunstverlag.)

im alten, wilden Trotz die jähen ε-Felsen. Hab' euch oft umjubelt, ihr kühnen, wettergrauen ε-Titanen, schon in meinen Bubenjahren, auf meinen ersten Wanderfahrten mit Väterchen. Heute aber muß ich euch um eine Stufe tiefer setzen — ins δ. Die neue Forschung will es so. Kein Quenstedtscher Buchstabe steht nämlich auf so wackeligen Beinen wie das ε. Zerrupft und zerpflückt, hat sich das ε eine fast gänzliche Aufteilung in die beiden Nachbarbuchstaben δ und ζ gefallen lassen müssen. Alle die „plumpen Felsenkalke" (Marmor[1]), Zuckerkorn, Dolomit), wie auch die „Muschelmarmore" und die Trilobatenkalke (mit Rhynchonella trilobata) rechnet man (nach Schmierer und Haizmann) besser zu δ. Fossilien fehlen in den rauhen Massenkalken fast so viel wie ganz. Und doch besteht kein Zweifel darüber, daß die plumpen Felsenkalke einst Riffe waren, erbaut von Schwämmen und dem dazu gehörigen riffliebenden Hofstaat (nach Fraas und Engel auch schon unter Mitwirkung von Korallen!). Infolge hochgradiger Umwandlungs- und Umkristallisierungsprozesse ist aber in den Schwammkalken von den ursprünglichen Rifferbauern im allgemeinen jede Spur verloren gegangen. Und die wegen ihres prächtigen Erhaltungszustandes berühmten Nattheimer Korallen (Abb. 157), sind das keine Fossilien? Doch, aber sie gehören (nach Schmierer) nicht mehr ins ε, sondern schon — hinauf ins ζ. In welchen Buchstaben man auch die ersten riffebauenden Korallen setzen mag, so viel ist gewiß: Das Erscheinen der Korallen bedeutet in der Geschichte des Jurameeres einen Wendepunkt. Seichter war das Meer geworden. Schon schauten einzelne Inseln und Klippen auftauchend über die Wasserfläche. Teile des meerischen ε-Grundes werden zum landfesten ζ-Gestade. Und sofort wird die junge Küsten- und Klippenlandschaft zum Schauplatz der zerstörenden Abtragung durch Regen, Flüsse und Brandung. Was Strom und brandende Welle abtragend und fortspülend dem gehobenen ε raubten — als Kalkschlamm (Plattenkalke des ζ) und Tonschlamm (Zementmergel des ζ) kam es in den Lagunen, Buchten und Becken wieder zum Absatz. So erklärt es sich, daß wir zwischen den „Marmorhöhen" heute fast überall[2]) die charakteristischen

1) Donau-, Blau- und Achtal zeigen die malerischen Marmorfelsen am schönsten.

2) Das Donautal von Tuttlingen — Ulm ist besonders instruktiv („Portlandkalk").

(β ähnelnden) ζ-Plattenkalke eingesenkt finden, deren Tafeln und Platten gelegentlich so dünn werden können, daß sie stark an unsere Pappendeckelschichten (ε S. 88) erinnern. [Dachschieferbrüche von Nusplingen (eingegangen) und Kolbingen]. Sowohl die Platten-

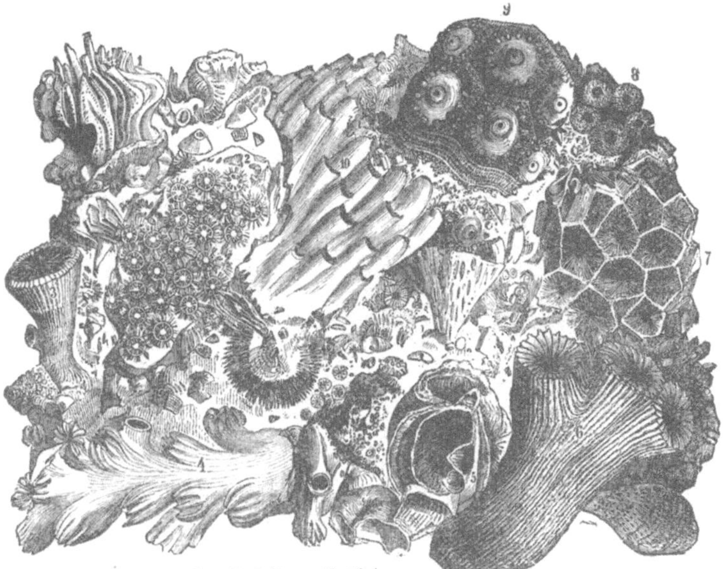

Abb. 157. Korallenkalk von Nattheim.

3 u. 6 = eine „Steinbaum" Koralle (Lithodendron trichotomum); 7 = die „sonnenblumenartige Sternkoralle" (Astraea helianthoides); 2 = Stylina tubulosa; 4 = Tiaradendron germinans; 9 = Cidaris coronata; 10 = die Taschenkoralle Astraea alveolaris. (Nach Sterne.)

kalke[1]) (Krebsscherenkalke) als die von der Industrie ausgebeuteten Zementmergel[2]) (Blaubeüren—Ehingen) sind in der Regel versteinerungsleer. Nur wo die Platten nach oben knorrig, wulstig,

1) Neben der Krebsschere (von Magila suprajurensis Abb. 162) findet man gelegentlich: Rhynchonella inconstans Abb. 163, trilobata, Terebratula insignis und Astarte minima, Am Ulmensis (selten). Straße von Sigmaringen zum Nollhaus; Riedlingen (große Inflaten und Perisph., aber selten); Beimerstetten; Bränisheim (Abb. 163), Böhmenkirch (Abb. 163), Steinweiler (Abb. 163).

2) Terebratula pentagonalis und Pentacrinus Sigmaringensis. Weg von Pappelau gegen den Schmiecher See (Stotzenhauser Bühl). Oberschmeien—Fürstenhöhe (5 Min. unter der Blockhütte), zwischen Luizhausen (Urspring—Luizhauser Steige) und Heidenheim.

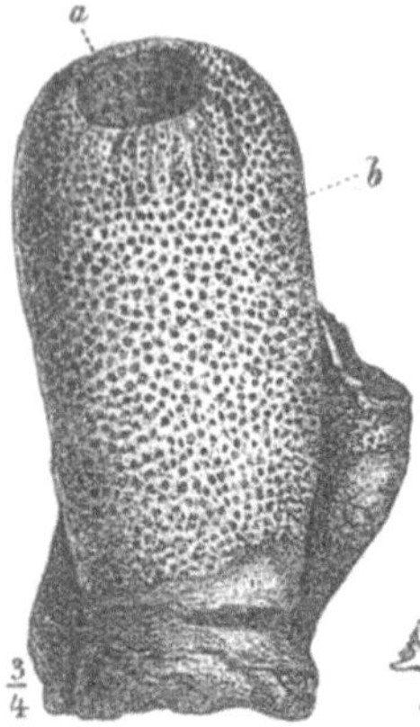

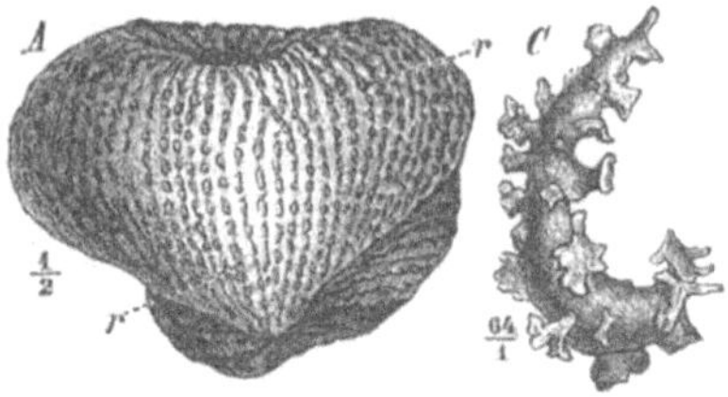

Abb. 159. Ein häufiger Steinschwamm (Cnemidiastrum) aus dem schwäbischen Malmmeer. (Weißjura δ, Heuberg.) Der bald kegel- oder zylinder-, bald feigen- oder schüsselförmige Schwammkörper zeigt eine einfache oder — wie hier *A* — trichterförmige Zentralhöhle. Die verästelten Skelettnadeln *C* sind nach einer Achse verlängert und nur locker ineinander verhakt. (Nach Steinmann.)

Abb 158. An diesem hübschen Zylinderschwamm aus dem oberen Malm siehst du sehr schön die Öffnung der tiefreichenden Zentralhöhle. Die horizontal angeordneten Löcher (*a*) sind die seitlichen Einmündungsstellen von Bogenkanälen, die zur Oberfläche fast parallel verlaufen. Die vielen Löcher (*b*) auf der Außenseite (daher: Cylindrophyma milleporatum = tausendlöcherig) sind die Öffnungen der radial angeordneten Strahlkanäle. (Nach Steinmann.)

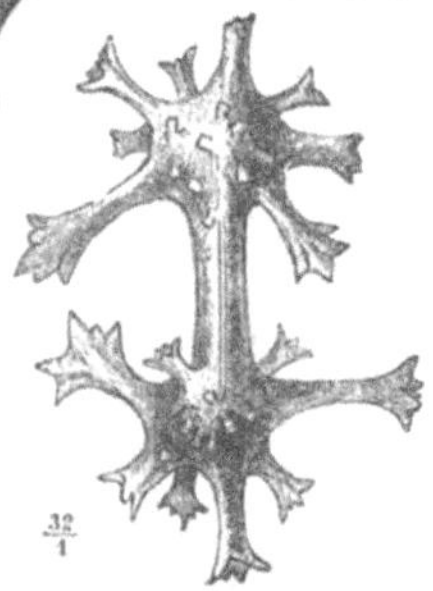

Abb. 160 Die regelrechte Hantel ist nichts anderes als das einachsige Skelettelement eines Steinschwammes, der in dieselbe Familie gehört wie der Schwammkörper in Abb. 158. Beachte den Achsenkanal, sowie die erst kugelig verdickten und dann noch verästelten Enden der Kieselnadel. (Nach Steinmann.)

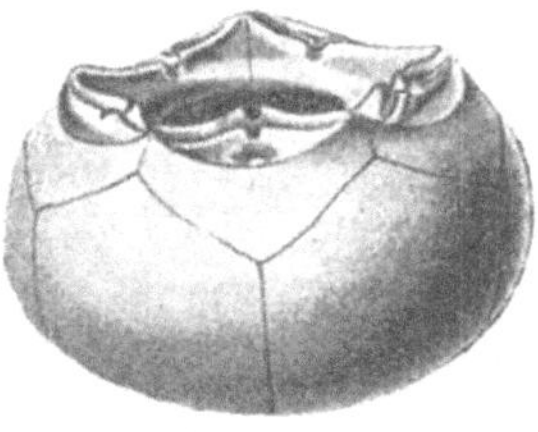

Abb. 161. Diese hübsche Vase ist der Kelch einer riffliebenden Seelilie aus dem oberen Weißjura. (Apiocrinus mespiliformis.) (Nach Fraas.)

ruppig („wilde Portländer", Abraum!) werden und wo Breccien[1]) erscheinen, wo einzelne Korallennester (Riffembryonen) oder ganze

1) Die bekannten Brenztal-(Schnaitheimer-)Oolithe bilden die höchsten Lagen über den ζ-Platten und gehören zu den jüngsten Breccienbildungen. Außer den Korallen und Genossen auch Fisch- und Saurierzähne (berühmt wegen eines ganz erhaltenen Dacosaurus). Oberstotzingen (Nerineen und Diceras Abb. 164), Wippingen.

Abb. 162. Eine Krebsschere aus dem Krebsscherenkalk (Magila.)

Abb. 163. Die „ungleichmäßige" Rhynchonella. (Rhynchonella inconstans.) (Nach Engel.)

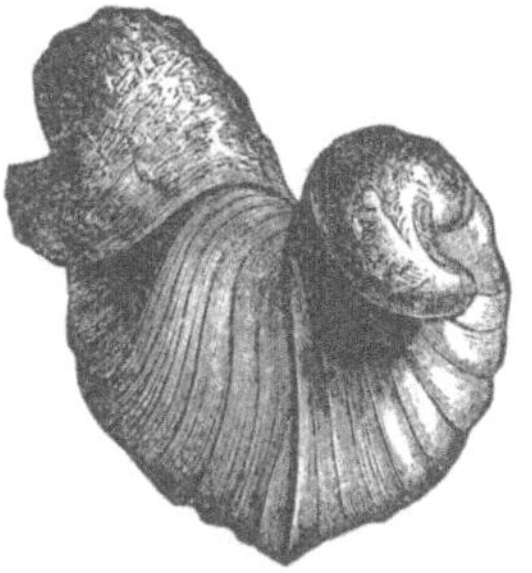

Abb. 164. Während das „Doppelhorn" (Diceras) im Schwäbischen Jura so gut wie ganz fehlt (ausgen. Oberstotzingen!), sind die dicken, widderhornartig gewundenen Schalen in dem klotzigen Korallenkalk von Kehlheim recht häufig. Die größere Klappe (links) der riffliebenden Muschel war festgewachsen. (Nach Credner.)

Korallenriffe[1]) auftreten, kurz, wo das ζ in der oberen Schwamm- bzw. Korallenfazies entwickelt ist — da erzählen prachtvoll verkieselte, 6strahlige Steinkorallen (Abb. 157), Kiesel- (Abb. 132, 158, 159 und 160) und Kalkschwämme, Seeigel (Abb. 157_9) und Seelilien (Abb. 161), Brachiopoden (Abb. 163) Schnecken usw. von den Tummelplätzen marinen Lebens zur letzten Jurastunde.

Aber so bunt auch das Leben wogte und in seiner ganzen korallophilen Formen- und Faunenpracht diese Riffe umspielte, das Höchste, was die Zeit hervorgebracht, hat sie nicht versteint in den Korallenkalken festgehalten, sondern in ein paar stillen Lagunen und Buchten der tropischen Küsten- und Klippenlandschaft. Durch vorliegende Wallriffe

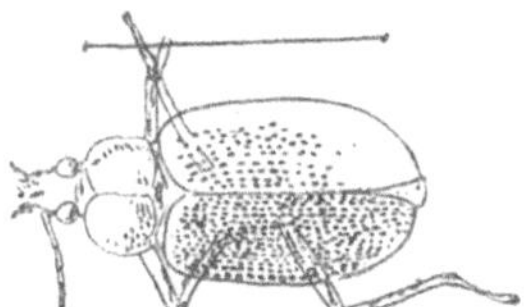

Abb. 165. Procalosoma minor, ein Käfer aus der Solnhofer Lagune. (Nach Handlirsch.) (Strecke = nat. Größe.)

1) Es sind hauptsächlich drei Gegenden, die als Korallenfundplätze einen Namen haben: 1. Umgebung von Blaubeuren [Pappelau (Stotzenhauser Bühl)—Gleissenburg — Beiningen („Öfele")], Trockental zwischen Bräunisheim und Gussenstadt, Söhnstetten usw. 2. Uracher Umgebung (Sirchingen und Wittlingen) (Lesesteine!). 3. Umgebung von Heidenheim (Nattheim, Bohnerzgruben einst klassisch, heute verarmt).

Abb. 166. Plattenbruch von Solnhofen.

und Felsenzungen vor dem Aufruhr des Wellenschlags und der zermalmenden Brandung geschützt, konnte in der abgeschlossenen Bucht die Einbettung und Einsargung durch feinen Kalkschlamm so ruhig und ungestört vor sich gehen, daß die „Auferstandenen" von Nusplingen und Solnhofen in bezug auf Schönheit der Erhaltung unübertroffen dastehen — auf der ganzen Welt. Wie Nusplingen auf dem Heuberg ein Glanzpunkt für Schwaben, so ist Solnhofen an der Altmühl (Abb. 166) ein Glanzpunkt für Franken in der Jurageologie. Da aber der Nusplinger Dachschieferbruch längst eingegangen ist und nur noch wenige Platten auf der Schutthalde „zeugen von verschwundener Pracht"[1]) — wollen wir in den litho-

1) Dagegen werden dich die heute im Naturalienkabinett zu Stuttgart liegenden Funde überzeugen, daß Nusplingen einst zum großen Teil dieselben Sachen in demselben vorzüglichen Erhaltungszustand lieferte wie Solnhofen. (Keine Archaeopteryx!)

graphischen Plattenkalkaufschlüssen auf den Höhen des Altmühltales[1]) ein bißchen Einkehr und Umschau halten.

Das erste, was uns in den ausgedehnten Steinbrüchen von technischem und paläontologischem Weltruf überrascht, ist ihre Fossilienarmut. Mit so hochgespannten Erwartungen sind wir hierher gekommen — ihnen gerecht geworden ist nur eine ungestielte, freischwimmende *Seelilie*, die in einzelnen „Zwicklagen"[2]) als erbsengroße „Knöpfe" zu Millionen auftritt. (Saccocoma Abb. 167). Vielleicht noch etliche Käferabdrücke (Abb. 165) oder Gräterreste eines kleinen, *sardellenartigen* Knochenfisches machen eine Ausnahme von der im allgemeinen herrschenden Individuenarmut. Aber so groß diese Individuenarmut ist,

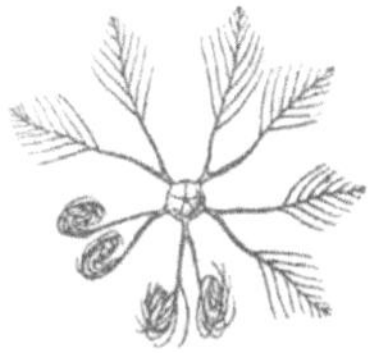

Abb. 167. Saccocoma, eine stiellose, flottierende Seelilie. Kelch („Knopf") mit 10 Armen.

Abb 168. Bei den Schmetterlingen von Eichstätt (z. B Limacodites mesozoicus) waren die Mundteile noch nicht durch Anpassung an Blüten zum Honigsaugen eingerichtet. (Nach Handlirsch.) $^2/_3$ n. Gr.

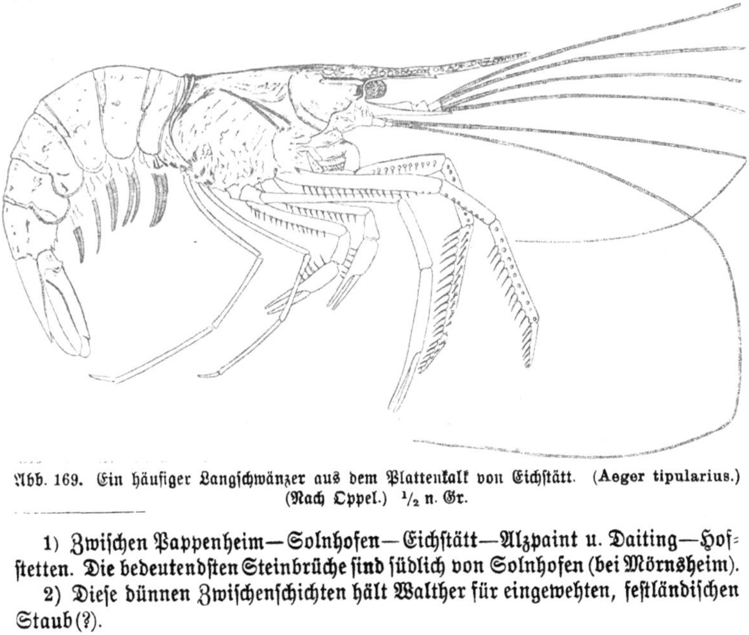

Abb. 169. Ein häufiger Langschwänzer aus dem Plattenkalk von Eichstätt. (Aeger tipularius.) (Nach Oppel.) $^1/_2$ n. Gr.

1) Zwischen Pappenheim—Solnhofen—Eichstätt—Altpaint u. Daiting—Hofstetten. Die bedeutendsten Steinbrüche sind südlich von Solnhofen (bei Mörnsheim).

2) Diese dünnen Zwischenschichten hält Walther für eingewehten, festländischen Staub(?).

ebenso wunderbar ist der Formenreichtum der Solnhofer Fauna. Medusen (Eichstätt), Würmer, Stachelhäuter, Ammoniten mit Verschlußdeckeln (Abb. 152 u. 153) und schalenlose Tintenfische, Krebse (69 Arten, Abb. 169), Ganoid- und Knochenfische, Haie und Rochen, Ichthyosaurier, Schildkröten, Krokodile, kleine Schreckenssaurier (Compsognathus) usf. belebten einst Lagune und Meer. Über alle erhob sich mit rauschendem Flügelschlage — die neue Echse und der erste Vogel. Was dem Menschengeist erst in den letzten Jahren auf der Triumphhöhe seiner Technik gelungen ist — das Fliegen im Raume — dieses schwere technische Problem hatte das Reptil schon zu Anfang[1]), der Vogel am Ende der Jurazeit instinktiv richtig gelöst. Das Reptil, ein Flieger! Wie ist ihm das gelungen? Indem es sich zum „Eindecker" umbaute. Wer immer den Saurierflieger zum erstenmal vor Gesicht bekommt, dem muß der stabartig lange, kräftige Schwanz mit seinem

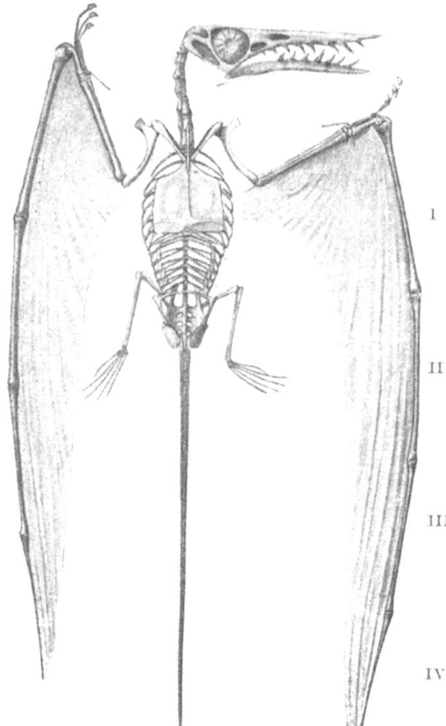

Abb. 170. Die Schnabelschnauze (Rhamphorhynchus), eine langschwänzige Flugechse. Beachte die langausgezogene Flughaut und das Höhensteuer (rhombisches Segel) des Reptil-Eindeckers. Solnhofen. (Nach Stromer von Reichenbach.) 1 : 3.

1) Oberer Lias. Rhamphorhynchus aus den Posidonienschieferbrüchen von Holzmaden und Banz. (ε). Die ersten dürftigen Flugsaurierreste stammen aus der Trias.

horizontal gestellten, rhombischen Segel auffallen (Abb. 170). Ist das nicht ein ganz famoses Höhensteuer? Und erst die Flügel: Spitz, schmal und lang ausgezogen wie ein Schwalbenflügel und doch ganz anders konstruiert als er! Federflügel fehlen. Statt ihrer spannt sich vom äußeren Finger der Hand eine nackte Flughaut hinüber zum Rumpf. Dieser äußere Finger[1]) — aus vier langen „Fingerknöcheln" (I, II, III, IV Abb. 170) bestehend — ist zur „Hauptstange" des ganzen Flugapparates geworden. Im Gegensatz zu diesem enorm gestreckten Flugfinger sind die übrigen Finger nur ganz klein, dafür aber — wohl zum Anklammern und Klettern auf Felsen und Baumgezweig — mit stark gekrümmten, kräftigen Krallen versehen. Die schnabelartig verlängerte, tiefgespaltene, vorn zugespitzte Schnauze hat unserem Flieger den Namen Schnabelschnauze (Rhamphorhynchus) eingetragen. Kein Name wie der paßt besser für ihn und sein Handwerk, wenn O. Abel mit seiner Vermutung recht hat.

Dieser Forscher sieht nämlich mit Rücksicht auf die „unbezahnten, dolchartigen Kieferenden" sowie im Hinblick auf die „sehr stark nach außen und vorn gerichteten, schlanken Zähne" in dem Saurier einen Fischräuber, der beim Hinstreichen über den Wasserspiegel die lange Schnauze so weit aufriß, daß der eintauchende Unterkiefer kleinere Fische aufzuwerfen und herauszupflügen imstande war. Ob Fischräuber mit Möwenallüren oder ob Libellen- und Insektenjäger — wie man bislang annahm —, so viel scheint das System des langschwänzigen Flugsauriers zu verraten: Er muß ein Meister im Drachen- und Gleitflug gewesen sein.

Etwas anders vollzog sich die Anpassung ans Luftleben bei den kurzschwänzigen Flugsauriern, den sogenannten „Flugfingern" oder Pterodaktylen. Wohl ähneln diese kurzschwänzigen Formen (Abb. 171) auf den ersten Blick sehr den langschwänzigen. Wie diese haben sie hohle, lufthaltige Knochen, einen auf langem Hals senkrecht stehenden vogelartigen Kopf[2]), drei kleine bekrallte Finger und einen Flugfinger samt Flughaut. Aber diese Flughaut ist breiter

1) Neuerdings gehen Williston und Abel wieder auf die alte H. v. Meyersche Deutung zurück, wonach der Flugfinger der vierte (nicht fünfte) Finger ist und die drei übrigen Finger als Daumen, Zeige- und Mittelfinger aufzufassen sind.

2) Der Kopfumriß sieht bald aus wie der eines Kolkraben (Pt. crassirostris), bald wie der einer Schnepfe (Pt. scolopaciceps) oder gar eines brasilianischen Pfefferfressers (Pt. rhamphastinus).

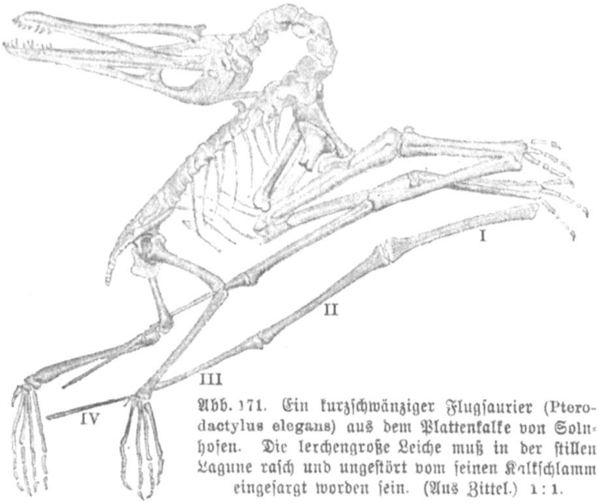

Abb. 171. Ein kurzschwänziger Flugsaurier (Pterodactylus elegans) aus dem Plattenkalke von Solnhofen. Die lerchengroße Leiche muß in der stillen Lagune rasch und ungestört vom feinen Kalkschlamm eingesargt worden sein. (Aus Zittel.) 1:1.

und im Verhältnis zum ganzen Körper kaum halb so lang als die übertrieben verlängerten „Möwenflügel" der „Schnabelschnauze". Da die einzelnen „Fingerknöchel" (Vgl. I und II; II und III Abb. 171) ein- und ausspringende Winkel zeigen, dürfte nach Abel die zusammenlegbare Hauptstange nicht den straffen Halt während der Bewegung geboten haben wie bei den langschwänzigen Formen der starre Knochenbogen mit seiner gleichmäßigen, kontinuierlichen, leichten Krümmung. Ganz traurig aber war es um das Höhensteuer, den Schwanz, bestellt. So geschickte Drachenflieger die Langschwänze waren, ebenso unbeholfene, fledermausartige Flatterer dürften die Kurzschwänze gewesen sein.

Diese sperlings- bis schwanengroßen Jura-Strand„vögel" in Reptilskostüm setzten aber nicht das ganze Fliegerkorps zusammen, das am jungen Gestade der Strandriffe übte. Etwas landeinwärts im Araukarien-Walde von Baum zu Baum, machte noch ein anderer seine Flugversuche, einer, der in seinem schmucken Federkleid vorteilhaft abstach gegenüber den nackthäutigen Reptilfliegern. Archaeopteryx, der Urvogel! (Abb. 172 u. 173.)

Keine Funde aus den lithographischen Plattenkalken wurden in der Geologenwelt mit so viel Aufmerksamkeit und so viel freudiger

Abb. 172. Auf dem Flugfelde des Urvogels. (Archaeopteryx.)
(Rekonstruktion nach W. Smit, aus C. W. Beebe.)
Ein Vergleich dieser Rekonstruktion mit Abb. 173 zeigt sofort, daß die Stellung der Hand unrichtig wiedergegeben ist. Die 3 Finger und die Krallen waren nicht nach hinten, sondern nach vorn und innen gewendet. Der Urvogel nahm also beim Klettern „Untergriff".

Begeisterung begrüßt, als die beiden Exemplare des Urvogels.[1]) War auch ein ganz wunderlicher Kauz, dieser rabengroße, gefiederte Flatterer — teils Reptil, teils Vogel (Abb. 172 und 173). Ein eidechsenartiger langer Schwanz, dessen 20 Wirbel hüben und drüben je eine kräftige Steuerfeder trugen, Zähne, die in besonderen Höhlen des Ober- und Unterkiefers steckten, bikonkave Wirbel, dünne zugespitzte Rippen ohne Hakenfortsatz, 12—13 Paar Bauchrippen, drei freie, unverwachsene Finger (I, II, III) mit Krallen — so ausgerüstet deutet der älteste Vogel zurück auf das Reptil, dorthin, woher des Wegs er entwicklungsgeschicht-

Abb. 173.
Der Urvogel (Archaeopteryx Siemensi) von Eichstätt.
Lithographischer Plattenkalk. Von den drei freien, noch nicht (wie bei den Vögeln) verwachsenen Fingern deutet der dritte, schief unter den zweiten gefallene Finger an, daß die Archaeopteryx-Hand etwas nach vorn und einwärts gedreht war. m = Mittelhandknochen; c = Handwurzel; r u. u = Speiche und Elle; h = Oberarm. (Aus Steinmann.)

1) Das erste bei Solnhofen 1861 gefundene Exemplar wanderte für den Preis von 12 000 ℳ ins Britische Museum nach London (Arch. lithographica); das zweite, bei Eichstätt 1877 gefundene, weit vollständigere Exemplar gehört einer etwas anderen Art an, und kam für 20 000 ℳ ins Berliner Museum. (Arch. Siemensi).

lich gekommen war. Trotz alledem ist die Archäopteryx nicht aufzufassen als ein „gefiedertes Reptil“, sondern als ein mit Reptilmerkmalen noch stark erblich belasteter Vogel. Dafür sprechen: die durchaus vogelähnlich gebauten Hintergliedmaßen, die geschlossene Schädelkapsel, die ausgedehnte Befiederung, die sogar — wahrscheinlich zur Vergrößerung der „Fallschirmfläche“ — zweizeilig die Unterschenkel herabläuft. Und noch manch andere Dinge, welche die gründlichen und eingehenden Untersuchungen von W. Dames zutage förderten, charakterisieren ihn im wesentlichen als Vogel. Wohl ist er kein Bindeglied zwischen Reptil und Vogel, das zur Hälfte Reptil, zur anderen Hälfte Vogel wäre. Wohl gibt er uns vor allen Dingen keinen Fingerzeig dafür, wie aus der nackten bzw. beschuppten Reptilhaut eine federntragende Haut werden konnte. Aber er ist auch der echte Vogel nicht, als den man ihn neuerdings zu verehren beginnt. Daher kommt das Abelsche Mahnwort gerade recht: „Obwohl wiederholt, namentlich in letzter Zeit, darauf hingewiesen wurde, daß Archaeopteryx ein ‚echter‘ Vogel sei, so muß doch betont werden, daß er, gerade im Handbau und in der fehlenden Beziehung zwischen Fingerphalangen und Schwungfedern, als ein äußerst primitiver Vogeltypus, richtiger als ein „Zwischenglied“ anzusehen ist, ganz abgesehen von den zahlreichen anderen Merkmalen, die ihn in nähere Beziehung zu den Reptilien bringen.“

Wie die Urvögel, so bringen die zahlreich gefundenen Insekten (Schmetterlinge Abb. 168, Käfer Abb. 165, Fliegen, Wasserjungfern, Schaben usw.) Grüße vom nahen Lande. Und die Wedel von Sagopalmen (Zamites), die Gingkoblätter, die Nadelholzzweige (neben Farnen und Schachtelhalmen) bringen Grüße vom neuen Frühling, der draußen am Rande der Lagune unter dem tropischen Sonnenhimmel unterdessen seinen Einzug gehalten hatte.

V. Ein Abstecher in die Kreide.

Diesmal möchte ich am liebsten mit dir irgendwohin pilgern, wo ich selbst noch nie war. Es gibt einen Berg in ehemals deutschen Landen. Drin ruhen die Gebeine der Größten, die das Leben zeugte, vielleicht zu allen Zeiten und an allen Orten. Wo heute Elefanten, Löwen und Leoparden durch den sonndurchglühten Buschwald ziehen am Berg Tendaguru (Deutsch-Ostafrika), da erdröhnte einst zur Kreidezeit der Erdboden unter dem schweren Schritt der Kreide-

Abb. 174 **Brontosaurus excelsus Marsh.** 1/25. Länge 22 m. Lebendgewicht ca. 700 Zentner. Neuerdings scheint man wieder zu der alten Auffassung von Marsh zurückzukehren, wonach die Hinterbeine nicht krokodilartig, sondern säulenartig steil gestellt waren wie bei den Elefanten. Nach einer Skelettrekonstruktion im American-Museum in New York.

Riesen.[1]) Hast du schon das berühmte Diplodocus-Skelett im Berliner zoologischen Museum gesehen, das Skelett jenes oberjurassischen Schreckenssauriers aus Nordamerika (Atlantosaurus Beds aus Wyoming, obere Jura- bis untere Kreidezeit), das — als Abguß des Pittsburger Originals — Carnegie dem Deutschen Kaiser schenkte? Die pflanzenfressende Schreckensechse (Dinosaurier vgl. S. 73) mit ihrem Giraffenhals und ihrem Eidechsenschwanz hat eine Länge von 25 m und eine Höhe von 5 m. An einzelnen Fundstellen in den Atlantosaurusschichten liegen die Knochen von Diplodocus, Brontosaurus (Abb. 174), Brachiosaurus und anderen Dinosauriern in so erstaunlicher Fülle angehäuft, daß man scherzweise von „a veritable Noah-Ark deposit" gesprochen hat. Es liegt nahe anzunehmen, daß diese ungeheueren Sumpfbewohner fast immer so tief wie möglich im Wasser stehend ihr Leben zugebracht

1) Es mag dahingestellt bleiben, ob diese Giganten dabei säulenfüßig, wie Elefanten schritten (Abel) oder in der Beuge wie Echsen krochen (Tornier).

haben. Dadurch wurde nämlich ihr Gewicht — nach dem Archimedischen Prinzip — um so viel leichter, als die von ihrem Riesenleib verdrängte Wassermenge wog.

Bei aller Großtuerei müssen die nordamerikanischen „Sauropoden" fast bescheiden zurücktreten hinter die gigantischen Schreckensechsen aus derselben Zeit, die — von dem schwäbischen Geologen E. Fraas (und Ing. Sattler) am Berg Tendaguru entdeckt (Gigantosaurus) — von einer großen Berliner Expedition auf dem ostafrikanischen Dinosaurierfriedhof ausgegraben und zutage gefördert wurden. Hier zum Vergleich ein paar Zahlen (nach Branca). Es mißt von der

	a) nordamerikanischen	b) ostafrikanischen
	Schreckensechse	
die längste Rippe ...	1,86 m	2,50 m (die längste?)
der längste Halswirbel	0,64 m	1,20 m (der längste?)
Der Oberarm	0,95 m	2,16 m.

„Wandelnde Fleischberge" nannten in notgedrungener Höherstaffelung des Kubikmaßes die amerikanischen Zeitungen einst ihre neu ausgegrabenen Dinosaurier. Wie sollen wir die unserigen nennen? — So groß und plump und grotesk diese Jura- und Kreideriesen waren, ebenso dumm und harmlos waren sie. Dumm! Im Gegensatz zu dem auffallend großen Schwanzwurzel-„Gehirn" ist das eigentliche Gehirn im Verhältnis zum ganzen Reptilkoloß so verschwindend klein, daß man im Zweifel darüber sein kann, ob die Schreckensechsen den Rekord schlagen wollten in bezug auf Größe oder in bezug auf Dummheit. Harmlos! Dafür spricht das rechenartige, backenzahnlose Gebiß, das zwar geeignet war für einen friedliebenden Pflanzenfresser oder vielleicht auch für einen Grundler und Fischer im Sumpf, nicht aber für einen grimmen blutgierigen Raubsaurier. Trotzdem wären Jagdausflüge in die ostafrikanischen und nordamerikanischen Sumpf- und Deltalandschaften zur Kreidezeit nicht ganz rätlich gewesen. Denn abgesehen von dem verdächtig langen (15 und mehr m) Stütz- und Schlagschwanz des „harmlosen" Reptilwildes, gab es neben den pflanzenfressenden Schreckensechsen auch noch fleischfressende, ein Raub- und Mordgesindel, wie die Welt vor- und nachdem keines sah. Was kommt denn dort mit 20 m langen

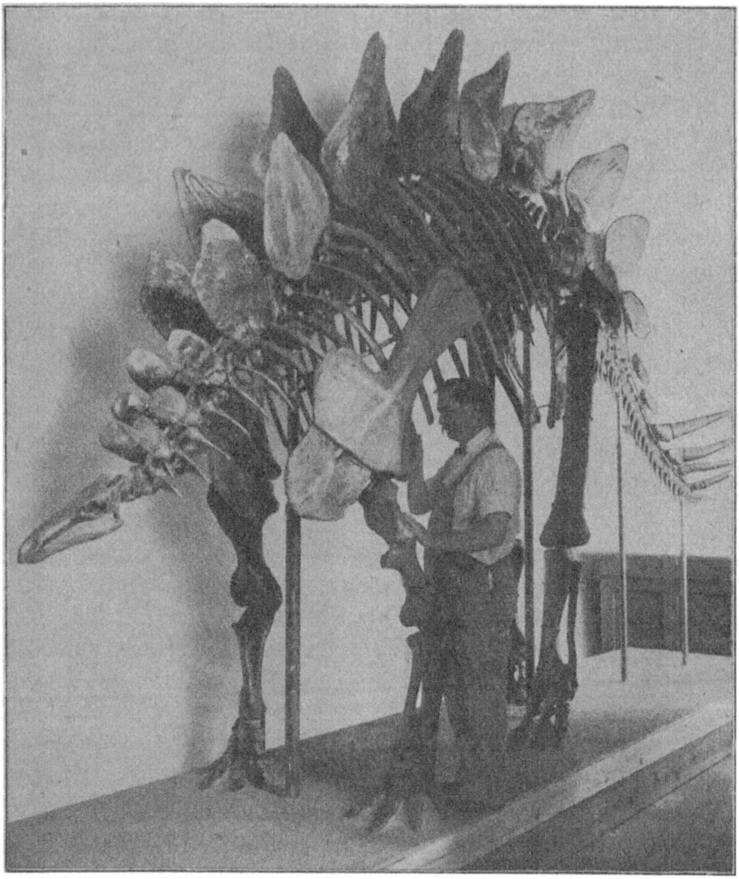

Abb. 175. Stegosaurus ungulatus Marsh. Atlantosaurusschichten Nordamerikas. (Nach einer Photographie des Originals im Peabody-Museum, New Haven). Länge 9 m. Die mächtigen Knochenplatten, die in zwei Längsreihen alternierend angebracht waren, dienten zum Schutze gegen die gefährlichen Raubdinosaurier. Neuere Funde haben gezeigt, daß der Schwanz länger war als in der obigen Rekonstruktion und daß er als Verteidigungswaffe nur zwei Paare spitzer Stacheln trug (nicht vier).

Sätzen dahergerast, das Maul weit aufgerissen[1]; die langen, todbringenden Zahndolche zeigend, eine Bestie, 15 m lang und 5 m hoch? Das ist der Tyrannosaurus rex, der gewaltigste und furchtbarste

1) Nach den Untersuchungen von J. Versluys konnte das Tier in der Angriffsstellung wahrscheinlich auch den Oberkiefer heben.

unter den brutalen Imperatoren aller Zeiten (Oberkreide von Nordamerika). Wo dieser mordgierige Raubsaurier im Sprunge Krallenhand und Krallenfuß aufsetzte und Fleischteile herausriß, da war das Opfer verloren, selbst wenn es der gigantischste Gigantosaurus gewesen wäre!

So ungefährlich es auch heute sein dürfte, all die Reptilien weiter zu verfolgen, die auf der Entwicklungsleiter der Perm-Trias- und Jurazeit hinaufgestiegen waren in die Kreidezeit, alle die hochdifferenzierten pflanzen-[1]) und fleischfressenden Schreckensechsen, die seltener werdenden Ichthyosaurier und Plesiosaurier, die nach Albatrosart im Segelflug über dem (nordamerikanischen) Kreidemeer schwebenden Fliegerkönige (Pteranodon, ein Flugsaurier mit 8 m Flügelspannweite!), die Krokodile und Schildkröten usw. — die erste Frage, das sind wir unserem Heimatboden schuldig, muß immer noch heißen: Wie sah es denn damals in unserem Vaterlande aus?

Der Süden unserer Heimat war und blieb Festland. Nur in der Gegend von Regensburg[2]) mußte ein Stück der sonst landfesten süddeutschen Juratafel um die Mitte der Kreidezeit nochmals untertauchen unter die vordringende Meeresflut. Da aber die Regensburger Kreidebildungen nichts anderes sind als ein kleiner Ableger[3]) des ausgedehnteren sächsisch-böhmischen Kreidemeeres, so wollen wir unsere Studien dort beginnen, wo Fels und Wald und Strom so wunderbar zum Bild sich einen, in der Elbtalsenke, in der „Sächsischen Schweiz"[4]). Wer kennt sie nicht, diese kleine Schweiz, ohne Firn und Gletscher, ohne Kar- und Moränenseen, ohne alpine Felstitanen und doch so lieb und traut, so anmutig in ihrer Mannigfaltigkeit landschaftlicher Formen und Farben? Folgende Übersicht der jetzt meist angenommenen Schichtenfolge möge deinen Wanderfahrten durch die sächsische Kreide Kurs geben und Richtung:

---

1) Sauropoden (Abb. 174), Stegosaurier mit einem Rückenkamm aus metergroßen Knochenplatten (Abb. 175), den gehörnten Triceratops vom Habitus der Rinder usw.

2) Hauptsächlich von der unteren Altmühl bis Amberg.

3) 75 m mittlere Mächtigkeit.

4) Rucksack-Inventar: Beck, „Geologischer Wegweiser durch das Dresdener Elbtalgebiet", K. Wanderer, „Tierversteinerungen aus der Kreide Sachsens" (populär, elementar und mit vorzüglichen Abbildungen).

Emscher:

Überquader Bärenstein und rechtes Elbufer (zwischen Lohmen, Wehlen und Mockethal bei Pirna), dem Scaphiten-Horizont aufgesetzt.

Turon:

Stufe des Inoceramus incostans (Scaphitenton). (Abb. 180 c.)

Tone und tonige Mergel der Copitzer Ebenheit, von Zatzschke, Oberposta und Bodenbach mit Sc. Geinitzi (Abb. 195), Sc. auritus, Inoceramus incostans und Baculiten.

Stufe des Inoceramus Lamarcki.

Lamarckiquader mit In. Lamarcki (Abb. 180 b), Lima canalifera, Vola quadricostata, Exogyra columba (Abb. 178), Rhynchonella plicatilis. Er bildet die Schichten des Hohen Schneebergs, des Lilienstein, Königstein, Pfaffenstein, Bastei u. a.

Seine untere Abteilung kann vertreten sein durch den Mergel des oberen Talrandes der Gottleuba; versteinerungsleer. Glaukonitsandstein mit Rhynchonella bohemica (Pirna, Cottaer Berg, Rosenthal, Hoher Schneeberg).

Lamarcki-Pläner und Plänerkalke von Dresden-Strehlen und Weinböhla mit ihrer ungemein reichhaltigen Tierwelt: Inoceramus Lamarcki, Spondylus spinosus (Abb. 182), Scaphites Geinitzi, Micraster cor testudinarium (Abb. 193) Rhynchonella plicatilis, Terebratula semigloba, Aporrhais megaloptera (Abb. 190) Pachydiscus peramplus (Abb. 194) usw.

Unterstufe bilden die Tone und Plänermergel von Räcknitz, Zscherznitz, Mockritz, Teplitzerstraße mit ganz ähnlicher Fauna, bes. mit Terebratulina gracilis und Prionotropis Carolinus.

Stufe des Inoceramus labiatus.

Labiatusquader mit In. labiatus (Abb. 180 a), Pinna decussata. Bildhauersandstein von Cotta b. Pirna. Zu unterst oft mergelig und tonig, nach NW zu kalkig werdend und in Labiatuspläner übergehend.

Cenoman:

Stufe der Ostrea carinata.

Carinatenschichten, zu oberst Plänersandstein mit Actinoc. plenus, Cidaris Sorigneti (Abb. 192), Ostrea carinata, Vola notabilis (Abb. 186 b), Inoceramus bohemicus. In seiner Klippenfazies in Form von groben Konglomeraten, Muschelbreccien und Mergelkalken als Ausfüllung von Vertiefungen, Kesseln und Spalten des Untergrundes, mit Actinoc. plenus, Cidaris Sorigneti und zahlreichen Schwämmen, sowie vielen Ostreen, Alectryonien und Exogyren (Plauen: Hoher Stein, Gamighübel, Kahlebusch). Nach NW und N zu geht der Plänersandstein in den Carinatenpläner über, dieser ebenfalls mit Actinoc. plenus, Inoc. bohemicus, Douvilléiceras Mantelli, Ostrea carinata.

Der Carinatenquader, außer mit Ostrea carinata (Abb. 177) und a. mit Vola aequicostata (Abb. 186 a), V. phaseola, Pecten asper (Abb. 183), Protocardia Hillana, Inoceramus bohemicus, Nautilus elegans, Amm. Mantelli.

Lokal eingelagert sind ihm dunkle, dünnplattige Sandsteine und Schiefertone mit Laubholz-Blättern und Kohlenschmitzen, die sogenannten Crednerien-Schichten von Niederschöna.

Es gibt wohl im Laufe der Erdgeschichte keine Meeres-Transgression, gewaltiger an Ausdehnung als die, welche zu Beginn der oberen Kreidezeit (Cenoman) nicht nur in Europa breit sich machte, sondern auf der ganzen Erde. Festländer, alte und uralte, sanken unter.[1]) Auch die seit langem im allgemeinen landfeste Elbtalsenke[2]) sowie das nordöstliche landfeste Böhmen verfielen dem Schicksal des Ertrinkens. Abgesehen von Jurabildungen waren es hauptsächlich altzeitliche Schiefer, karbonische Granite (Gamighübel) und Syenite (Ratssteinbruch Dresden-Plauen), permische Porphyre (Kahlebusch), über die das Meer vordringend hinwegschritt. Da und dort grobe Sandsteine und Konglomerate (Grundkonglomerat), ferner Eichen-, Weiden- und Crednerienblätter (Abb. 176), Baumfrüchte, Holzstücke (bzw. Kohlebrocken und -schmitzen), eingeschwemmt und eingebettet in die ersten Absätze des vordringenden Cenomanmeeres — in dunkle Sandsteine und Schiefertone — geben heute noch Kunde von der schweren Stunde des Unterganges. Und doch hat das Kreidemeer die eigentliche „Sächsische Schweiz" nie zur Tiefsee niederzuringen vermocht. Zwei Ausbildungsweisen der Kreide treten dem Wanderer durch die Elbtallandschaft entgegen. Pirna vermittelt im allgemeinen den Übergang. Oberhalb Pirna befindet er sich im Reiche des Sandsteins. Westwärts wandernd kann er schon in der Nähe von Pirna beobachten, wie der Sandstein mehr und mehr Platz machen muß erst sandigen, dann immer reiner werdenden Mergeln und Kalken, bis letztere schließlich (bei Dresden, Strehlen, Weinböhla) die fast ausschließliche Alleinherrschaft antreten.

---

1) In vielen Gebieten liegt daher die obere Kreide direkt auf älteren bzw. viel älteren Gesteinen auf, so z. B. in Westfalen und Belgien (Carbon), in Schottland, Skandinavien, Rußland, Syrien, Kleinasien, Persien, Arabien, Indien, Nordamerika, Brasilien, Kamerun und in großen Teilen von Nordafrika, in Australien usw.

2) Wie die bei Hohnstein, Saupsdorf usw. infolge der Lausitzer Überschiebung heraufgewalzten Jurafetzen beweisen, war es während der langen Festlandsperiode nur dem oberen Jurameer gelungen, in die Elbtalsenke vorübergehend Bresche zu legen. (Wahrscheinlich stellte die Elbtalsenke eine Verbindungsstraße dar zwischen dem süddeutschen und oberschlesisch-polnischen Jurameer.)

Hier, wo das Meer den feinen Ton- und Kalkschlamm — die heutigen Plänermergel[1]) und Plänerkalke — absetzte, war es zweifellos tiefer als elbaufwärts in der eigentlichen Sandstein-Schweiz.

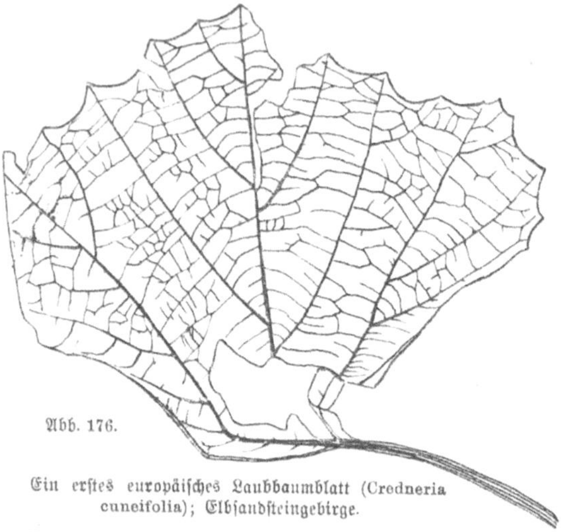

Abb. 176.

Ein erstes europäisches Laubbaumblatt (Credneria cuneifolia); Elbsandsteingebirge.

Berühmt geworden sind die Crednerienschichten von Niederschöna und Paulshain (nordöstlich von Freiberg), Zehista (südlich von Pirna), Leuteritz und Mobschatz (bei Dresden), weil sie (im Verein mit Funden von Aachen, Haldem, Blankenburg, Perutz [Böhmen] usw.) den gewaltigen Umschwung dokumentieren, der zur oberen Kreidezeit durch das massenhafte Erscheinen der ersten Laubhölzer in der Pflanzenwelt Europas eingetreten war (in Nordamerika schon in der unteren Kreide!) (Nach Engelhardt.)

Im Gegensatz zu den „Plänerbildungen" stellt der „Quadersandstein" das gröbere Frachtgut einmündender Ströme und Flüsse dar, welches, dem Zuge der Schwere folgend, schon in der seichten Küstenzone des Meeres niedersank und seine Ruhestätte fand. Die weißen Quarzkörner, die im Handstück auffallend schön gerundet und abgerollt erscheinen, die häufige Kreuzschichtung (z. B. Bielatal), die auf eine unruhige Strandlinie schließen läßt, die landndhen gröberen Sande und eingeschalteten Konglomeratbänke (z. B. am Oybin) — sie deuten in nicht mißzuverstehender Weise hin auf den geologischen Arbeiter, der einst zur Kreidezeit die mächtige Sandsteindecke breitete weithin ins flache Meer. Wasser hatte draußen auf dem landfesten Lausitzer Granitmassiv und droben im Erzgebirge den quarzreichen Gebirgsschutt aufgegriffen, Wasser ihn talab verfrachtet und hinausgetragen ins Meer. „Das hat nicht Ruh bei Tag und Nacht, ist stets auf Wanderschaft bedacht, das Wasser!" — sonst hätte es nicht 400—500 m mächtig Sandbank auf Sandbank türmen können. Wenn du aber trotz ihrer Rundung die Quarzkörner — in der Erinnerung an unsere

1) So genannt nach dem Dresdener Vorort Plauen: Pläner (= Plauenscher), wo die feinkörnigen Plänertafeln besonders schön vorkommen.

Buntsandstein-Ausführungen — als Aviatiker ansprechen und damit den „Kreide"-Sandstein für eine äolische (nicht aquatische) Bildung halten wolltest, so muß ich andere Zeugen aufmarschieren lassen, Zeugen, die's wissen können, weil sie dabei waren, Zeugen des damaligen marinen Lebens. Wohl gehörte die sächsische Meerenge mit ihren ungeheuren Sandkegeln und Sanddeltas nicht gerade zu den Tummel- und Sammelplätzen der kretazeischen Tierwelt. Aber trotzdem werden sich einwandfreie Zeugen genug finden, die mit ihrer ganzen Persönlichkeit für den marinen Charakter des Sandsteins eintreten. Da ist zunächst der Stamm der Muscheln, der wegen seiner Artenzahl (ca. 160), insbesondere aber wegen seines Individuenreichtums von sich reden macht. Zwei Muschelfamilien teilen sich in den Ruhm, für die Einzelgliederung treffliche Leitformen ins Feld zu stellen, die Familie der Austern (Abb. 177 u. 178) und die Familie der Inoceramen (Abb. 180). Wie dir die Übersichtsskizze (S. 154) zeigt, gliedert man die Obere Kreide in drei Unterabteilungen mit den fremdartig klingenden[1]) Namen: Cenoman, Turon, Senon.

Abb. 177. Die Kielauster (Ostrea carinata), leitend für das Cenoman. (Aus P. Wagner, Lehrbuch d. Geol. Orig. Dresd. Mus.)

Die Leitung für das Cenoman hat die Kielauster (Ostrea carinata[2]) Abb. 177) übernommen sowohl in der Sandstein-(Quader-) wie in der Plänerfazies. Du kennst es leicht, das ruppige, wulstige, krumme Ding mit seinen groben Kielrippen. Es war natürlich kein Einsiedlerleben, das diese Kielauster am Grunde der sächsischen Gewässer führte. So manche Austernschwester (O. diluviana) leistete ihr noch Gesellschaft. Massenhaft, oft ganze Bänke bildend, findet sich die charakteristische Austerngattung der Exogyren, leicht kenntlich an den seitlich eingedrehten Wirbeln (Abb. 178). Da aber die Exo-

1) Nach den gallischen Volksstämmen der Cenomanen (Le Mans), Turonen (Touraine) und Senonen (südlich und südöstlich von Paris).

2) Fundorte: Cenoman: Oberau, Plauen, Dölzschen, Coschütz, Gamighübel, Kleinnaundorf, Prinzenhöhe, Goldene Höhe, Schullwitz, Spechtshausen, Niederschöna, Dohna B. und K., Großsedlitz, Oberhäßlich, Dippoldiswalde, Langenhennersdorf, Niedergrund, Tyssa, Sattelberg. (Nach Wanderer.)

gyren (Exogyra columba[1])) dem Cenoman nicht treu bleiben, sondern auch hinauf gehen zum Turon und mit ihm gemeinsame Sache machen, haben sie als Leitformen nur bedingten Wert. Jedenfalls sind sie zur Unterscheidung der einzelnen Horizonte nicht brauchbar. Hervorragende Leit- und Charaktergestalten von Weltruf dagegen sind die „Faserhörner“ oder Inoceramen. Faserhorn! Ein eigen Wort und doch kein schlechtes Wort! Es packt den Täufling bei seinem hervorstechendsten Merkmal, bei seinen Fasern!

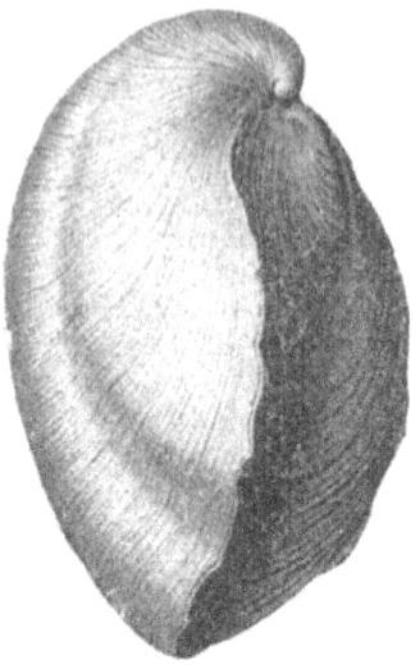

Abb. 178. Die Exogyren gehören zur Familie der Austern. J. a. den Gryphaeen ähnlich, unterscheiden sie sich von diesen hauptsächlich durch spiral nach der Seite gedrehte Wirbel. Die abgebildete Exogyra columba kommt in allen Horizonten der sächsischen Quader- (selten in der Pläner-) Fazies häufig vor, manchmal bankweise. (Nach E. Fraas.)

Bekanntlich besteht für gewöhnlich eine Muschelschale aus drei Schichten (Abb. 179): der innersten Porzellan- oder Perlmutterschicht (aus Aragonitlamellen *l*), der mittleren Prismenschicht (aus Kalkspatstäbchen *p*) und dem äußeren, hornigen, braunen Überzug (Epidermis *e*). Das Aparte in der Schalenstruktur unserer Faserhörner beruht nun in der starken Betonung der Prismenschicht. Dadurch, daß die (senkrecht zur Oberfläche stehenden) Kalkprismen sich strecken und verlängern, wird die Prismenschicht so dick, daß sie fast die ganze Schale zusammensetzt. Diese Prismen sind denn auch vorzügliche Erkennungszeichen für unsere Kreide-Inoceramen.

Selbst im schlechtesten Bruchstück werden die Faserhörner immer noch glänzend legitimiert durch die Prismen — die „Fasern“. Schon im Cenoman kannst du eine Leitform aus der Familie der Inoceramen finden (I. bohemicus). Ihre ganze Meisterschaft, stratigraphisch zu leiten und zu führen, zeigen dir die Inoceramen indessen erst im Turon. Allerdings ge-

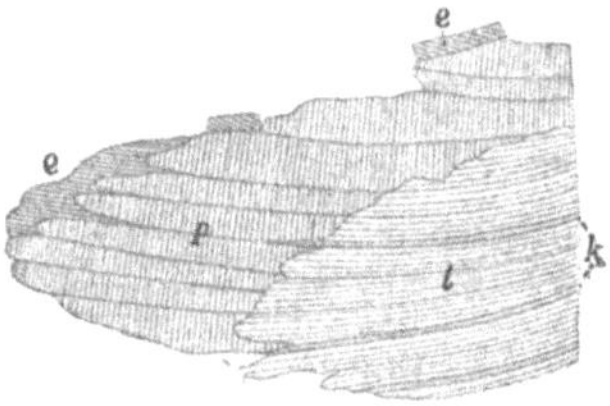

Abb. 179. Prismenstruktur der äußeren Kalkschicht *p* (von **Margaritana**). *e* = organische Epidermis; *p* = Prismenschicht; *l* = lamellöse Perlmutterschicht mit Konchinzwischenlagen *k*. (Aus O. Römer.)

1) Fundorte: Cenoman: Zauckerode, Coschütz, Gittersee, Goppeln, Kleinnaundorf, Prinzenhöhe, Goldene Höhe, Golberode, Weißig, Tharandter Gegend, Dohna B., Malter, Dippoldiswalde, Groß-Sedlitz, Schlottwitz, Raitza, Tyssa, Sattelberg, Keiblerberg, Hintertellnitz usw. Unteres Turon: Rottwerndorf, Groß-Cotta, Gottleubatal. Mittleres Turon: Porschdorf, Königstein, Schandau, Krippen, Postelwitz, Schmilka, Hoher Schneeberg usw. Senon! Herrenleithe, Wehlen. (Nach Wanderer.)

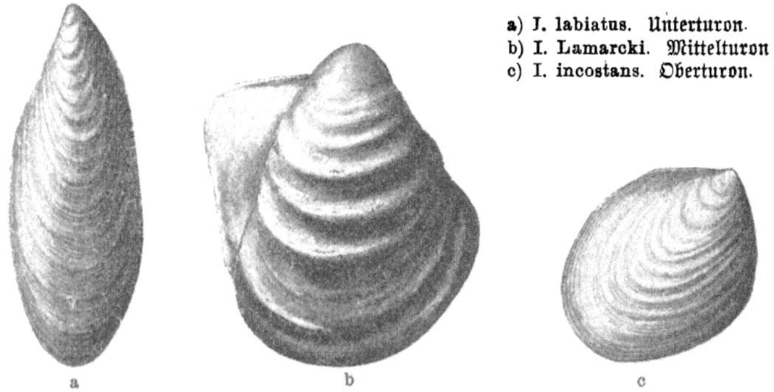

Abb. 180. Die leitenden Faserhörner aus dem Turon. (Nach K. Wanderer.)

hört ihre genaue Bestimmung nicht zu den leichten paläontologischen Aufgaben. Im Unterturon herrscht eine schön abgerundete, schmal- bis breitelliptische Form mit leichten konzentrischen Falten (Stufe des I. labiatus [Profil S. 154, Abb. 180a]). Grob aufgeworfene Runzeln dagegen — es sind Altersrunzeln — besitzt die prächtige, dickschalige Leitmuschel für das Mittelturon (Stufe des I. Lamarcki [Abb. 180b]). Mit ihrem stark ausgezogenen Seitenflügel — wohl das Auffallendste der ganzen Muschelschale — erinnert sie halbwegs an Motive der — Markgräfler Tracht. In den Bereich ihrer Domäne gehört insbesondere (Profil S. 154) der mächtige Sandsteinkörper des Haupt- oder Oberquaders (Lamarcki-Quader), aus dem der Meißel der Erosion und Denudation später die vielgliedrige Felsenszenerie der Elbtallandschaft herausmodellierte (Abb. 181). Inoceramus incostans (Abb. 180c), ein etwas verschrobener Kauz, schließt das Turon nach oben ab.

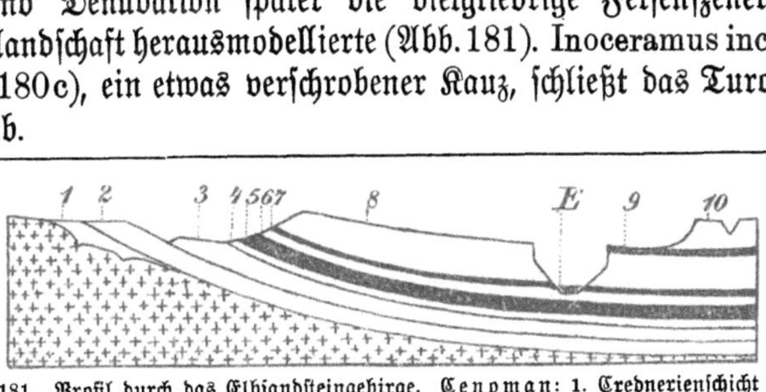

Abb. 181. Profil durch das Elbsandsteingebirge. Cenoman: 1. Crednerienschicht (nur örtlich), 2. Carinatenquader (Unterquader). Turon: 3. Labiatusquader, 4. und 6. Grünsandstein, 5. Lamarckipläner, 7. Mergel, 8. Lamarckiquader (Haupt- oder Oberquader), 9. Mergel. Emscher: 10. Überquader. E = Elbtal oberhalb Pirna. (Nach Credner. Aus P. Wagner, Lehrbuch d. Geol.)

Neben denen, die das große Wort führen, neben den Inoceramen und Austern, zeigen auch noch andere Muscheln (Spondylus Abb. 182, Lima canalifera, Pecten asper Abb. 183 usw.), welch hohe Bedeutung die Zweischaler zur Kreidezeit erlangt hatten. Bei den Pektiniden im besonderen läuft die neue Stilrichtung darauf hinaus, im Gegensatz zur flachen, linken Klappe, die rechte Klappe hoch aufzuwölben, die ganze Schale aber mit kräftigen bzw. abgestuft-kräftigen Radialrippen zu schmücken. (Abb. 186.)

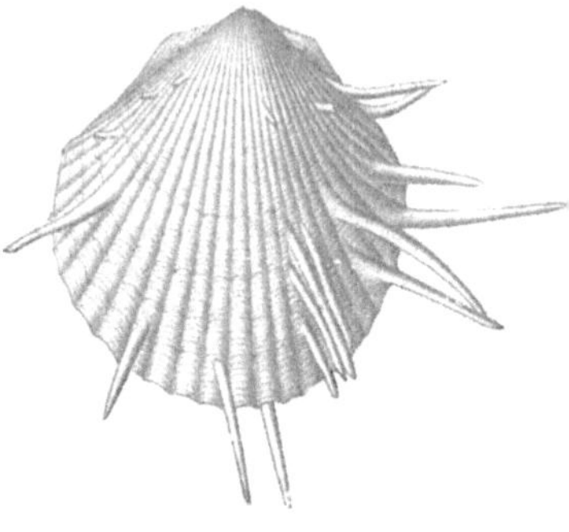

Abb. 182. Spondylus spinosus. Turon von Strehlen. (Aus Geinitz.)

Zu den Muscheln gesellt sich eine stattliche Schar von Brachiopoden. Die Rhynchonellen (Abb. 184) und Terebrateln (Abb. 185) ähneln ganz ihren Kameraden zur Jurazeit. Und auch so häufig wie jene sind sie noch zur Kreidezeit. Dort, wo das vordringende sächsische Cenomanmeer einst die emporragenden Syenit-, Granitit-, Porphyr- und Gneisklippen nagend umbrandete, wo der Wogenprall sack- oder kesselartige Vertiefungen im Untergrunde ausschürfte — hier in diesen Brandungshöhlen war es, wo sich das marine Leben staute. Hier finden wir in dem Ausfüllungsmaterial, in den Muschelbreccien, Mergelkalken und Konglomeraten neben vielen Austern, Schwämmen und Seeigeln usw. auch am leichtesten Brachiopoden. Überhaupt sind die allermeisten Brachiopoden im Cenoman daheim; mit Ausnahme des Lamarcki-Pläners ist das Turon brachiopodenarm. Die Abb. 184[1]) und 185[2]) stellen dir ein paar populäre Armfüßler aus der Kreidezeit vor.

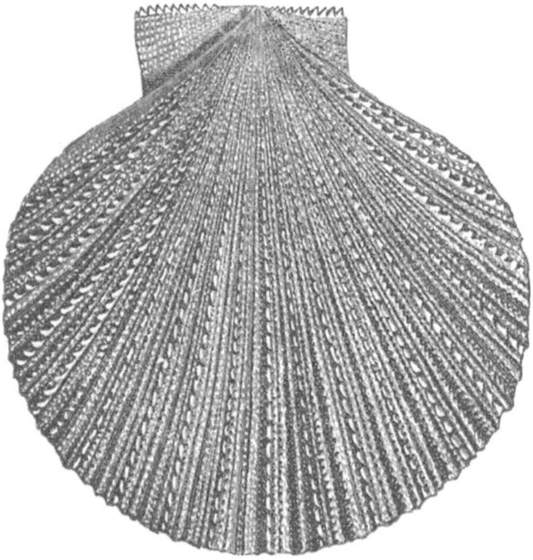

Abb. 183. Die „rauhe Kammuschel" aus dem Cenoman (Pecten asper). (Nach Kayser.)

Von den Schnecken[3]) erinnern viele noch stark an

1) Fundorte: Cenoman: Oberau, Zscheila, Meißen, Plauen, Döltzschen, Coschütz, Goppeln, Prinzenhöhe, Goldene Höhe, Babisnau, Dohna K. und B., Wendischcarsdorf, Oberhäßlich, Niedergrund. (Nach Wanderer.)

2) Cenoman: Oberau, Plauen, Döltzschen.

3) Im ganzen ist an Schnecken nicht viel zu holen in der sächsischen Kreide (etwa 130 Arten, aber wenig Individuen). Am ergiebigsten war noch das

Abb. 186 a. Vola aequicostata, eine Kammuschel, die noch gleichmäßig radial berippt ist (und zwar etwas dichter als V. phaseola). Cenomanquader.

Abb. 186 b. Vola notabilis. Die kleine Kammuschel hat ein langes, spitzes vorderes und ein kurzes hinteres Ohr. 6 Hauptrippen mit feinen Längsstreifen dazwischen. Cenoman.

Abb. 186 c. Vola quinquecostata. Scharf ausgeprägt treten 6 Hauptrippen heraus, in den 5 Zwischenfeldern je 4 Nebenrippen. Cenoman und Mittelturon.

Abb. 184. Rhynchonella compressa. Die unsymmetrische „Zusammengedrückte" ist der häufigste Armfüßler des Cenomans. (Pläner-, weniger in der Quaderfazies.)

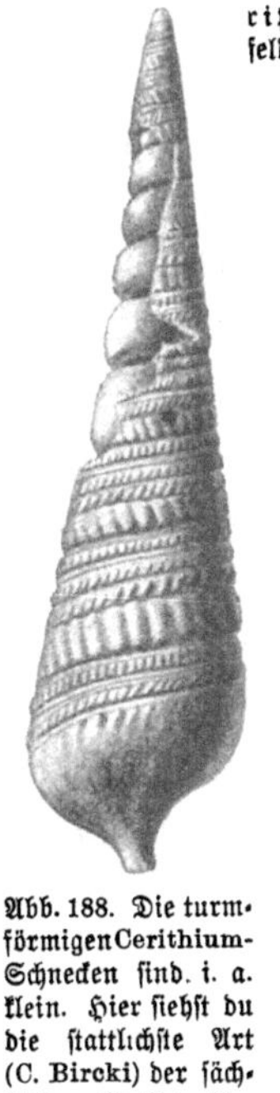

Abb. 188. Die turmförmigen Cerithium-Schnecken sind. i. a. klein. Hier siehst du die stattlichste Art (C. Bircki) der sächsischen Kreide. Beachte die reiche Verzierung. Cenoman (Plauen, Gamighübel).

Abb. 187. Die Seitenschlitzschnecke Pleurotomaria Plauensis, *s* = Schlitzband. Vgl. Teil I Abb. 152. Cenoman: Oberau, Plauen.

Abb. 185. Terebratula biplicata wird fast 1 dm lang. Cenoman (häufig im Pläner, seltener im Quader).

Abb. 189. Siphonia Geinitzi. Zwei Schwammindividuen zusammengewachsen. Cenoman (Plauen, Gamighübel, Kauscha, Dohna K., Groß-Sedlitz).

Versteinerungen aus dem Cenoman. (Nach K. Wanderer.) ca. $^2/_3$ nat. Größe.

Juraformen, so die dickschaligen Nerineen und die schlitzbandtragenden Pleurotomarien (Abb. 187). Wieder andere: Kleine turmförmige Cerithien (Abb. 188) und häufiger werdende Kanalträger (Siphonostomen Abb. 190) weisen hin auf das Große und Schöne, das mannigfach in ihrer Zukunft (Tertiärzeit) liegt. Aber die charakteristischste von allen ist doch die dickschalige Actaeonella, ein echtes Kreidekind (Abb. 191). Nur schade, daß es nicht hereinkam in die sächsischen Gewässer, sondern wie die Hippuriten (vgl. unten) als Charaktergestalt der südlichen Kreideausbildung draußen an den Ufern des alpinen (Gosauschichten) und südlichen wärmeren Weltmeeres hauste.

Aufgeblüht zur höchsten Formenfülle sind die Seeigel (S. 163). Wenn dir die sächsische Kreide von all den Genera, Spezies und Individuen so wenig ein vollständiges Bild geben kann wie von der kretazeischen Schneckenwelt, so wird doch manches „Täfelchen" und mancher „Stachel" zurückdeuten auf die Zeit, da ihre Träger auf der Höhe stammesgeschichtlicher Entwicklung standen. Während im Cenoman wie einst zur Jurazeit (S. 126) reguläre Formen überwiegen (Abb. 192), herrschen im Turon irreguläre Formen mit exzentrischliegendem After bzw. mit exzentrischliegendem After und Mund vor (Abb. 193).

Und das entwicklungsfrohe und entwicklungsstarke Jurageschlecht der Ammoniten, war's ausgestorben zur Kreidezeit? O nein, es herrschte noch! Aber dieses Noch war bei aller Formenfülle gleichbedeutend mit der gestundeten Gnadenfrist vor dem Ende. Wohl gibt es noch viele, viele Ammoniten, die mehr[1]) oder weniger konservativ (Pachydiscus Abb. 194, Acanthoceras usf.) ihre Häuser bauten, wie es einst die Väter taten: fest eingerollt in der Ebene. Aber — erinnerst du dich noch jenes Sonderlinges (Spiroceras bifurcatum Abb. 115) unter den Schmuckhörnern der Jurazeit (S. 113), der die Keckheit hatte, die festgeschlossenen Windungen aufzugeben und sich auszurollen zur losen Spirale? Was

---

Mittelturon (Plänerkalk von Strehlen). Das Unter- und Oberturon (Plänerfazies) hat wenig, die Quaderfazies (mit Ausnahme des Cenomanquaders) überhaupt fast keine Schnecken.

1) Die Phylloceraten und zum Teil die Lytoceraten sind so starre, langlebige Typen, daß man solche aus der oberen Kreide nicht leicht von jenen des unteren Juras unterscheiden kann (hauptsächlich in der Äquatorialregion).

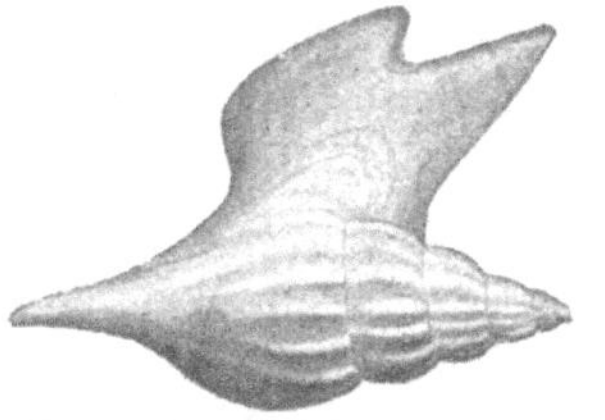

Abb. 190. **Aporrhais (megaloptera)** fällt auf durch die flügelförmige, gefingerte Außenlippe. Sie gehört zu jener Gruppe von Schnecken, die in der Mündung einen Kanal zur Aufnahme der Atemröhre hatten. (Siphonostomen oder Kanalträger.) Mittelturon (Strehlen, Zschertnitz, Teplitzer Straße, Hoher Schneeberg). (Nach K. Wanderer.)

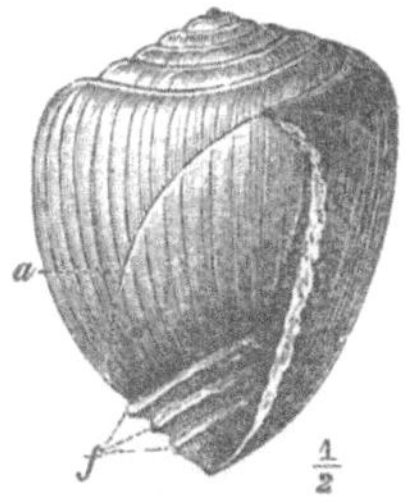

Abb. 191. Das typische, dickschalige Kreidekind des südlichen Weltmeeres **Actaeonella gigantea.** (Aus Steinmann.)

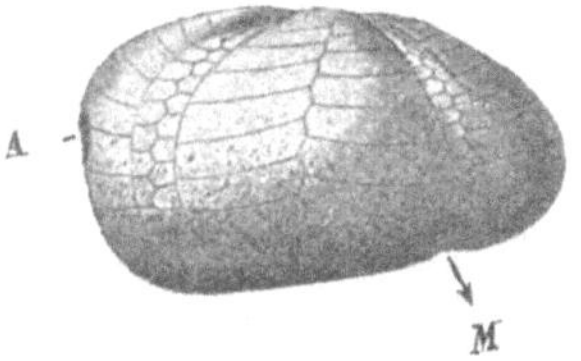

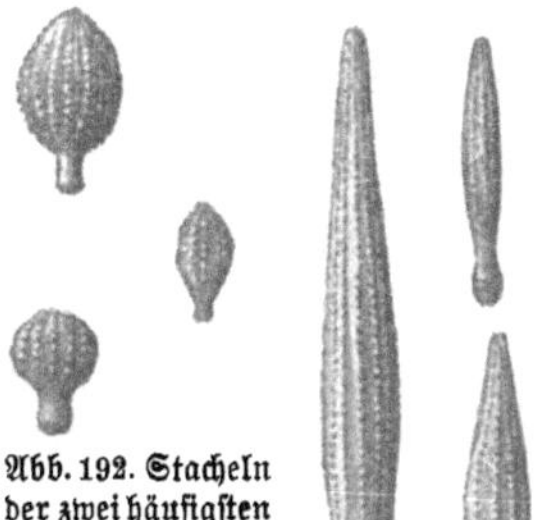

Abb. 192. Stacheln der zwei häufigsten Seeigelarten in Sachsen. **Cidaris Sorigneti** ist leitend für das Cenoman. Im Gegensatz zu diesen dicken Keulchen sind die Stacheln von **Cidaris vesiculosa** schlank. (Nach K. Wanderer.)

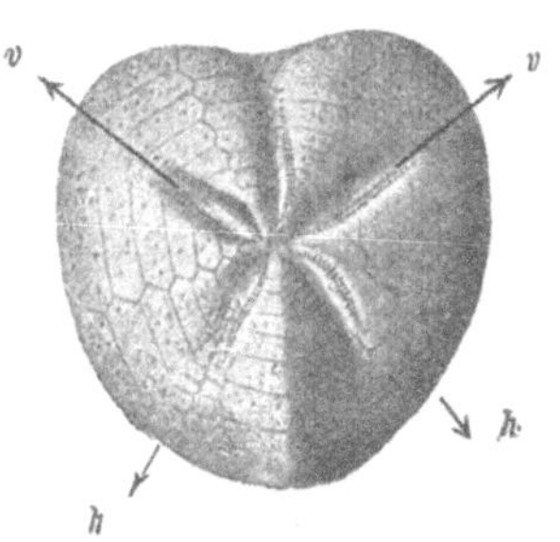

Abb. 193 b. Von oben.

Abb. 193 a. Ein irregulärer Kreideseeigel (**Micraster cor testudinarium**) mit exzentrischem After (*A*) und exzentrischem Mund (*M*). — b von oben. Die fünf kurzen blattförmigen Ambulakralfelder sind in Furchen eingesenkt. Das hintere Paar (*h*) ist kürzer als das vordere (*v*). Mittelturon (Weinböhla, Strehlen, Birkwitz, Copitz, Krietzschwitz). (Nach K. Wanderer.)

der wunderliche Sonderling damals vereinzelt tat, was er als Parole ausgab, das wird jetzt zum allgemeinen Schlagwort der neuen Zeit. Wie von einer Schnörkelepidemie erfaßt, rollen sich die Schalen in verwirrender Mannigfaltigkeit auf, hier lockere Spiralen bildend

(Crioceras), dort den letzten Umgang hakenförmig ablösend (Scaphites Abb. 195), hier stabförmig sich streckend (Baculites Abb. 196), dort turmschneckenartig hinaus sich schraubend in den Raum usw. Namentlich neigen die Schmuckhörner (Cosmoceraten im weiteren Sinne, Abb. 195) und die Loshörner (Lytoceraten, Abb. 196) dazu, sich gehen zu lassen und „Neben"- bzw. „Zerrformen" zu bilden. Beispiele solcher Nebenformen findest du in der sächsischen Kreide im Turon: Scaphites Geinitzi[1]) im Mittel- und Oberturon (Scaphitenton vgl. Übersichtsskizze) und Baculites[2]) im Mittelturon. Die Gepflogenheit vieler (nicht aller!) Ammoniten, das geschlossene Spiralsystem aufzugeben, ist an und für sich schon ein recht seltsamer Charakterzug der Kreidezeit. Noch seltsamer aber wird die Sache, wenn wir uns nach dem allgemeinen, tieferen Grund dieser auffälligen Abänderungsrichtung fragen.

Abb. 194. Ein Riese unter den Kreideammoniten (Pachydiscus peramplus). Er wird zwar in der sächsischen Kreide höchstens über $^1/_2$ m groß; im Zoologischen Garten zu Münster i. W. aber prangt einer von 2 m Durchmesser. 8—10 über den Rücken laufende Hauptrippen, dazwischen 3—5 Nebenrippen. [Cenoman: Ockerwitz; Unterturon: Leutewitz, Cotta, Räcknitz, Leubnitz; Mittelturon: Weinböhla, Strehlen, Teplitzer Straße.] (Nach Credner.)

Da die Nebenformen die letzten ihres Geschlechtes sind, da sie dessen Untergang und Ende einleiten, hat man sie als „Entartete", als „Krüppelformen", als altersschwache Greise ihres Stammes hinzustellen versucht. Ob sie aber wirklich nichts anderes sind als Kinder „seniler Altersanomalie", wer kann's wissen?

Und hier (Abb. 197), was ist denn das für ein versteinertes, dickschaliges „Reisebecherlein"? Vielleicht ein Schwamm? Zwar erreichen die Schwämme zur Kreidezeit den Höhepunkt ihrer Entwicklung und sind auch in der sächsischen Kreide nicht gerade selten. (Abb. 189.) Aber das nette Becherlein ist doch etwas ganz Besonderes. Zu jenen Kreideformen gehört es, die es sich gefallen lassen mußten, von den Geologen bald als Kopf- oder Armfüßler, bald als Korallen, Austern, Meereicheln usw. verdächtigt zu werden. Und doch ist das

---

1) **Fundorte:** Mittelturon: Weinböhla, Strehlen, Birkwitz, Copitz; Oberturon: Zatschke. (Nach Wanderer.)

2) Mittelturon: Weinböhla, Strehlen, Zschertnitz, Teplitzer Straße.

Abb. 195. Eine Nebenform der Schmuckhörner Scaphites Geinitzi. Die Wohnkammer löst sich ab, streckt sich ein Stück weit gerade, um dann wieder hakenförmig zurückzubiegen. Die stärkeren Rippen endigen in Knoten. (Nach Schlüter.)

Abb. 197. Ein Vertreter der Rudisten aus dem Cenoman Sachsens (Radiolites Saxoniae) (Plauen, Coschütz, Dohna K., Oberhäßlich, Dippoldiswalde, Keiblerberg). (Nach Wanderer.)

Abb. 196. Stabförmig gestreckte Nebenform eines Loshornes (Baculites baculoides) aus dem mittleren Turon der sächsischen Kreide. (Nach Wanderer.)

Becherlein nichts anderes als die linke Klappe von einer Muschelschale. Du wirst die kleine, bescheidene Sächsin gleich mit anderen Augen ansehen, wenn sie dir erzählt, welcher Familie sie entstammt und welches ihre eigentliche Heimat ist. Draußen im Süden, wo der Weltozean am seichten Gestade brandete — von Portugal durch die Pyrenäen, das südliche Frankreich, die Alpen[1]), Nordafrika bis Kleinasien, Indien, Mexiko usw. —, dort blühte und sproßte ihr stolzes Geschlecht, das starke Rudistengeschlecht, in erstaunlicher Fülle und Pracht. Dicht wie Rettiche im Gartenbeet stehen die dickschaligen Muschelriesen, oft wie die Austern ganze Bänke bildend, mit der kegelförmigen, großen (rechten) Klappe festgewachsen am Boden, dagegen nur mit einer ganz niederen, flachen linken Klappe deckelartig nach oben abgeschlossen. Einzig und allein auf die Kreidezeit beschränkt, bilden diese bis zu 1 m langen Rudistenkegel das Markanteste, was die Kreideformation überhaupt an

1) Berühmt sind z. B. die Hippuritenkalke am Untersberg bei Salzburg, die Gosauschichten im Salzkammergut usw.

Leitformen hervorbrachte. Und es ist durchaus begreiflich, daß der Geologe scharf scheidet zwischen südlicher und nördlicher Kreidefazies, zwischen der südlichen Ausbildungsweise mit ihrem oft verschwenderischen Reichtum an Rudisten (Hippuriten Abb. 198, Radioliten), Actäonellen (Abb. 191) und Nerineen usw. und der rudistenarmen nördlichen Ausbildungsweise, die wie in Sachsen in Norddeutschland, Nordfrankreich, England, im südlichen Schweden und in Rußland durch das Vorherrschen der Inoceramen (und Belemnitellen) ihr besonderes Gepräge aufgedrückt bekommt.

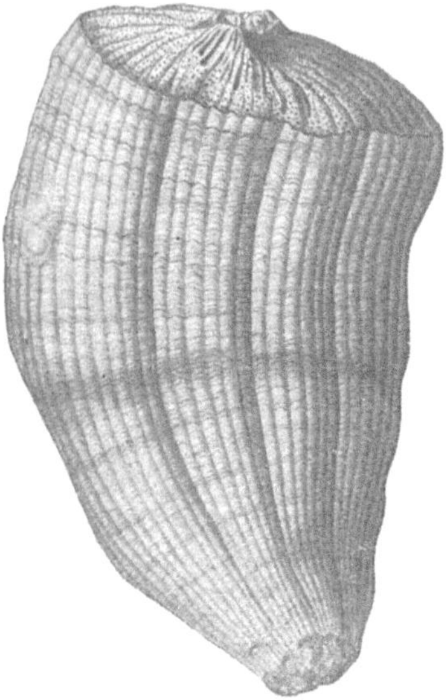

Abb. 198. Ein Rudisten-Kegel aus der südlichen Kreidefazies. Die übertrieben ungleichklappige typische Kreidemuschel war mit der Spitze der kegelförmigen rechten Klappe am Boden festgewachsen. Die linke Klappe, ein niederer, flacher Deckel, ist mit der Unterschale durch lange, kräftige Zähne verzapft. Eigentlicher Wohnraum klein. (Hippurites gosaviensis, aus den berühmten versteinerungsreichen Gosauschichten im Salzkammergut.) (Nach Zittel.)

Kreideformation! Wo um alle Welt bleibt deine Kreide? Die ganze sächsische „Kreide" vom Cenoman bis hinauf zum lokal [1]) entwickelten Emscher, alle die Quadersandsteine mitsamt den tonigkalkigen Zwischenschichten haben wir durchmustert. Kein Bröcklein Kreide weit und breit! Du segelst also unter falscher Flagge? Beinahe, nicht ganz! So irreführend der Formationsname für den Anfänger ist, so unglücklich er im Hinblick aufs Ganze auch gewählt sein mag — wer nach Norden geht, in der baltischen [2]) Kreide ein bißchen Umschau hält, der wird die Namengebung nicht mehr ganz trügerisch finden. Kennst du Rügen, das meerumrauschte deutsche Idyll? Hier ist's, wo auf deutschem Boden

1) Zwischen Lohmen, Wehlen und Mockethal bei Pirna.

2) Die baltische Kreide umfaßt nicht nur Südschweden und die dänischen Inseln, sondern greift — wie die zahlreichen isolierten Vorkommnisse in Pommern, Mecklenburg, Schleswig-Holstein, Oldenburg, südl. bis Lüneburg (!) beweisen — in Norddeutschland unterirdisch noch weit nach Süden vor.

Abb. 199. In der Rügener Kreide. Strandpartie zwischen Saßnitz und Stubbenkammer. (Verlag von Dr. Stoedtner, Wissensch. Projektion, Berlin.)

die Natur die obersenonische Kreide[1]) in klassischer Schönheit aufgeschlossen hat. Bist du von Saßnitz gewandert nach Stubbenkammer oder mit dem Dampfer um die Steilküste von Jasmund gefahren und weiter bis zum Leuchtturm von Arkona, so hast du sie noch in der Erinnerung: die hellen, hohen Felsgestalten, die — wie auf Besuch wartend — im weißen Festtagskleide heraustreten aus grünen Buchenhainen (Abb. 199). Zwar haben die eiszeitlichen Gletscher einst eine Decke von Schutt (Geschiebemergel und Sande; Abb. 200) über das rügische Kreideland geworfen. Aber gerade hier, am Nordostufer, steigt die Schreibkreide — wie wir sie vom ersten Schultage an kennen — vom schmalen Blockstrande jäh und steil empor zu über 100 m hohen Wänden, Steinpfeilern, Kanzeln und Bastionen (Stubbenkammer-Königsstuhl). Fix und fertig zum Gebrauch ist diese Naturkreide allerdings nicht. Sie muß sich einem Zertrümmerungs- und Schläm-

1) Man teilt das Senon ein in das Untersenon oder die Quadratenkreide (nach dem leitenden Belemniten Actinocamax quadratus) und in das Obersenon oder die Mucronatenkreide (B. mucronata). Die rügische Schreibkreide ist Mucronatenkreide.

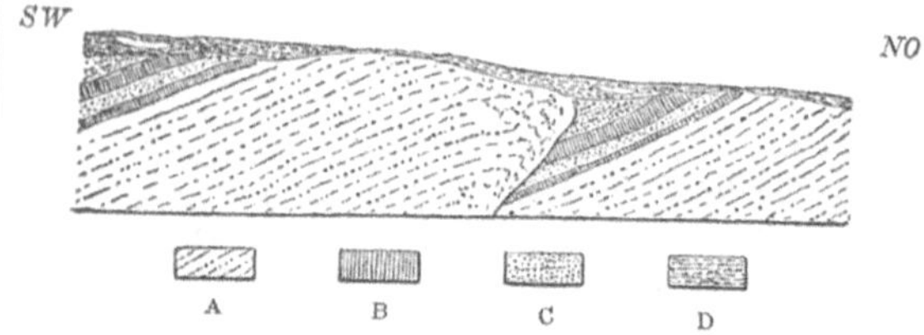

Abb. 200. Schematisches Profil der obersenonischen Schreibkreide und der Diluvialschichten an der Steilküste zwischen Saßnitz und Stubbenkammer. (Nach O. Jaekel.)

A = durch Feuersteinbänke geschichtete senone Mukronatenkreide. B = untere Geschiebemergel. C = untere interglaziale Sande. D = oberer Geschiebemergel mit Kreideschollen und vielen Feuersteinen.

mungsprozeß unterwerfen, bei dem das feine Kreidepulver mit Wasser herausgeschlämmt wird. Ohne wohl eigentlicher Tiefseeschlamm zu sein (nicht über 300 m), stellt die ungeschlämmte Kreide nach Art des heutigen Globigerinenschlicks nichts anderes dar als ein Haufwerk[1]) von winzigen Urtier-Schälchen (Foraminiferen = „Lochträger" Abb. 201), von mikroskopisch kleinsten Kalkscheibchen (Coccolithen), von zermahlenen und zerfallenen Moostierchen-, Zweischaler-, Seeigel- und Korallen-Bruchstücken. Grobe, aber vom Geologen gern gesehene Verunreinigungen sind die letzten Belemniten (Belemnitella mucronata Abb. 202), dickschalige Austern (Gryphaea vesicularis), irreguläre Seeigel (Echinocorys vulgaris Abb. 202a) usw., endlich noch die zahlreichen, dunklen Feuersteinknollen — chemische Abscheidungen bzw. **Konkretionen** von Kieselsäure, die in bestimmten (durch Druck verbogenen) Zonenlinien das Foraminiferensediment schichtend durchsetzen.

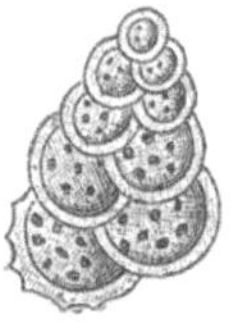

Abb. 201. **Textularia**, ein Kreidebaumeisterchen. Das Gehäuse mit seinen zweizeilig alternierenden Kammern hatte Löcher, durch welche die Scheinfüßchen des schleimklümpchenähnlichen Tieres heraustraten. Es gehört daher zu den Lochträgern oder Foraminiferen. (Nach Goldschmidt.)

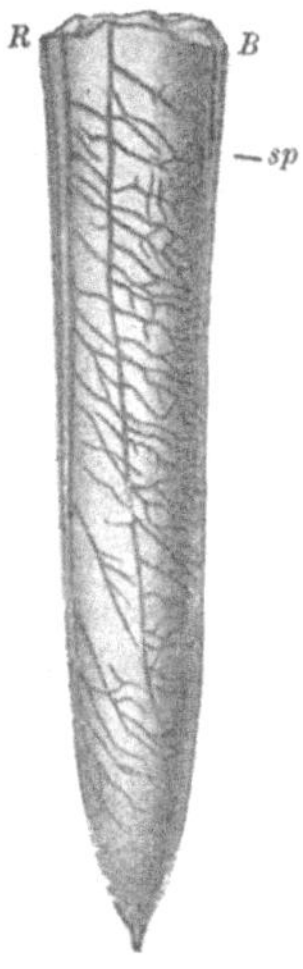

Abb. 202. Der letzte Mohikaner. **Belemnitella mucronata** gibt dem Obersenon Legitimation u. Namen (Mucronatenkreide). Das ausgezeichnete Leitfossil zeigt Gefäßeindrücke, die sich von d. Rückenseite (*R*) nach der Bauchseite (*B*) hin verzweigen. Beachte den charakteristischen Bauchspalt (*sp*). (Nach Wegner.)

Längst war die sächsische Quadersandsteinscholle wieder landfest geworden, als im Norden von Deutschland, Frankreich, in England,

1) Empfehlenswerte Fundplätze für Schreibkreidefossilien sind die aufgehäuften Schlämmungsrückstände, die Brüche und alten Halden in der Nähe der Kreideschlämmereien.

Dänemark usw. die *eigentlichen Kreidefabrikanten* noch mitten an der Arbeit waren. *Früh*, wie die Elbtalsenke wieder herausgetaucht war aus der Flut, ebenso *spät* war sie einst hinuntergesunken, bei Beginn der Kreidezeit. Findet sich doch in Sachsen nichts von jenen Ablagerungen, wie sie sich zur *älteren Kreidezeit* im nördlichen Harzvorland, im Braunschweigischen und Hannoverschen, im Hilsgebiet, in der Weserkette (Deister usw.), im Teutoburger Wald usw. gebildet hatten. Während sonst zur unteren Kreidezeit der größte Teil unserer deutschen Heimat Festland war, hätten wir also hier im *nordwestlichen Deutschland* Gelegenheit, die marinen Ablagerungen der *älteren Kreide* zu studieren — die *untere Abteilung* (Neocom) mit ihren oft recht muschelreichen Hilskonglomeraten und (darüber) Hilstonen (im Braunschweigischen; im Teutoburger Wald infolge der Küstennähe durch [Hils-] Sandstein vertreten) und die obere Abteilung (Gault[1]) mit ihren ammoniten- und belemnitenreichen Tonen und Mergeln. Entwicklungsgeschichtlich neue Züge würde unser kretazeisches Zeitbild dadurch im wesentlichen kaum bekommen. Neben Inoceramen und Trigonien herrschen in einem schwer übersehbaren Heer noch die *Ammoniten*, echte und „degenerierte". Insbesondere spielen als Leitformen die Ammoneengattungen *Hoplites* (geschlossene Formen), Crioceras und ihre Verwandten (ausgerollte Formen) eine Hauptrolle, sowohl im Neocom, wo nach den schönen Untersuchungen von A. v. *Koenen* die Zonengliederung ausschließlich mit Hilfe der Ammoniten durchgeführt werden kann, als im Gault, wo nach Strombeck die Ammoniten unter der trefflichen Assistenz der Belemniten „die Gliederung besorgen. Wer eingehendere Studien in der *marinen unteren Kreide* macht, der muß sich unter Umständen auf Über-

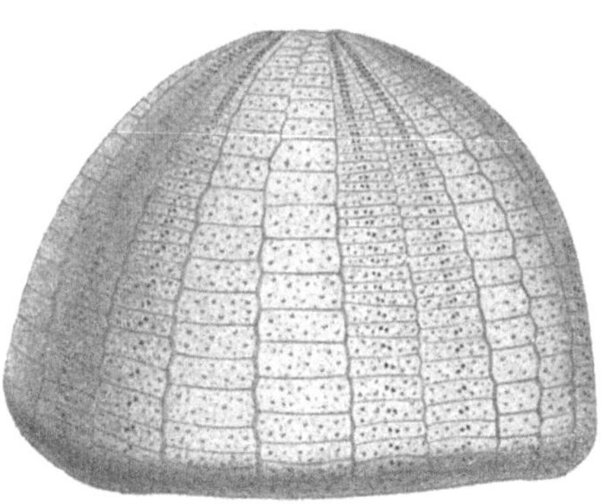

Abb. 202a. Echinocorys vulgaris.
Der hochaufgewölbte, unten flach abgestutzte *Irreguläre* mit seinen auffallend großen Ambulakraltafeln ist auf Rügen sehr häufig. Beachte, wie der querovale Mund und der After verschoben ist. (Nach Goldfuß.)

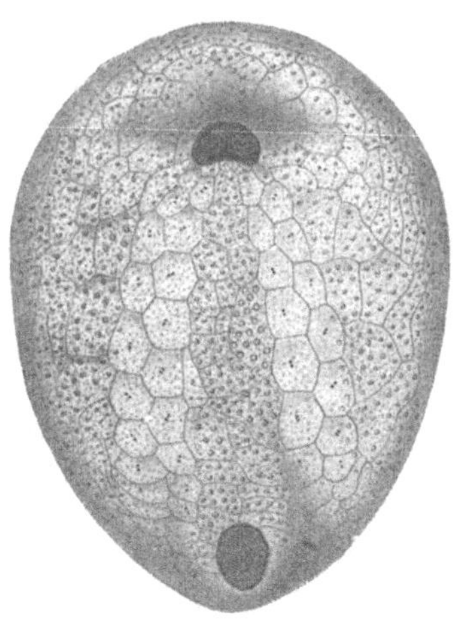

1) Hauptsächlich im nördlichen Harzvorland, im Braunschweigischen, Hannoverischen bis hinüber zur Grenze von Holland.

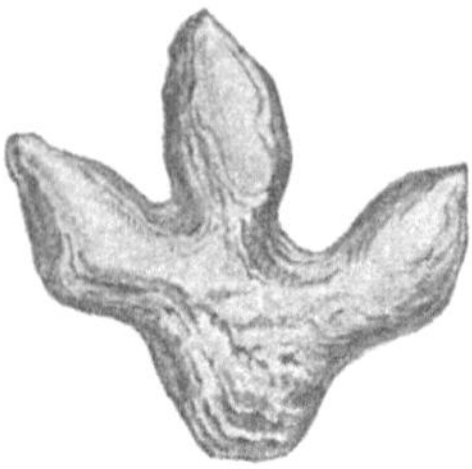

Fährtenabdrücke eines schreitenden Iguanodon, wie sie gefunden wurden in der Wälderstufe von Hastings (England) und von Bad Rehburg (Hannover). Da man im Zusammenhang mit dieser Art von Fährten keine Schwanzfährten fand, soll nach L. Dollo der Schwanz beim Schreiten nicht als Stützorgan, sondern als freigetragenes Balancierorgan verwendet worden sein. (Aus Stromer von Reichenbach.)

Abb. 203.

raschungen gefaßt machen. An manchen Orten (z. B. im Teutoburger Wald, in der Gegend von Bückeburg) geht das marine Neocom nach unten über in Brack- bzw. Süßwasserbildungen. Sie gehören zu den berühmten Weald- oder Wäldertonbildungen, die man von Südengland bis nach Belgien und Frankreich hinein (Boulogne) verfolgen kann und die im nordwestlichen Deutschland: im Teutoburger Wald, im Deister, Osterwald, Süntel, in den Bückeburger Bergen als integrierendes Schichtenelement auffallend in die Erscheinung treten. Nicht weil der dunkelgraue Wälderton (obere Wealdstufe, 20—80 m mächtig) in seinen zwischengelagerten, schwachen Kalkplatten so erstaunlich viel Brack- und Süßwassermollusken enthält: Muscheln (Cyrenen und Unionen) und Schnecken (Paludinen und Melanien usw.), die in weiten, stillen Seen und Lagunen einst vor dem weiteren Umsichgreifen des unteren Kreidemeeres ein beschauliches Dasein führten, nicht weil der helle feinkörnige, als Baustein sehr geschätzte „Deistersandstein" (untere Wealdstufe, bis 180 m mächtig) in zwischengeschalteten dunklen Schiefertonen viele Pflanzenreste birgt: Cykadeen (Pterophyllum; vgl. Abb. 57), Nadelhölzer (Abietites), Farne und Schachtelhalme, die als üppige Uferwälder die frühkretazeischen Sümpfe und Seen umsäumten und — wo die Verhältnisse günstig waren — Veranlassung zur Entstehung abbauwürdiger[1]) Steinkohle gaben — nicht wegen alledem sind die Süßwasserbildungen der unteren Kreide so berühmt:

In diesem Deistersandstein (Bad Rehburg und Obernkirchen) hat man ähnlich wie im englischen Wealden von Hastings (Abb. 203) Fußabdrücke gefunden, Fährtenplatten, die unter Brief und Siegel dokumentieren, daß auch im deutschen Mutterlande zur Kreidezeit echte Dinosaurier ihren Fuß auf deutschen Boden setzten. Wie es

1) Diese örtlich entwickelten Kohlenflöze werden bei Obernkirchen (nahe Bückeburg), am Deister (15 Flöze, von denen allerdings nur wenige den Abbau lohnen), am Osterwald usw. abgebaut.

die Prachtstücke im Brüsseler Museum so imponierend zeigen, schritten diese bis 10 m langen Kreidelümmel känguruhartig auf ihren gewaltigen Hinterbeinen aufgerichtet einher (Abb. 204). So drohend aber die Aufgerichteten daherkamen, sie waren — ihr Gebiß verrät es — doch nur harmlose Laub- und Pflanzenfresser. Auch Scheffel hat in seinem humorvollen Geologengesang die Fähigkeit und den Wagemut eines Iguanodon weit überschätzt, wenn er den verliebten Schwerenöter am hellichten Tage die Ichthyosaura küssen läßt. „De konnen tonanner nich kummen, dat Water was vil to bred." — —

Sachsens Kreide haben wir forschend durchstreift. Um das Zeitbild, das sie uns gab, in den allgemeineren Rahmen kretazeischer Verhältnisse hineinzuspannen, mußten wir bei der überaus verschiedenartigen Ausbildung der deutschen Kreideformation gelegentlich etwas Ausschau halten — war's auch nur rasch und flüchtig — über die sächsischen Grenzpfähle hinaus. Wie aber auch die „Kreide" entwickelt sein mag, als Deistersandstein oder Wealdenton, als Steinkohle(!) oder als marine Tone und Mergel (Hils, Gault), als Grünsandsteine (cenomane Sandsteine mit eingestreuten Glaukonitkörnchen), als Quadersandstein, als kalkig-mergeliger Pläner, als weiße Schreibkreide mit Feuersteinen usw. — was in all diesen petrographisch so mannigfaltigen Schichten das tierische Leben als Urkunde zurückließ, steht in engster Verwandtschaft zum Juraleben — ist im ganzen nichts anderes als verlängertes Juraleben, ohne viel ureigene, frischtreibende Schöpferkraft. Kein Emporgehen, kein Aufsteigen ist's zu neuen, grundverschiedenen Lebenstypen, mehr ein allmähliches Verflachen in die Breite, ein Variieren und Differenzieren vorhandener Grundformen. Und die berühmtesten Herrschergeschlechter: die ein- und ausgerollten Ammoniten, die wie im Größenwahn erstarrten Reptilien — sie bieten zur Kreidezeit das Bild einer gesättigten Macht, die sich selbst überlebte und der schöpferisch-schaffenden Phantasie keine neue Anregung zu geben vermag. Das Ende der Kreidezeit aber bedeutet auch ihr Ende — wie es denn überhaupt ein Ende ist, ein Erlöschen und Aussterben für so viele einst blühende Arten, Gattungen, Familien und Ordnungen. Was lange schon herrschte, der Ammonit und das Reptil, was seit kurzem erst von sich reden machte, die Inoceramen und Rudisten — alle gehen unter. Warum? Niemand weiß es. Wie ein herbstliches Sterben geht es durch die Welt. Wie welke Blätter fallen, so fallen ver-

Abb. 204. Scheffels Kreidelümmel (Iguanodon bernissartensis.) In einer Kohlengrube des belgischen Wealdentons fand man bei Bernissart 29 mehr oder minder vollständige Iguanodontenskelette, von denen 21 Exemplare zu der abgebildeten Art gehören. Nach den interessanten Untersuchungen von Dollo bewegte sich der aufgerichtete Dinosaurier auf den starken, dreizehigen Hinterbeinen schreitend oder laufend fort, den langen Schwanz nicht als Stütz-, sondern nur als Balancierorgan gebrauchend. Aus bestimmten Merkmalen des Kiefer- und Zahnbaues schließt Dollo, daß die „Kreidegiraffe" mit Hilfe einer langen, zylinderförmigen Greifzunge hochstämmige Landpflanzen (Nadelhölzer ?) abweidete. Im Verteidigungskampf soll das Tier den spornartigen, spitzen Daumen (I) als Stichwaffe(?), den kräftigen Schwanz aber als Schlagwaffe benutzt haben. (Nach Dollo und von Stromer.)

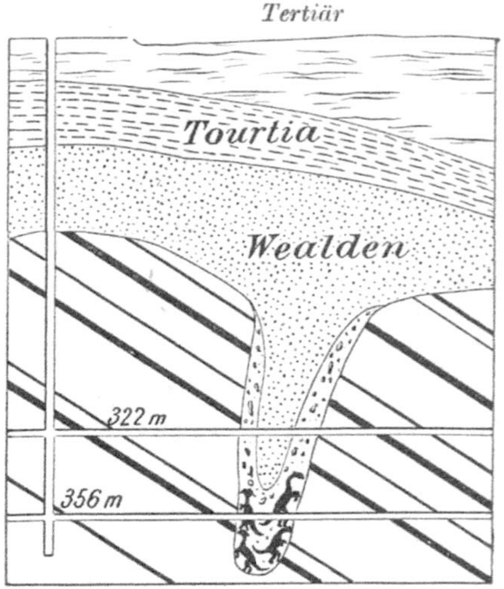

Abb. 205. Naturschacht bei Bernissart (Belgien). In dieser mit Wealdenton ausgefüllten Erosionsschlucht im Steinkohlengebirge fand man neben Resten von Pflanzen (4000) und Fischen (2000) 29 Skelette von (wahrscheinlich zusammengeschwemmten und stromabwärts angetriebenen) Iguanodonten.

welkend ganze mesozoische Dynastien und Geschlechter. Und doch zittert durch diese große Sterbestunde etwas wie Frühlingsahnen und neues Leben. Draußen im oberkretazeischen Laubwald raunen und flüstern es die Blätter einander zu, von Laubbaum zu Laubbaum:

„Die Welt wird schöner mit jedem Tag,
Man weiß nicht, was noch werden mag,
Das Blühen will nicht enden.“ Uhland.

VI. Auf den Höhenwegen vorgeschichtlicher Entwicklung.

1. Zwischen Alb und Alpen.

Seht dort das Tier, das seine Jungen säugt! Es kündet uns die Morgenstunde einer neuen Zeit — der sogenannten neozoischen[1]) oder känozoischen Zeit. Verachtet und verkannt gab es schüchterne Erstlinge und zaghafte, unscheinbare Vorläufer des Säugetiertypus zwar schon damals, als noch das Reptil die Welt beherrschte, zur Mittelzeit. Jetzt aber — zur Tertiärzeit[2]) tritt mit heißem Blut der Säuger als neuer Imperator auf den Plan, machtentfaltend, nach dem Höchsten strebend. Ihm vermag bis in unsere Tage hinein keiner mehr die Erdherrschaft zu entreißen — es sei denn der Mensch, selbst ein Säuger. Was unter den Tieren (Muscheln, Schnecken, Krebse, Knochenfische, Schlangen, Vögel) die Säuger, das sind unter den Pflanzen die Decksamer (Angiospermen[3])). Blumen, echte, farbengeschmückte Blumen sprießen in reicher Fülle empor — die Samenanlage fürsorglich bergend in einer Fruchtblätter-, Knospen- und Blütenhülle.

Es ist unverkennbar! Eine imposante Steigerung geht durch die Tier- und Pflanzenwelt in diesem letzten großen Erdzeitalter. Aber wie wunderbar auch aus verwandten Wurzeln stets neue Formen sich herausentwickeln — all das Treiben und Sprossen und Blühen ist doch nichts anderes als ein langsames Umbilden und allmähliches

---

1) neos = kainos = neu, zoon = Lebewesen.

2) Wie dir die Orientierungstafel deutlich zeigt, teilt man die Neuzeit (Känozoikum) ein: 1. in das Tertiär, 2. in das Quartär.

3) Bekanntlich teilt man die Blütenpflanzen ein in Nacktsamer oder Gymnospermen, bei denen die Samenanlage offen daliegt (Nadelhölzer, Sagobäume), und in Decksamer oder Angiospermen, bei denen die Samenanlage im Innern eines Fruchtknotens eingeschlossen ist.

Umgestalten zu heutigen, jetztzeitlichen Lebensformen. So führt die Auseinanderfaltung des tertiären und quartären Lebens in wechselnden Übergängen zuletzt hinauf zur Triumphhöhe aller Emporentwicklung, zur Gegenwart, zu uns.

Zwischen Alb und Alpen laß uns wandern! Wo waren aber am Anfang der Tertiärzeit die Alpen? Noch nirgends! Statt ihrer dehnte sich „im jungen Morgenrot" (Eozän) ein weites Meer, aus dem wahrscheinlich nur da und dort (z. B. im Gebiet der Zentralalpen, der Dolomiten usw.) flache Inseln herausschauten. Neben großen Seeigeln (Conoclypeus), zahlreichen Muscheln und Schnecken, Krabben-, Fisch- und Reptilresten sind es insbesondere die Nummuliten, die in den Ablagerungen des alpinen Eozänmeeres das große Wort führen. In der Größe schwankend zwischen Linsenkorn und Taler, ja sogar zwischen 1 mm bis 90 mm Durchmesser, setzen die scheibenförmigen Schälchen dieser Urtierchen (Foraminiferen) in milliardenhafter Zusammenhäufung ganze Gesteine und Gesteinsfolgen zusammen. „Batzensteine" hat der Schweizer sie geheißen. Aber auch die Wissenschaft fand keinen besseren Namen für die „Batzen"; denn Nummulit kommt her von „nummus" und heißt auf deutsch: Münze. Ein gut Stück Geographie steckt in diesen Batzensteinen. Wer ihre geographische Verbreitung feststellen will, darf nicht nur Wanderungen machen in den schweizerischen und bayerischen Alpen. Er muß wandern von einem bis zum anderen Ende der Welt: von den Pyrenäen, Alpen, Karpathen und Nordafrika (Abb. 206) angefangen bis nach Klein- und Zentralasien, Hinterindien und Australien. Da flutete überall das große eozäne Mittelmeer. Und was einst am Grunde dieses Meeres die kleinen Batzen-Foraminiferen gesteinsbildend aufbauten — hochaufgerichtet durch spätere (S. 219 und S. 220) gewaltige Gebirgsbildungsprozesse finden wir es als mächtige Schichtenkomplexe in unseren heutigen Hochgebirgen wieder. Steigen doch die „Nummulitenkalke" z. B. in den Alpen und Pyrenäen zu Höhen über 3000 m, im Himalaja gar bis über 5000 m empor.

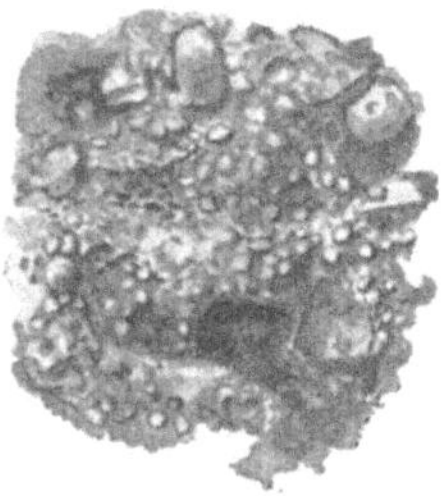

Abb. 206. Ein Stück Nummulitenkalk aus dem Eozän Ägyptens. (Aus Lankaster.)

Aber die Nummulitenkalke sind nicht die einzigen Ablagerungen

Abb. 207. Wo die Glarner Schiefertafeln daheim sind (Elm). Über die Flyschschiefer hingewalzt liegt ein schmales Band Hochgebirgskalk und darüber der noch ältere (permokarbonische) Verrucanosandstein. (Phot. von Gebr. Wehrli. Aus C. Schmidt.)

des Eozänmeeres. Außer den nummuliten-gespickten, vorherrschend kalkigen Gesteinsschichten setzte das Meer auch viel sandiges und schlammiges Material ab: Sandsteine und Tonschiefer, die einem regelrechten Silur- und Devonschiefer (Teil I S. 106 und S. 114) manchmal zum Verwechseln ähnlich sehen. Wer schon im bayerischen Allgäu (vgl. z. B. die Flyschbildungen neben den Nummulitenkalken am Grünten bei Sonthofen), im Kanton Glarus (vgl. das enge Sernftal mit seinen berühmten Schieferplattenbrüchen [Schreibtafeln, Tisch-, Ofen-, Dachplatten] von Matt und Elm [Abb. 207]), am Fuße der Berneroberländer Riesen (große und kleine Scheidegg, Mürren) usw. gewandert ist, der kennt sie, die einförmigen, grauen, sandig-tonigen Gesteine der älteren Tertiärzeit (Eozän bzw. Oligozän). Für den Paläontologen sind sie überaus langweilig, weil sie — die gelegentlichen pflanzenähnlichen Chondriten abgerechnet — soviel wie petrefaktenleer sind. Wie leicht diese Schiefer verwittern und nachbrechen, das zu beobachten hat man auf Alpenwanderungen manchmal mehr Gelegenheit, als einem lieb ist. Gerade diese Eigenschaft, leicht nachzubrechen (zu „fließen"), hat dem Gestein den Namen Flysch oder „Flys" eingetragen (flyschig = bröckelig, schieferig). Paläontologisch berühmt geworden sind nur die schwarzen Dach- und Tafelschiefer von Glarus. Diese allerdings schon oligozänen Flyschschiefer zeichnen sich durch einen auffallenden Artenreichtum an Knochenfischen[1]) aus [29 Arten: Silberbandfische, Schnabelfische (Paläorhynchus), Heringe usw.].

Zwischen Alb und Alpen! Was wir von den eozänen Alpen zu halten haben, wissen wir jetzt. Der heutige Nordrand[2]) der Alpen war etwa das Nordufer jenes großen Mittelmeeres, von dem das heutige Mittelländische Meer nur noch ein kümmerliches Überbleibsel ist. Und die Alb? Sie war Festland, wie überhaupt zur Eozänzeit fast ganz Deutschland Festland war. Kein Nummulitenscheibchen, kein anstehendes Stückchen Flyschgestein! Und doch birgt die Juratafel wie in versteckten Winkeln gar köstliche, alttertiäre Dinge. Hast du schon etwas von einem Bohnerzton gehört? Es sind das meist braunrote Tone und Lehme, manchmal (namentlich in den unteren Lagen) vollgespickt mit erbsen- bis nußgroßen „Bohnen" bzw. Knöllchen von unreinem Brauneisenstein. Diese Bohnerztone bilden aber keine geschlossenen, zusammenhängenden Schichten mehr. Sie sind lediglich das Ausfüllungsmaterial mancher Klüfte, Spalten und Taschen im Weißjurakalk. Der Grund ist klar. Hier waren die Tone vor weiterer Abtragung geschützt. Hatte man früher die Bohnerze gerne als Quellabsätze angesprochen, so hält man sie heute für die letzten Auslaugungs- und Verwitterungsrückstände verkarsteter Gebiete nach Art der „roten Erde" (terra rossa). Bis vor wenigen Jahrzehnten knüpfte sich an die Bohnerzvorkommnisse im (badisch-württembergischen und schweizerischen) Jura eine rege Eisenproduktion. Was nebenbei der bergmännische Abbau zutage förderte, ist für uns von allergrößtem Interesse: eine Unmenge von Zähnen und Knochen jener Landsäugetiere, die einst — in

1) Kommst du nach Glarus, so rate ich dir dringend, das dortige Naturalienkabinett zu besuchen. Züricher Hochschule = 1000 Stück.

2) Zwei Leitzonen eozäner Schichten kann man in der Schweiz beobachten: 1. das Eozänband Pfäffers—Gemmi (über die Täler im Glarnerland, Schächental, Surenenpaß, Engelberger Talgrund, Berneroberland, Wildstrubel [Südhang]) und 2. die Eozänmulde Wildhaus—Habkern (über Amden, Brunnen [S. 218], Sarnen usw. ziehend).

Abb. 208. Alttertiäre Landsäuger (Huftiere).
P = Das tapirähnliche Paläotherium. *A* = Das rindähnliche Anoplotherium. Im Hintergrund das gazellenschlanke Xiphodon, die Hirsche und Rehe der oberezänen und unteroligozänen Wälder Europas. (Nach J. Smit.)

die Spalten abgestürzt oder als Leichen eingeschwemmt — in den Bohnerztonen ihr Grab fanden. Da ist zunächst ein Huftier, das als seltsame Charaktergestalt (obereozänen und unteroligozänen) Landlebens uns in ganzen Herden entgegentritt. Heda! Du „altes Tier" (Palaeotherium)[1]), zu was für einer Sippe gehörst denn du? Kommst mit deinem kurzen Rüssel daher wie ein Tapir des tropischen Südamerika, hast Schneide- und Eckzähne wie ein Tapir, aber Backenzähne wie ein Rhinozeros! Stehst hinten und vornen auf Beinen mit drei Zehen[2]), bist also ein Unpaarhufer. Aber diese drei Zehen sind doch ganz verschieden stark gebaut. Die Hauptlast des Körpers ruht auf der kräftigeren Mittelzehe; die Seitenzehen erscheinen reduziert und berühren gerade noch den Boden (Abb. 208). Wo will das hinaus? Auf den Pferdefuß mit nur einer Zehe (Abb. 239). Fast könnte man es meinen, wenn man sieht, wie deine jüngeren Gattungen diese Reduktion der Seitenzehen immer schärfer in die Erscheinung treten lassen! Bist scheint's recht vielseitig veranlagt mit deiner Tapirgestalt, deinem Rhinozerosgebiß und deinem Pferdefußprojekt! Fürwahr, ein Unpaarhufer von ganz besonderem Schlag. Ein echter Sammeltyp! Und was bringst du denn da noch für einen zeitgenössischen Gesellschafter? Einen Zweihufer — aber mit einem Pferdekopf? Wenn der Schwanz nicht so auffallend lang und die Füße nicht so ausgeprägt zweizehig wären, so könnte man hinter deinem langhalsigen, höchstens eselsgroßen Gesellschafter wohl eine

1) palaios = alt, therion = Tier.

2) Der Tapir hat zwar auch an den Hinterfüßen drei, an den Vorderfüßen aber vier Zehen.

Art Pferd vermuten. Doch was wäre das für ein Pferd, dessen Schneide-, Eck- und Backenzähne sich dicht aneinanderreihen ohne die bekannte lange Lücke? Dabei ähneln die vorderen Backenzähne denjenigen der Schweine oder Wiederkäuer, die drei hinteren Backenzähne dagegen sehen aus wie Paläotherienzähne. Und die Beine — abgesehen von den beiden Zehen nach Dickhäuterart gebaut — wollen uns als Pferdefüße auch nicht recht gefallen. Ein Sammeltyp, wie er im Buche steht, ist dieses Wiederkäuer-Pferd-Schwein- und Dickhäutertier. Da das harmlose „Rind" in seinen wenig hervortretenden Eckzähnen weder Angriffs- noch Verteidigungswaffen besaß, hat man es „unbewehrtes Tier" (Anoplotherium)[1]) geheißen.

Weit seltener als Paläotherien, Anoplotherien und wie die ganze mannigfaltige Verwandtensippe der Huftiere noch heißen mag, weisen die Bohnerzspalten Reste von Raubtieren auf. Wohl gibt es Raubtiere (Hyaenodon, Pterodon). Aber noch fehlt ihnen im allgemeinen das Kennzeichnendste des echten Fleischfressers, der Reißzahn. Trotz ihrer sonstigen primitiven Merkmale deuten indessen einige „Vorgeschrittenere" durch ihren deutlich entwickelten Reißzahn hin auf den kommenden Gewaltherrscher — den echten, reißzahntragenden Raubsäuger mit seinen brutalen Freßmanieren.

Wer Jagd machen will auf Paläotherienherden, der ist übel daran. Seitdem nämlich der Abbau der Bohnerze infolge des scharfen Wettbewerbes von auswärts zum Erliegen kam, seither ist an den einstigen Fundplätzen nichts mehr zu holen. Obenan als Fundgrube stand das „Frohnstetter Loch", das Zähne und Knochen tausendweise zutage förderte. Übrigens gehören die meisten alttertiären Säugetierfunde der Bohnerzablagerungen nicht der Eozän-, sondern der

Oligozänzeit an. Das ist die Zeit, wo — ringend mit dem Meere — die Gebirgsbildungsprozesse der gewaltigsten Schauspiele eines in Szene setzten. Die Geburtsstunde der Alpen hatte geschlagen. Schade, daß unter der alttertiären Lebewelt auf der jurassischen Festlandstafel — etwa in der Gegend des Bodensees — noch keiner war, der das gewaltige mitteloligozäne Schauspiel hätte mit Verstand beobachten und genießen können. Hinschauend über die Wasserfläche, hinaus in die Ferne hätte er sehen können, wie das Land langsam sich emporreckte aus der salzigen Flut, wie Insel für

1) anoplos = unbewehrt.

Insel allmählich auftauchte und wuchs und wuchs — breit und hoch! Hei! War das ein Ineinanderschieben und -pressen und -stauchen, ein Aufbäumen und Zusammenfalten — als wäre der alpine Meeresgrund in einen Riesenschraubstock geraten! Erdbeben schüttelten Wasser und Land, Beben, die zitternd forthuschten — vielleicht ausklingend über den ganzen Erdenrund. Wohl mußte das Wasser des Mittelmeeres vor der rohen Gewalt aufstauender Gebirgsmassen zurückweichen, weiter nach Norden. Aber in anderer Form nahm das Wasser den Kampf bis aufs Messer mit dem eben hochgekommenen Alpengebirge auf — in Form des Regentropfens. Energisch ging die Verwitterungsarmee daran, aufzuräumen mit den jungen Alpen. Und wenn sie mit dieser Aufräumungsarbeit auch bis heute noch nicht fertig geworden ist, so geht es doch ins Ungemessene, was schon um die Mitte der Tertiärzeit[1]) an Felsmaterial zerstört, abgetragen, auf den neuentstandenen Wassertransportwegen fortgeschafft und als Sand, Schlamm und Geröll hineingeschüttet wurde in die abgeschnürte, nordalpine Meeresstraße. Wandere durch die nordalpine Schweiz und das Bodenseegebiet, durch den Bregenzerwald und das Allgäu (Stuiben, Rindalphorn), wandere durch das oberbayerische Alpenvorland — überall wirst du die hellfarbigen, grauen Sandsteine, die bunten Mergel und die Konglomerate beobachten können, die einst Meer, Fluß und See am Nordfuß der mitteltertiären Alpen absetzten. „Molasse"[2]) hat man kurzerhand das ganze abgelagerte Sand- und Schuttmaterial geheißen.

Du mußt dabei nur beachten, daß man speziell in der oligozänen Molasse eine untere, meerische Abteilung (untere Meeresmolasse) und eine obere Brack- und Süßwasserabteilung (untere Süßwassermolasse) unterscheidet.

So genußvoll und lehrreich es wäre, auf einer kleinen Schweizerreise die untere Meeresmolasse (Basel, Pruntrut usw.) kennen zu lernen (Näheres S. 188) oder gar bei einer Rigibesteigung zu durchwandern: die bunten Mergel der unteren Süßwassermolasse („rote Molasse") bis hinauf zu den hochaufgerichteten miozänen Nagelfluhmassen (Abb. 246) mit ihren ei- bis kopfgroßen Geröllen —

1) Zur Oberoligozän- und Miozänzeit.

2) Von molare = mahlen, also eine Masse (moles), die sich leicht zermahlen und zerreiben läßt. (Nach Rollier.)

es geht nicht; die Zeit erlaubt es nicht. Nur den Pfadfindern Bayerns sei kurz ein Fingerzeig gegeben.

Das tiefere Oligozänmeer setzte im bayerischen Vorlande einen grauen, einförmigen Mergel — den Tiefseeton — ab, wie er beispielsweise schön oberhalb der Isarbrücke bei Bad Tölz zutage tritt. Wer nach Versteinerungen sucht, braucht hier kaum zu klopfen. Die findet er viel eher dort, wo das Molassemeer seichter war, in jenen gleichalterigen Flachseebildungen (graue Sandsteine mit strichweisen Konglomeratbänken und weichen, sandig-mergeligen, versteinerungsreichen Zwischenlagen), denen die Muschel Cyprina rotundata ihr Gepräge (Cyprinenmergel) gab. Dieser Hauptleitmuschel leisten — oft bank-, oft nesterweise gehäuft — Austern (Ostrea callifera und cyathula), Herzmuscheln, Turmschnecken usw. gerne Gesellschaft.[1])

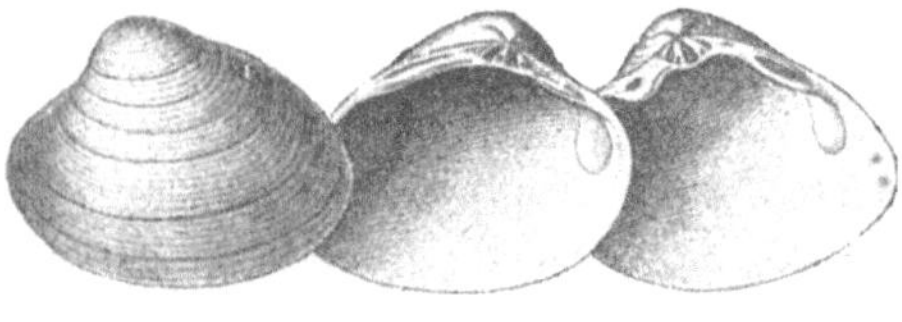

Abb. 209. Cyrenenmuschel (Cyrena semistriata). (Nach E. Fraas.)

Während die oligozäne marine Molasse in Bayern eine Mächtigkeit bis zu 600 m erreicht, ist die Brack- und Süßwassermolasse an 1000 m mächtig. Gewiß ein glänzendes Zeugnis in bezug auf Fleiß und Leistungen für die oberoligozänen Abtragungs- und Transportkräfte! Einen ausgezeichneten Ruf als Leitform für diese brackisch-limnischen Küstenbildungen besitzt unter den Muscheln (Dreißensien, Flußmuscheln usw.) die Cyrenenmuschel Cyrena semistriata (Abb. 209). Sie ist es, die mit ihren leicht konzentrisch-gerippten Schalen ganze Zwischenschichten zusammensetzt. Sie ist es aber auch, welche in anderen Gegenden unseres Vaterlandes, z. B. im berühmten Mainzer Becken (S. 191), die Gleichaltrigkeit der entsprechenden Bildungen (oberer „Cyrenenmergel") verbürgt.

Überhaupt, wenn du dir die Mühe nehmen willst, vorauszueilen und jetzt schon einen Vergleich mit den Ablagerungen des „Rheinmeers" (S. 187) anzustellen, so beachte: Die „untere Süßwassermolasse" entspricht den oberen Cyrenenmergeln und dem Cerithienkalk; ihre obersten Schichten indessen gehören wahrscheinlich zum (unteren) Miozän (Corbicula- und Hydrobienschichten). Die „untere Meeresmolasse" dagegen entspricht der unteren Abteilung des Cyrenenmergels („marine Sande").

Ähnlich wie in der Schweiz ist übrigens auch die „rote Molasse" da und dort im bayrischen Alpenvorlande entwickelt (hauptsächlich zwischen dem Lechtal und dem Hohen Peißenberg, in schmalem Streifen bis zum Leitzachtal). Am Nordfuße des Buchberges siehst du deutlich, wie die graue Monotonie der Cyrenenschichten nach und nach der Farbenfreudigkeit der bunten Molasse Platz macht. H. Stuchlik sieht in den roten, violetten, braunen, gelben, schmutzig-grünen Mergeln nichts anderes als den von den Flüssen ins Meer

1) Fundorte: Kalvarienberg und Buchberg bei Tölz, Lochergraben bei Miesbach, bei Drachental im Leitzachtal.

verfrachteten Lateritschlamm. Der rote Laterit aber soll — ähnlich wie es in tropischen Gegenden heute noch der Fall ist — infolge des heißen Klimas als Verwitterungsschutt auf den oligozänen, noch nicht sehr hohen Alpen entstanden sein.

Oligozän! Der Name gefällt dir nicht? Mag sein, viel Sinn steckt nicht dahinter[1])! Wenn's dir aber auf ein Zimmermannshaar nicht ankommt, so kannst du — der Braunkohle in bezug auf Namengebung dasselbe Recht einräumend wie einst der Steinkohle — statt Oligozänzeit auch keck (untere) Braunkohlenzeit setzen. Denn die Oligozänzeit ist die Zeit der Braunkohle.

Nicht nur in Oberbayern (bedeutender Abbau bei Miesbach, Haushamm, Au zwischen Mangfall und Inn, Hoher Peißenberg), auch in Steiermark, Krain, Dalmatien usw., vor allen Dingen aber in Mitteldeutschland (sächsisch-thüringisches Becken usw.) findet sich die Braunkohle[2]) in abbauwürdigen Flözen, schwankend in der Mächtigkeit von einigen Metern bis zu 15 m (häufig), 30 m (Zittau), ja bis über 100 m (Köln). Keinesfalls darfst du die technisch-wirtschaftliche Bedeutung der Braunkohle unterschätzen. Kommt doch die Produktionsziffer der Braunkohle (1911: über 73 $^1/_2$ Mill. t für 183 Mill. Mark) gleich hinter jener der Steinkohle (1573 Mill. Mark), die Produktionsziffer des Salz- und Eisenbergbaues weit hinter sich lassend. Während die Braunkohlenbildungen in der Gegend von Leipzig (Hauptbraunkohlenflöz), von Halle, von Kaufungen in Hessen usw. schon dem Unteroligozän angehören, liegen die oberbayerischen Braunkohlenflöze eingeschaltet in einem oberoligozänen Molassestreifen, der sich zwischen Inn und Lech etwa 150 km lang und 8—12 km breit hinzieht.

Wie einst am Fuße des oberkarbonischen Faltungsgebirges (Teil I, S. 166), so standen an den sumpfigen Flußmündungen, den Brackwasserseen, Lagunen und Wasserlachen des Küstenstreifens zwischen Alpen und Meer üppige Urwälder. Nur waren die oberoligozänen Kohlenbildner, die hier einst Licht nnd Sonne tranken, keine Narbenbäume, keine altzeitlichen Farne und Schachtelhalme mehr, sondern — die vielen Zypressenhölzer in den Peißenberger Flözen beweisen es — Zypressen, echte Sumpfzypressen, wie sie unter ähnlichen Bedingungen in den nordamerikanischen „cypress swamps" heute noch weiterleben. Überhaupt geben Zimt-, Seifen-, Feigenbäume, immergrüne Eichen usw. nicht nur dem Landschaftsbilde unserer engeren

1) oligos = wenig, kainos = neu, also „wenigneu".

2) Nicht zu verwechseln mit diesen oligozänen Braunkohlenbildungen sind die miozänen Braunkohlenfelder Norddeutschlands, die sich von Mecklenburg, Pommern und Preußen aus durch Posen und die Mark ausdehnen bis in die Leipziger Gegend (obere Braunkohlenstufe) und die sächsische Lausitz.

Heimat, sondern dem von ganz Mitteleuropa ein, wenn auch nicht rein tropisches, so doch ein wärmeliebendes, noch subtropisches Kolorit. Deuten Birken, Ahorn, Pappeln, Buchen, Fichten, Kiefern usw. in den mitteleuropäischen Braunkohlenwäldern hin auf eine kommende „rauhere" Zukunft (gemäßigte Zone), so erzählen die häufigen Tropenformen (Zimtbaum, Aralia usw.), die subtropischen Laubhölzer (Feige, Lorbeer, Magnolia, Walnußgewächse u. a.) von milden, frostfreien Wintern und von langen Sommern, von einem Klima erzählen sie, wie es heute herrscht in den Sumpflandschaften Floridas und Louisianas. Und wenn weit droben im Norden, in Ostpreußen und in England noch Palmen den Weg zur Sonne fanden — ist's nicht, als ob die Welt der Braunkohle, diese Welt voll Tropenzauber und voll heimelig-vertrauter Schönheit eine Wunderwelt gewesen wäre?

2. Zwischen Schwarzwald und Vogesen.

a) Die Entstehung des Rheintalgrabens.

Die Oligozänzeit ist nicht nur die Geburtsstunde der ersten Alpen, sie ist auch die Geburtsstunde des Schwarzwaldes und der Vogesen. Es ist begreiflich, daß Massenverlagerungen von so gewaltigem Ausmaß, wie die Emporpressung der Alpen sie mit sich brachte, weithin im nördlichen Vorland enorme Dislokationen und Störungen zur Folge hatten. Bislang, d. h. bis zum Beginn der Oligozänzeit, hätten die alttertiären Säuger, die auf der schwäbischen Juratafel weideten, ohne viele Mühe, ohne viel bergauf, bergab hinüberwandern können zu ihren französischen Kollegen des Pariser Beckens. Der Weg wäre einfach über eine flache — wohl schon zur Kreidezeit angelegte — Kuppel hinweggegangen, und kein Graben von der Riesengröße des heutigen Rheintales hätte ihren Weg gekreuzt. Das sollte in der Folge anders kommen! Gerade dort, wo die Kuppel am höchsten war, wo das flache Gewölbe gleichsam seinen Schlußstein hatte, da spaltete sich weiterhin in nordsüdlicher Richtung die Erde (Abb. 210). Das herausgespaltete Mittelstück senkte sich, nicht einheitlich oder gar plötzlich und katastrophenartig. Aber es senkte sich, tiefer und tiefer, während die Seitenpfeiler — Schwarzwald und Vogesen — als Horste stehen blieben. Nach Ed. Sueß, dem Vater dieser Horsttheorie, ist nicht nur das rheinische Mittelstück staffelförmig (Abb. 210; vgl. auch 212) abgesunken. Es sanken in etwas geringerem Ausmaß staffelförmig auch die Außenseiter der Horste: die Schwäbische und Lothringische Hochebene ab.

Nach anderer Auffassung (Salomon und Andreae) soll das herausgespaltene Mittelstück nicht infolge einer zentripetalen Kraft „versunken“, sondern infolge eines gewaltigen Seitenschubs „hinuntergedrückt“ worden sein, während gleichzeitig die seitlichen Gebirgsmassen an den nach unten divergierenden (?) Spalten des keilförmigen Mittelstückes emporgepreßt wurden (Abb. 211). Ob aber die Spalten nach unten auseinandergehen? Schnarrenberger sagt darüber: „Die Beobachtungen der letzten 10 Jahre und Aufnahmen von Basel bis gegen die Kinzig haben gezeigt, daß die Spalte überall, wo sie zu sehen oder ihr Verlauf aus Beobachtungen zu errechnen ist, deutlich und verhältnismäßig flach vom Gebirge wegfällt, genau so, wie es die älteren Profile darstellen.“ Wir haben es also wahrscheinlich mit Spalten zu tun, die wie bei einem gewöhnlichen Graben nach unten zusammenlaufen.

Einen gegnerischen Kämpen hat die Horsttheorie in L. van Werveke gefunden. Die vielen von ihm festgestellten Sattel- und Muldenbiegungen der Lothringschen Hochebene (kein staffelförmiges Absinken!) brachten ihn dazu, die Randgebirge als „Teile eines aufgepreßten Gewölbes“ aufzufassen und der Horsttheorie seine Faltentheorie gegenüberzusetzen. Hören wir

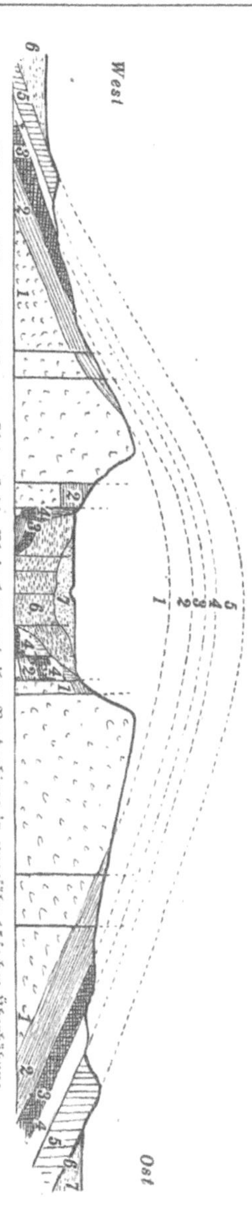

Abb. 210. Schematisches Querprofil durch die Rheinebene und ihre Randgebirge in ungefähr 15facher Überhöhung. 1 Grundgebirge; 2—5 Mesozoisches Deckgebirge (2 Buntsandstein, 3 Muschelkalk, 4 Keuper, 5 Jura); 6 Tertiär; 7 Quartär. (Aus Geissinger.)

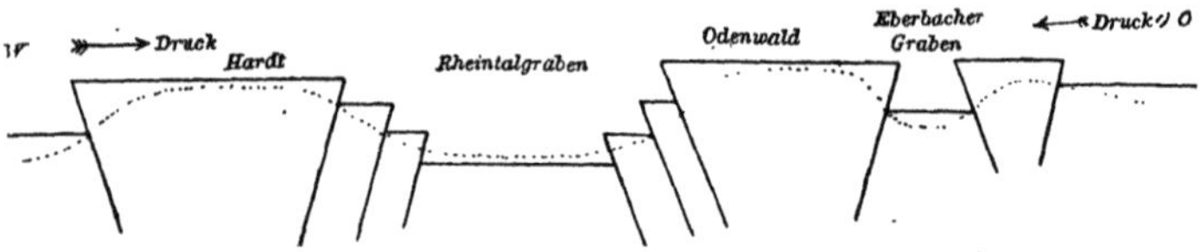

Abb. 211. Das Rheintal als „Grabenüberschiebung" aufgefaßt. Durch seitlichen Druck sollen die nach oben sich verbreiternden (?) Keile gehoben, die anderen hinabgepreßt worden sein. (Nach Salomon.)

ihn selbst: „Ich fasse Vogesen und Schwarzwald im Süden, Hardt und Odenwald im Norden als Teile von zwei Gewölben auf, die quer über das Rheintal sich erstrecken und durch eine Mulde Pfalzburg-Langenbrücken (Kraichgau) getrennt sind. Nicht ein Zug der Tafelländer in die Tiefe hat die höhere Lage der Gebirge bedingt, sondern eine infolge seitlichen Druckes erfolgte Emporwölbung dieser selbst. Die Tafelländer wurden bei diesem Vorgang mitgehoben, wenn auch in geringerem Maße, und mitgefaltet."

Du siehst, der Rheintalgraben hat seine Naupen. So viele tüchtige Geologen (É. de Beaumont 1827, Schwarz 1833, Fromherz 1856, Benecke 1874, Eck 1874, Lepsius 1875 usw.) sich außer den Obigen auch schon mit dem Problem des Rheintalgrabens beschäftigten, restlos hat's bis heute noch keiner gelöst. Immerhin dürfen wir als sicher annehmen, daß die Rheintallandschaft entstanden ist durch periodenweise Senkung des Mittelstücks und Hebung der seitlichen Gebirgsmassen, gleichzeitig oder später.[1])

Daß einst im Süd-Schwarzwald und in den Süd-Vogesen das Grundgebirge der Gneise und Granite nicht so entblößt und herausgeschält dastand wie heute, daß vielmehr eine mächtige, triasisch-jurassische Sedimentdecke sich von Schwaben aus hinüberspannte nach dem östlichen Frankreich — den Beweis kann jeder leicht erwandern.

Gehen wir z. B. aus der Gegend des heutigen Donautales (Beuron usw.) schwarzwaldwärts der Urdonau entlang, d. h. jener ältesten

1) „Im Miozän erwachten die gebirgsbildenden Kräfte von neuem. Während jedoch früher die Absenkung des Rheintalgrabens und in untergeordnetem Maß auch des Ostabfalles des Schwarzwaldes und des Westabfalles der Vogesen die Niveauunterschiede veranlaßten, war es jetzt eine Hebung dieser beiden Gebirge selbst, bei der sogar einzelne Teile des Grabens an seinem Rande mit in die Höhe gehoben wurden." (Keßler, Die Entstehung von Schwarzwald und Vogesen).

Donau entlang, die mitten im Herzen des Schwarzwaldes, am Feldberg, entsprang und durch das obere Wutach- und das Aitrachtal floß, so können wir uns zunächst noch mit sämtlichen Buchstaben des Weißen Juras unterhalten, können am Eichberg die feinsten Rutschpartien durch den „Braunen" machen hinab zu Scheffels „Ausruhnest" (Achdorf) und haben bei Aselfingen (S. 79) das berühmte Liaspaket mit allen Buchstaben vor uns. Dann aber geht's flußaufwärts der wütenden Wutach entlang immer weiter in den wilden Hochschwarzwald hinein, hindurch durch den Keuper, Muschelkalk, Buntsandstein, endlich durch die Granite und Gneise des Grundgebirges hinauf zum Schwarzwaldkönig Feldberg. Und auf der anderen Seite des riesenhaften Senkungsfeldes, in den Vogesen, geht's symmetrisch weiter durch Granite und Gneise, Buntsandstein, Muschelkalk, Keuper, Jura — fast so, als ob der Rheintalgraben Symmetrieachse zwischen hüben und drüben wäre (Profil 210, vgl. auch Profil 212 vom Schönberg).

Wem diese symmetrische Anordnung der Deckschichten, sowie ihre gleiche petrographische und paläontologische Beschaffenheit nicht beweiskräftig genug erscheint, der kann unterwegs noch besseres Beweismaterial unter den Hammer bekommen (Abb. 212). Der Feldbergstock selbst hat sich ein paar famose Aktenfaszikel aus der guten alten Zeit, da die Verwitterungsarmee ihm noch nicht die ganze Sedimenthülle vom Leibe gerissen hatte, in eine Seitentasche gesteckt. Das Höllental kennst du, zum mindesten von der Schule her. Drin liegt die Station Posthalde und hoch darüber am linken Steilhang (1000 m) des fjordartig übertieften Waldtales — die Seitentasche. Steinmann untersuchte diese Seitentasche auf ihren Inhalt und fand: mit Gneisbrocken dicht zusammengepackte B r u c h s t ü c k e v o n B u n t s a n d s t e i n, M u s c h e l k a l k, K e u p e r u n d J u r a b i s h i n a u f z u d e n G l i e d e r n d e s W e i ß e n (Weißjura β) — eine wahre „Musterkarte mesozoischer Gesteinsstücke".

Wie ist das möglich, mitten in einem Gneisgebiet, wo ringsum — 18 km nach Westen und 11 km nach Osten — kein Stückchen Sediment zu finden ist? Die Deutung ist schwierig. Ursprünglich hielt Steinmann das rätselhafte Vorkommnis für eine Geröllablagerung (Nagelfluh von Alpersbach). Später (1902) deutete er es — obwohl vulkanisches Material nicht nachweisbar war — als vulkanische T u f f b r e c c i e, „deren wahrscheinlich basaltisches Zwischen-

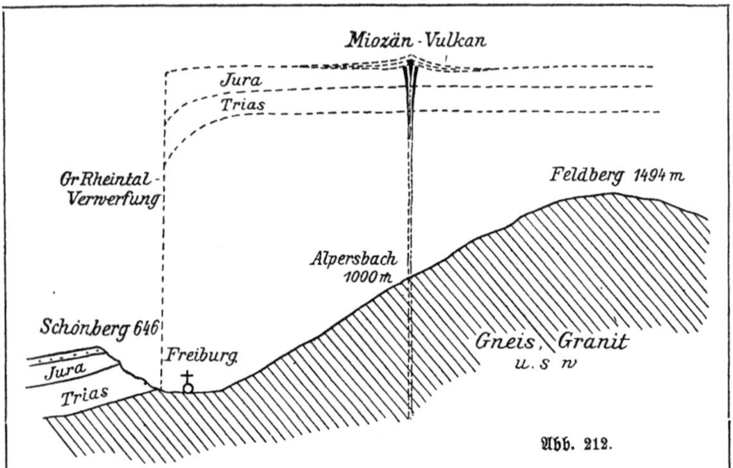

Abb. 212.

Wie die Verwitterungsarmee am Feldbergstock hauste, beweisen die mesozoischen Musterbrocken in der vulkanischen Explosionsröhre von Alpersbach. Schematisches Profil von Th. Lorenz.

mittel durch die hochgradige Zersetzung unkenntlich geworden ist". Demnach wäre die „Seitentasche" nichts anderes als ein Eruptionsschlot, eine vulkanische Durchschlagsröhre, wie wir sie in Schwaben (Teil I, S. 79) und in der Eifel (Teil I, S. 134) in so großer Zahl fanden. Und die isolierte Sedimentbreccie verliert das Befremdende, sobald wir annehmen, daß zur Zeit der Eruption (obere Miozänzeit) die mesozoische Sedimentdecke noch über dem Hochschwarzwald vorhanden war. Stücke und Brocken des durchschossenen, mesozoischen Gesteinsmantels konnten dann zurück- und hinabfallen in den Schußkanal und hier — geschützt vor Verwitterung und Abtragung — noch erhalten bleiben, als die übrige, von Steinmann auf 750 m Mächtigkeit geschätzte Sedimentdecke ringsumher von der Regentropfenarmee zerstört und abgetragen war.[1])

Kommt der Schwarzwaldwanderer aus dem Höllental durchs Himmelreich hinaus in den oberrheinischen Tieflandsgarten, so findet er landauf, landab am Schwarzwaldrande[2]) wie am Vogesen-

1) Neuerdings kommt Deecke wieder auf Steinmanns ursprüngliche Deutung einer Geröllablagerung zurück. Er hält die Musterbrocken für die in eine Kluft hinabgefallenen „Reste eines Schuttstromes".

2) Z. B. bei Freiburg (Schönberg, Tuniberg, Riegel, Herdern), bei Müllheim, zwischen Emmendingen und Offenburg (vgl. auch Abb. 36 Teil I), bei Langenbrücken usw.

rande[1]) da und dort Trias- bzw. Juraschollen aus der mächtigen Rheinkiesdecke herauslugen. Es sind zufällig aufragende Trümmerreste des in viele, viele Einzelschollen zerstückelten, einst aber zusammenhängenden Gewölbe-Mittelstücks, die bei dem Drunter und Drüber des großen Senkungsprozesses (bzw. nachträglichen Hebungsprozesses) verhältnismäßig am höchsten zu liegen kamen. Mit den Worten: „Wie bin ich, ach, so tief gesunken!" (bei Freiburg z. B. ca. 1800 m) schließen sie in unserer rekonstruierenden Phantasie den Ring der Beweise.

Mehr noch als diese herauslugenden Einzelschollen weiß uns der Bohrer zu überraschen, der in der Tiefe vorgesprochen hat. Mit Staunen wirst du hören, was Dr. Schnarrenberger im Anschluß an die Bohrungen im oberbadischen (Bugginger) Kalifeld konstatierte: „Der Höhenunterschied zwischen Feldberg und dieser Stelle (Rotliegendes im Bohrloch bei der Hartheimer Mühle), geologisch genommen als Sprunghöhe des Rheintalgrabens, beträgt also für zentrale Teile der oberrheinischen Ebene 5 km."

b) Das Rheinmeer.

Was hat denn nun dieser 30 km breite und 300 km lange Graben zwischen Schwarzwald—Odenwald einerseits, Vogesen—Hardt andererseits mit unseren Tertiärmeeren zu tun? Sehr viel, mein Freund. Das Oligozänmeer setzte den ganzen Graben unter Wasser. Nicht auf einmal! Schritt für Schritt können wir verfolgen, wie das Meer von der neuen Senke Besitz ergreift. Nach den neueren Untersuchungen von B. Förster, L. van Werveke und W. Wagner war es zunächst nur das Westmeer (Pariser Becken), das durch die Pfalzburger Mulde einen Meeresarm hineinschickte und die durch Schichtenabbiegung und Verwerfungen entstehende flache „Rheinschale" übergoß. Waren zur Eozänzeit nur einige mehr oder weniger zusammenhängende „oberrheinische" Süßwasserseen[2]) vorhanden, so

1) Zwischen Tann und Türkheim, das große Bruchfeld von Barr über Zabern nach Weißenburg usw.

2) Z. B.: Berühmt der Bastberg bei Buchsweiler, an dem (15 m mächtige) Tone und Mergel mit zwischengeschalteten Braunkohlen, darüber (20 m mächtig) Kalke mit Süßwasserschnecken und eingeschwemmten Lophiodontenzähnen usw. beobachtet wurden. Ähnliche obereozäne Süßwasserbildungen wie im Elsaß (Dauendorf, Neuburg, Mietesheim usw.) finden sich in Baden bei Ubstadt unweit Bruchsal (Kalksandsteine mit denselben Süßwasserschnecken, mit Fischschuppen, Krokodilzähnen usw.).

deuten die früholigozänen Melanienkalke im Sundgau[1]), am Isteiner Klotz usw. mit ihren brackischen Schnecken[2]) und Muscheln hin auf den Einfluß des benachbarten Westmeeres, das nach Osten bzw. Süden vordringend das süße Wasser immer salziger machte. Daß das hereinflutende Salzwasser kein leichtes Spiel hatte, daß es vielmehr in der noch nicht genügend tiefen, südlichen Senke der Konzentration und Abdampfung schwere Opfer bringen mußte, das beweisen gleich zu Anfang die (mit den ufernahen Melanienkalken gleichalterigen) uferferneren schwarzen Mergel mit Anhydrit (Profil 213), das beweisen aber vor allen Dingen die streifigen Mergel mit ihren Anhydrit- und Gipsbildungen, mit ihren Steinsalzlagern und ihren überraschend reichen Kalisalzschätzen, wie man sie neuerdings im Oberelsaß (Wert 50 Milliarden Goldmark) und im südlichen Baden (Müllheim) erbohrt hat. Ja, die in der Nähe der Kalilager überaus häufigen Pseudomorphosen nach Steinsalz deuten an, daß unsere rheinische „Karabugasbucht" zeitweise durch eine Barre ganz vom Westmeer abgeschnürt und so zur austrocknenden Salzpfanne wurde. Im Gegensatz zu dieser Auffassung, die sich an die Entstehungsart der Zechsteinsalze anlehnt, glaubt Thürach, die Salze seien aus den angerissenen Keuper- und Muschelkalklagern des Grabenrandes ausgelaugt, in der abflußlosen Senke zusammengespült und schließlich durch Verdunstung aufs neue wieder ausgeschieden worden.

Im weiteren Verlaufe der Mitteloligozänzeit wird das alles ganz anders! Da ist der Graben tief genug, da gelingt der Einbruch, von Norden und — wie viele meinen — von Süden her! Jetzt haben wir keine nur auf den Süden beschränkte Rheinbucht mehr! Die Bucht wird — zur Zeit der Meeressande und des Septarientons (S. 190 und 191) — zur langgestreckten Meeresstraße, die das oligozäne Nord- und Südmeer miteinander verbindet und zwar über das Mainzer Becken (bzw. Wetterau) und den Jura. Wo vor kurzem noch Palmen, Kampfer- und Zimtbäume[3]) am Ufer von

1) Zwischen Mülhausen und Altkirch usw.

2) Melania albingensis und M. muricata.

3) Die Asphaltkalke von Lobsann weisen nicht nur Blattabdrücke von Palmen, Kampfer- und Zimtbäumen, sondern auch ganze Braunkohlenflöze aus Nadelhölzern und Palmfasern auf. Außerdem Zähne von Anthracotherium usw.

Süßwasserseen sich sonnten, wo im Waldsumpf das „elsässische Kohlentier“ als eine Art „Wildschwein“ hauste, da wogte und brandete jetzt das Meer. Wie die zwei Schenkel eines kommunizierenden Gefäßes standen vermutlich die zwei Meeresarme, der oberbayerisch-schweizerische und der rheinische, miteinander in Verbindung.[1])

Was das rheinische Meer zunächst absetzte, waren Sande, die an den Rändern der umrahmenden Gebirge gerne in Küstenkonglomerate übergehen, genau so, wie es auch bei den Ablagerungen der beschränkten Rheinbucht zur älteren Oligozänzeit schon der Fall war (Abb. 213 Konglomeratische Zone). Überhaupt muß beachtet werden, daß nicht alle Küstenkonglomerate gleichalterig sind. Gewiß stammen die mächtigen Geröllmassen der Hauptsache nach aus der Zeit der Überflutung des entstehenden, nach N langsam sich verlängernden Grabens. Aber neben diesen mitteloligozänen Strandgeröllen gibt es vereinzelt auch solche oberoligozänen, ja sogar miozänen Alters.

Aus was für einem Material vermutest du wohl, daß diese Konglomerate, diese zusammengemauerten Strandgerölle, bestehen? Aus Gneis und Granit natürlich, wie denn überhaupt der Grundstock von Schwarzwald und Vogesen aus Gneis und Granit besteht. Weit gefehlt! In der Hauptsache sind es Jurabrocken, vor allen Dingen Brocken aus dem Hauptoolith, die uns in faust- bis kopfgroßen Rollsteinen unter den Hammer kommen. Da diese Geröllmassen nichts anderes sind als das Geschiebematerial einmündender Bäche und Flüsse, da sie ferner nichts anderes sind als das Zerstörungsprodukt der brandenden Welle, so erfahren wir von ihnen mit aller Deutlichkeit, daß die Küste unseres Schwarzwald—Vogesenmeeres eine Juraküste war, daß mit anderen Worten die Gebirgsumrahmung noch die Juradecke trug und nicht von der Verwitterungsarmee bis auf die Gneise und Granite abgeschält war. Es ist überaus interessant, an der Hand unserer Strandgerölle zu verfolgen, wie weit der Abtragungs- und Abschälungsprozeß an den Gebirgsrändern zu beiden Seiten der oberrheinischen Meeresstraße vorgeschritten war. Wie wir es

1) Die Verbindung mit dem Nordmeer ist wissenschaftlich einwandfrei festgestellt. Dagegen wird die Verbindung nach Süden — mit dem alpinen Flysch- bzw. Molassemeer — bald bestimmt behauptet (Steuer), bald angezweifelt (Deecke), bald bestimmt in Abrede gestellt (Heim).

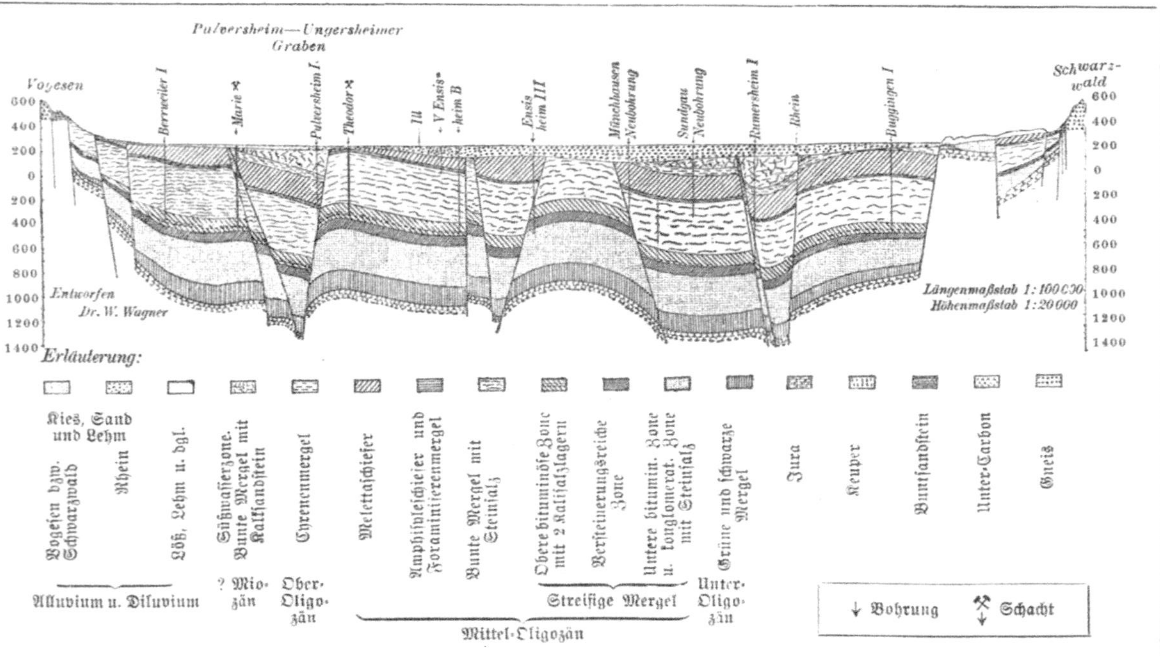

Abb. 213. Rheintalprofil. (Mitteil. d. Philomath. Ges. in Elsaß-Lothr., Bd. IV, Taf. XIII.) (Verkl. ca. $^1/_2$.)

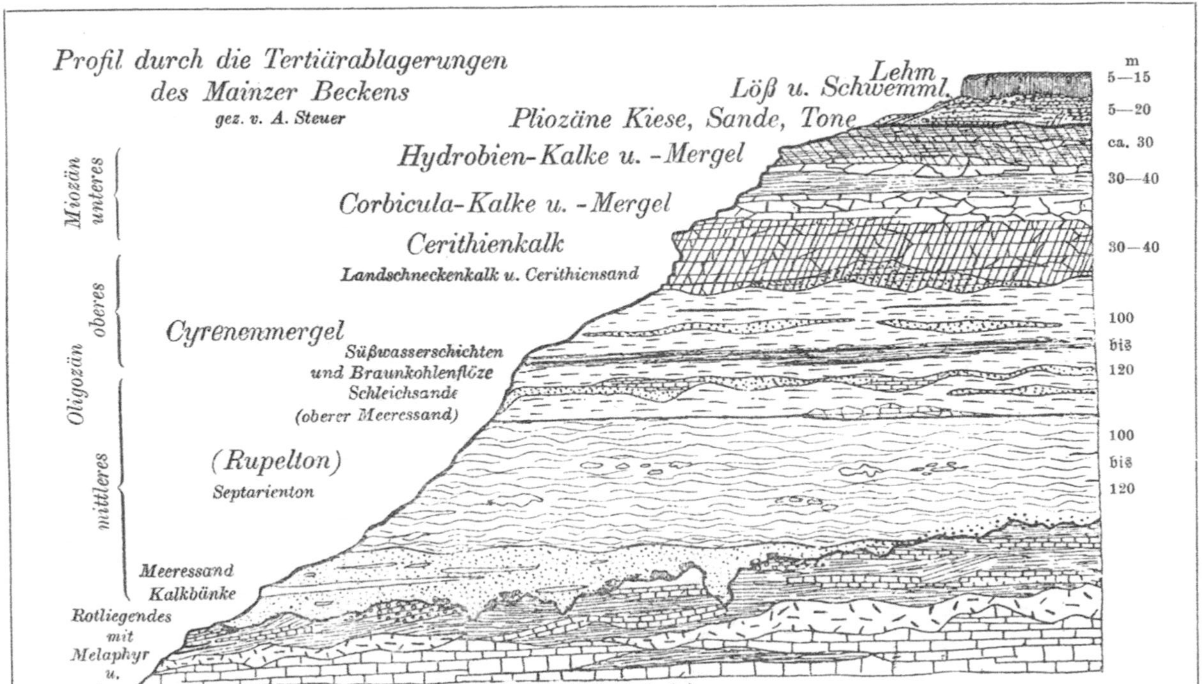

Abb. 214. (Aus Stolz.)

am Schönberg bei Freiburg i. Br. so schön beobachten konnten, bestehen die Küstenkonglomerate längs des Schwarzwaldes[1]) und der Vogesen[2]) im Süden hauptsächlich aus Rollstücken des Hauptooliths. Dagegen treffen wir — nordwärts wandernd — z. B. bei Wiesloch (Dämmelwald) schon Konglomerate an aus Keuper- und Jurageröllen[3]), bei Lobsann (Walkmühle), Weißenburg und Landau (Eschbacher Schloßberg) vorwiegend aus Muschelkalkgeröllen. Und bei Grünstadt in der Pfalz liegen die mitteloligozänen Meeressande auf Buntsandstein, im eigentlichen Mainzer Becken (Alzey usw.) auf den Sandsteinen, Porphyren und Melaphyren des Rotliegenden, und am Südrand des Taunus gar auf den untersten Schichten des Unterdevons. Und nun, sag selbst, was bedeutet das?

Abb. 215. Cytherea incrassata. (Nach E. Fraas.)

Wer eine Vorstellung bekommen will von dem großen Petrefaktenreichtum unserer mitteloligozänen Meeressande, der muß unbedingt ins Mainzer Becken[4]), und zwar in die Gegend von Alzey[5]) gehen. Unweit des paläontologischen Wallfahrtsortes Weinheim erheben sich zwei Melaphyrhügel. Diese beiden Melaphyrhügel waren gleichsam die Brennpunkte mitteloligozänen, rheinischen Lebens (Profil 214).

Von den im Mainzer Becken gefundenen 300 verschiedenen Muschel- und Schneckenarten kommen allein hier bei Weinheim über 130 Schnecken- und über 50 Muschelarten vor. Unter den Muscheln (Cytherea incrassata Abb. 215, Pecten pictus, Perna Sandbergeri, Austernbänke von Ostrea callifera usw.) ist der dickschalige Klippenbewohner Pectunculus obovatus (Abb. 216) am

1) Schwarzwaldstrand: Basel (Grenzach), Lörrach—Kandern—Istein, Hohfirst—Schönberg, Schutterlindenberg bei Lahr u. a. O.

2) Vogesenstrand: Bollenberg bei Rufach i. E., Gloriette bei Barr, Bischenberg bei Oberehnheim, Scharrachberg unweit Straßburg, Bastberg bei Buchsweiler usw.

3) Rätsandstein und Mergelkalk des Lias α.

4) Für den Rucksack ausgezeichnet: Lepsius, Klemm, Steuer, Schottler, Geol. Führer durch das Großh. Hessen. Mordziol, Geol. Führer durch das Mainzer Becken.

5) Fundorte: Weinheim, Eckelsheim, Wöllstein, Kreuznach, Waldböckelheim (zwischen Kreuznach und Kirn, nächst der Nahe).

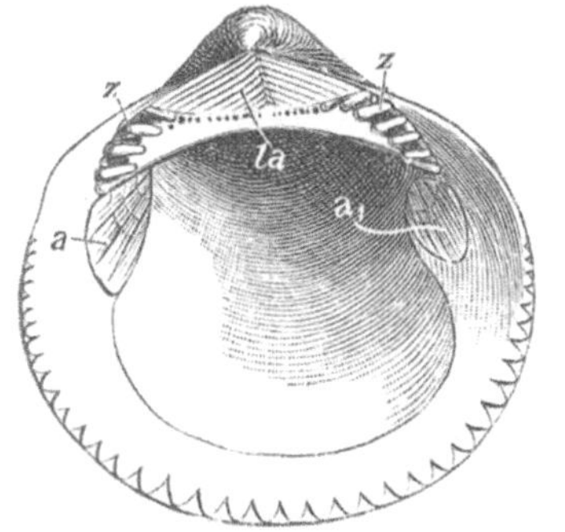

Abb. 216. Pectunculus obovatus, die häufigste Muschel in den Alzeyer Meeressanden. Die dicken, fast glatten, rundlichen Schalen dieses Klippenbewohners erfüllen zu Tausenden Sande und Kalkbänke. (Nach Zittel.)

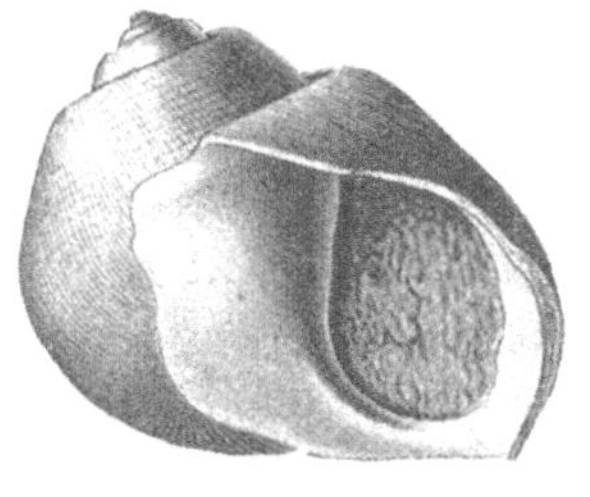

Abb. 217. Über 130 verschiedene Schneckenarten sind aus den Meeressanden (von Alzey und Waldböckelheim) bekannt. Hier siehst du die größte von allen, die etwa faustgroße Natica crassatina. (Nach Fraas.)

häufigsten. Von den Schnecken [1]) — diesen für den Anfänger allzuvielen — zeige ich dir nur eine im Bilde, die größte. (Natica crassatina, Abb. 217).

Was sind denn das für spitzige, dolchartige Dinger, die so überaus zahlreich im Gestein sich finden? Otternzungen haben sie die Leute geheißen — sind aber regelrechte Haifischzähne. Riesenhaie waren hereingekommen in die rheinische Meeresstraße. Vor allen Dingen machte der ungemein häufige Haifisch Lamna cuspidata [2]) die Gewässer unsicher. Ihn übertraf an Größe Carcharodon angustidens (Abb. 228). Dessen „Zähnchen" sind nicht ganz 1 dm lang und $\frac{1}{2}$ dm breit. Kommentar überflüssig. Das größte „Meerwunder" des Mainzer Beckens sind indessen weder die Haie (Abb. $227_{1 \text{ und } 3}$), Muscheln und Schnecken, weder die Balanenkrebschen und Bohrmuscheln, weder Krokodile, Süßwasserschildkröten und Urschweine, die eingeschwemmt vereinzelt sich fanden — das größte Meerwunder ist vielmehr die Seekuh Halitherium Schinzi. Sieh dir diese „Kuh" mal an (Abb. 218). Ein Meersäugetier ist's wie der Walfisch und doch etwas ganz anderes als ein Wal. Ein Pflanzenfresser, dessen Skelett und Gebiß viel Ähnlichkeit mit dem der Huftiere hat. Also ein Huftier im Wasser? Jawohl, ein Huftier, das durch Umbau seines Leibes das Problem der Anpassung ans Wasserleben zu lösen versuchte. Das Ende der Wirbelsäule ist in eine

1) Cerithium laevissimum, Tritonium foveolatum, Pleurotoma usw.

2) Auch Zähne von Lamna contortidens (Abb. 227_3) finden sich.

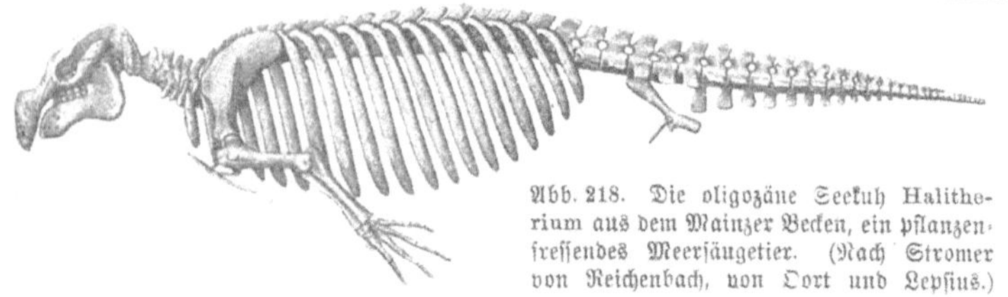

Abb. 218. Die oligozäne Seekuh Halitherium aus dem Mainzer Becken, ein pflanzenfressendes Meersäugetier. (Nach Stromer von Reichenbach, von Oort und Lepsius.)

breite Schwanzflosse umgewandelt. Da durch vertikale Bewegung dieser horizontalen Schwanzflosse die Lokomotion ausschließlich besorgt werden konnte, waren die Hintergliedmaßen und das Becken überflüssig und konnten verkümmern. Dagegen sind die Vordergliedmaßen in flossenartige Ruderorgane umgewandelt. Heute gibt es Vertreter der Seekuhfamilie nur noch an den tropischen Küsten zu beiden Seiten des Atlantischen Ozeans (Manatus) oder an den Flußmündungen und Küstengewässern des Indischen Ozeans vom Roten Meere bis nach Australien (Halicore). Die Seekühe sind also tropische Küstentiere. Um so interessanter ist die Tatsache, daß die dicken, massiven Rippen und Wirbel der oligozänen Seekuh im Küstengebiet des Mainzer Beckens sich in erstaunlicher Fülle[1]) in den Meeressanden fanden.

Wie man in manchen Aufschlüssen[2]) und Gruben beobachten kann (vgl. auch Profil 214), liegen über den Meeressanden Tone und Mergel. Man heißt diese Tone mit Rücksicht auf die vielen eingelagerten Kalkkonkretionen („Septarien") — das sind Kalkknollen, netzartig von Kalkspatadern durchzogen — Septarientone[3]). In ihnen brauchen wir nicht lange nach Versteinerungen zu klopfen. Abgesehen von den vielen Foraminiferenarten, die auf eine nördliche Herkunft hindeuten, sind die Tone im großen und ganzen versteinerungsarm.

1) Alzey, Flonheim (ganzes Skelett), Uffhofen, Wendelsheim, Fürfeld usw. Aber auch bei Rödersdorf in Ob.-Elf., bei Brislach und Delsberg bei Basel usw.

2) Weinheim, Flonheim, Hackenheim.

3) Flonheim (Bahnhof), im Rotental bei Alzey, Neumühle bei Weinheim, bei Hackenheim, bei Bodenheim usw. Aber auch im mittleren Teil der Rheinebene bei Wiesloch (Dämmelwald), Lobsann (bei Weißenburg) usw. Überhaupt könnten unsere mitteloligozänen Meeresablagerungen im ganzen Rheintalgraben beobachtet werden, wenn sie nicht durch eine so mächtige Sediment- und Schotterdecke später zugedeckt worden wären.

Die Strandbewohner: Seekühe, Austern, Balanen usw., die durch ihre Häufigkeit den Meeressand so auffallend charakterisierten, sind i. a. verschwunden. Und auch die übrige Fauna ist nichts anderes als eine verarmte Meeressandfauna. Neue Muschel- und Schneckenarten gibt es wenige. Die wichtigste unter ihnen ist die leitende Septarientonmuschel Leda Deshayesiana[1]) (Abb. 219).

Das Fehlen typischer Strandbewohner und das Vorkommen der — tiefere Stellen liebenden — Leda machen es wahrscheinlich, daß die Septarientone und die Meeressande nicht verschiedenaltrige, sondern gleichzeitige Bildungen sind. Wenz und mit ihm viele Geologen fassen den Meeressand als die Strandfazies des Septarientonmeeres auf. In der Tat finden sich typisch entwickelte Meeressande nicht im Innern, sondern nur an den Rändern des Beckens.

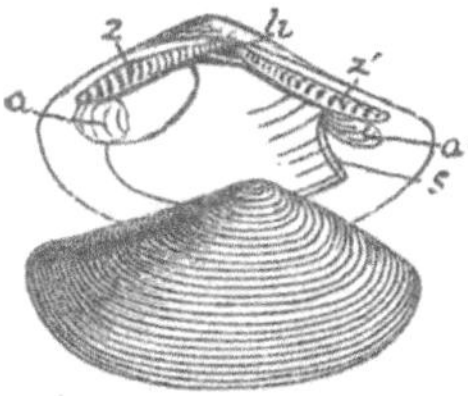

Abb. 219. Die leitende Septarientonmuschel. Sie gehört zu den Reihenzähnern (z und z' vordere und hintere Zahnreihe). Im Gegensatz zu vielen ihrer Schwestern hielt sich diese Muschel lieber in dem tieferen (schlammabsetzenden) Septarienmeer als im flacheren Meere der Alzeyer Sande auf. (Leda Deshayesiana.) (Nach Zittel.)

Mögen die Septarientone jünger oder gleich alt sein wie die Meeressande, so viel ist gewiß: die rheinische Meeresstraße war nicht mehr flach wie am Anfang der Mitteloligozänzeit. Tiefer war das Meer geworden, als es den feinen Schlamm zur mitteloligozänen Septarientonzeit absetzte, tiefer, aber auch weiter. Septarientone bei Offenbach a. M., in der Wetterau, in der Gegend von Ziegenhain und Kassel beweisen, daß das Rheinmeer um die Zeit seiner größten Ausdehnung nicht mehr nur eine blind endigende Bucht war, sondern eine das Süd- und Nordmeer[2]) miteinander verbindende, langgestreckte Meeresstraße. Es muß eine denkwürdige Zeit gewesen sein, als die Haie[3]) durch die oberrheinische Meeresstraße lustwandeln konnten herüber und hinüber, von einem Meer zum andern, vorbei an Bergwäldern[4]) und Urwaldhängen, in denen

1) Fundorte: Nierstein (auf primärer Lagerstätte), Kreuznach, Flörsheim a. M., Offenbach a. M., Vilbel in der Wetterau, Eckardroth (Vogelsberg).

2) Dieses olig. Nordmeer hatte in der Gegend von Kassel eine tiefe Bucht und erstreckte sich nach Osten: um den Harz herum nach Aschersleben, Leipzig, Frankfurt a. d. O., Stargard bis zur Ostsee, ja über Polen und Südrußland bis zum Aralsee, nach Westen: über Osnabrück, Düsseldorf, die Köln-Bonner-Rheinbucht, die Niederlande und Belgien bis zur Nordsee und dem damaligen meerischen Paris-Londoner-Becken.

3) Sind auch Haifischzähne im Septarienton nicht so häufig wie in den Meeressanden, so ist man überall auf solche gestoßen, bei Nierstein, Flörsheim, Wiesloch, Altkirch, Hammerstein (Lörrach) usw.

4) Bei Flörsheim a. M., das offenbar unfern der Taunusküste lag, hat man Blattabdrücke und Reste all dieser Pflanzen (etwa 40 Arten im ganzen)

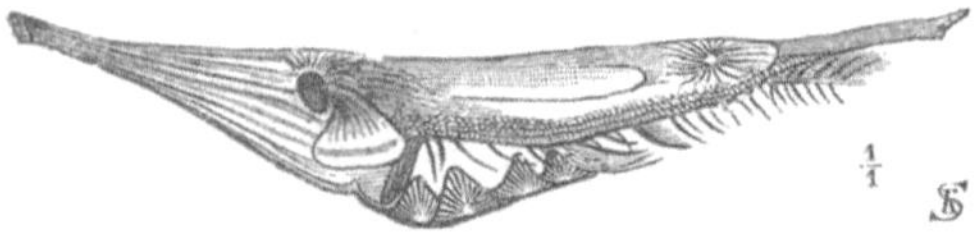

Abb. 220. Von dem rückengepanzerten, schuppen- und zahnlosen Fischchen Amphisyle Heinrichi leben heute noch Nachkommen im indopazifischen Ozean. Amphisyle schwimmt — entgegen aller Fischgewohnheit — mit steifer Körperhaltung, die Schnauze nach unten, vertikal im Wasser. Fischschiefer. Oberelsaß. (Nach Steinmann.)

Abb. 221. Die dicken, ovalen, radialgestreiften Schuppen des oligozänen Heringchens Meletta sardinoides. (Melettaschiefer.) (Nach E. Fraas.)

Tannen, Fichten, Mammutbäume, Zypressen, Pappeln, Erlen, Lorbeer-, Kampfer-, Zimt-, Walnuß-, Eukalyptusbäume und Palmen seltsam zum Bild sich einten: Es muß eine denkwürdige Zeit gewesen sein, als da, wo heute die Rebe rankt und der Pfirsich blüht, Heringchen, kleine, sardinenähnliche Kerlchen (Meletta, Abb. 221), die rheinische Salzflut durchschwärmten und daneben der rückengepanzerte Fischsonderling Amphisyle (Abb. 220) in steifer Haltung mit dem Kopf nach unten als vertikaler Schwimmkünstler sich produzierte. (Fischschiefer.)[1])

Aber alles nimmt ein Ende, selbst das Lustwandeln, Schwärmen und Purzelbaumschlagen in veränderlichen Meeren.

Die Muschel Cyrena semistriata (Abb. 209) tritt nach oben auf. (Cyrenenmergel[2]).) Die kennen wir aus dem oberbayerischen Alpenvorland. Die ersten Schritte des abziehenden Meeres bzw. der allmählichen Hebung des Landes kündigt sie uns an. Sie ist ein typisches Brackwasserkind. Wohl muß sie in

---

gefunden. Eingeschwemmte Krokodil-, Schildkröten- und Seekuhreste deuten ebenfalls auf Landnähe (nach Lepsius).

1) Schiefertone mit diesen charakteristischen Meeresfischchen kennt man von Basel bis Frankfurt [Brislach (über den Meeressanden), bei Lörrach über Strandgeröllen (zwischen Lörrach und Stetten, Egisholz, Hammerstein), Altkirch i. E. (über den Meeressanden), von Mülhausen (über den Melanienkalken) usw.]. Diese Fischschiefer, die im südlichen Elsaß und Baden besonders in den Vordergrund treten, sind eine andere andere, aber gleichalterige Ausbildungsweise des Septarientons. Das geht aus der Tatsache hervor, daß man gelegendlich (Nierstein a. Rh. und Flörsheim a. M.) Amphisyle und Meletta zusammen mit leitenden Septarientonmuscheln (Leda Deshayesiana) gefunden hat.

2) Die Cyrenenmergel finden sich nicht nur im eigentlichen Mainzer Becken, sondern auch bei Wiesloch, bei Hammerstein, Stetten usw. („Glimmersande" = „Schleichsande"), Basel, Kolbsheim und Fruchtersheim (Straßburg), Egisheim (Colmar).

der unteren Abteilung jener hellen, feinsandigen Mergel, denen sie den Namen Cyrenenmergel (Profil 214) gegeben hat, zunächst noch echte, meerische Muscheln [1]) und Schnecken [1]) regieren lassen. Selbst Haifische und Balanenkrebse werden vorübergehend wieder munter, munterer und häufiger als zur Zeit der Septarien. („Elsheimer Meeressande“ nach Lepsius). Aber ein paar Brackwasserformen [2]) stecken trotzdem dazwischen. Und als die obere Abteilung der „Cyrenenmergel“, die oberoligozänen Cyrenenmergel, sich bildeten, da hatten einmündende Flüsse dem — mehr oder weniger der Isolierung verfallenen — Meerwasser so stark „zugesetzt“, daß die Brackwasserbewohner und solche, die es werden konnten, durchaus die Oberhand bekamen. Unsere alte, oberbayerische Bekannte (Cyrena semistriata) und ihre schmucke Gesellschafterin (Cerithium margaritaceum Abb. 222 b) erfüllen gelegentlich mit ihren Gehäusen ganze Schichten, Bänke bis zu $^1/_2$ m Mächtigkeit. Aber gerade dieses lagen- und massenhafte Auftreten unserer brackwasserliebenden „Miesbacherinnen“, das allmähliche Verschwinden der meerischen „Schleichsande“ und das Einschalten von dünnen Braunkohlenflözen mit Süßwasserbildungen — das alles zeigt — an die Geschicke der gleichaltrigen „unteren Süßwassermolasse“ erinnernd (S. 180) — zu deutlich, wohin der Weg gegen Ende der Oligozänzeit führt, zur: Aussüßung des vom offenen Meere abgeschlossenen Armes und zur Verlandung. Vollzieht sich während der Cyrenenzeit in hin- und herwogendem Ringen der Übergang vom Salz- zum Brackwasser, so entstammen die nun folgenden vorherrschend kalkigen Schichten einer Zeit, in welcher der rheinische Brackwassersee langsam sich wandelte zum Süßwassersee bzw. zu Süßwasserseen.

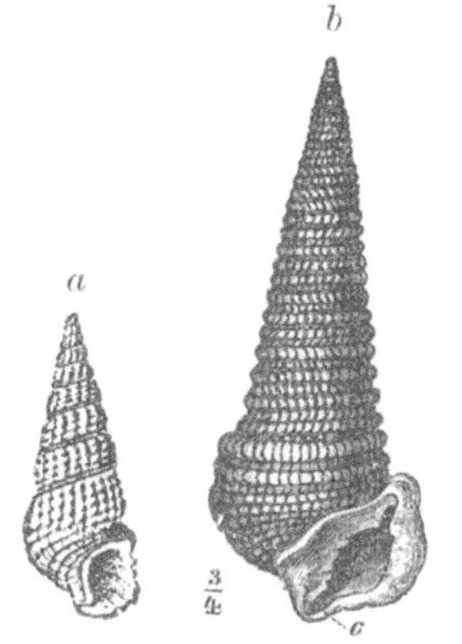

Abb. 222. Cerithium plicatum (*a*) und margaritaceum (*b*). Die kleinen turmförmigen Schnecken sind große Anpassungskünstler ans Brackwasserleben und finden sich massenhaft im Oberoligozän des Mainzer Beckens. (Nach Steinmann.)

Die Absätze dieser Seen — es sind Süßwassermergel und Landschneckenkalke — bilden einen scharfen, bezeichnenden Schlußstrich hinter der ersten Entwicklungsphase des Mainzer Beckens. Nun kommt die zweite Entwicklungsphase. Noch einmal gelang es dem Meere, einen großen Teil (den westlichen) des Beckens zurückzuerobern. Das war zur Zeit der Cerithienkalke.[3]) Die

---

1) Erwähnt seien nur: Pectunculus obovatus (Abb. 216), Perna Sandbergeri, Cytherea incrassata (Abb. 215), Trochus, Natica usw. Sehr bezeichnend für diese untere (marine) Abteilung der Cyrenenmergel ist übrigens die sandige Ausbildung, („Schleichsande“, „oberer Meeressand“) mit vielen Alzeyer Meeressandfossilien.

2) Cerithium plicatum, Hydrobien.

3) Oppenheim, Nierstein (Kranzberg), Dittelsheim (Kloppberg), Heßloch

Abb. 223. Hydrobia ventrosa. (Nach Steinmann)

rasch überhandnehmenden Meeresbewohner (Perna, Pinna, Foraminiferen usw.) beweisen, daß infolge neuer Senkungen die Verbindung mit dem offenen Meere vorübergehend wiederhergestellt war. Nicht lange, so wird das Becken wieder abgeschnürt und brackisch. Die frisch eingewanderten, marinen Neuankömmlinge verschwinden. Wohl wimmelt es zunächst noch an Cerithienschnecken (Abb. 222). Aber nach oben stellen sich — die Cerithienschnecken verdrängend — immer mehr Schalen von Corbiculamuscheln (Corbicula Faujasi in ganzen Schalenbänken) und von zahllosen Uferschneckchen (Hydrobien) ein — eine Folge des an Salz gänzlich verarmten Wasserbeckens. (Untermiozäne Corbiculaschichten.)[1]

Das letzte Wort sprechen die Hydrobien (Hydrobienkalk) (Abb. 223). Es heißt: Ausgesüßt, verlandet, versandet, versumpft. Wo die Hydrobienkalke und Mergel noch erhalten sind[2]), da findest du die Miniaturschnecke zu Milliarden. Während die Corbiculamuscheln und die Hydrobienschneckchen in den rheinischen Süßwasserseen und -sümpfen sich ihres bescheiden-stillen Herdenglücks erfreuten, hausten gleichzeitig — eingeschwemmte Reste beweisen es — am Lande Krokodile, Schlangen, Salamander, Eidechsen, Muntjakhirsche, Nashörner, Tapire, Marder, Fischotter, Igel, Biber, Reiher, Wasserhühner usw.[3]) Sie mahnen uns, daß wir — die Grenzpfähle der Oligozänzeit außer acht lassend — schon eingetreten sind ins Jungtertiär und zwar speziell in die Miozänzeit. Die Verhält-

---

(Hospitalhof), zwischen Ingelheim und Heidesheim, Weisenau a. Rh., Hochheim a. M. usw. (nach Stoltz).

1) Die Corbiculaschichten können nicht nur als Kalkstein, sondern auch als Tonmergel (Frankfurt und Darmstadt) mit Braunkohlenbänkchen, oder als „Blättersandstein" (Münzenberg in der Wetterau) entwickelt sein. Die Flora des Blättersandsteins erinnert stark an die Pflanzen der oligozänen Süßwassermolasse (Zimt-, Lorbeer-, Feigen- und Kampferbäume, Palmen, immergrüne Eichen, Nußbaum, Ahorn usw.).

2) In der Umgebung von Mainz und Wiesbaden (Elisabethenhöhe). Gegend von Bruchsal.

3) Solche Reste lieferten nach Lepsius („das Mainzer Becken") die Corbicula- und Hydrobienkalke von Weisenau, vom Kästrich in Mainz, von Mombach und Budenheim unterhalb Mainz und von Wiesbaden. Beim Fundamentausgraben eines Weisenauer Hauses fand z. B. H. v. Meyer schon im Jahre 1838 über 1100 Krokodilzähne, 530 Schlangenwirbel, 120 Salamanderwirbel und 400 Eidechsenwirbel.

nisse des Miozäns aber können wir — besser als im verlandeten Rheintalgraben — studieren am anderen Ast unserer südwestdeutschen Meeresgabel, am Alpenrandmeer.

3. Meer- und Seefahrten am Fuße der miozänen Alpen.

Ich trete ans Fenster. Vor mir der kristallklare See, ein Flimmerspiel in blauem Sonnenzauber. Drin die Schloßinsel Mainau, in anmutiger Schönheit, von flüchtiger Künstlerhand hingeworfen. Dahinter in heroischem Gegensatz die Riesenmauer der Alpen, kühn, wuchtig, wild emporgetürmt, wie von Dämonenhänden. Man möchte dem Säntis, dem Beherrscher des Bildes, auf die Schultern steigen und sich volltrinken an dem unendlichen Blau, in das er so weit hineinragt. So schaut's aus nach Süden! Nach Westen schweift der Blick hin über ein stilles Seetal, eingetieft zwischen langgezogenen, bewaldeten Sandsteinhöhen. Aber gerade die Uferlandschaft dieses Bodenseearmes — des Überlingersees — mit ihrem Buchtenreichtum, ihrem Rebenschmuck, ihren Obstbaumwiesen und Obstbaumwäldern, ihren steilabfallenden Tannenbergen, ihren Sandsteinschluchten und -wänden und Felsen — gerade diese schönheitsreiche Uferlandschaft sei heute unser Wanderziel. Von hier aus, wo die Molassetafel an den Steilwänden des Seegrabens[1]) prächtig aufgeschlossen ist und einen wunderbaren Einblick in ihren geognostischen Aufbau gestattet, laß uns die geologischen Erinnerungsfäden hinausspinnen ins Land und zurück in jene Zeit, als die heutigen Ufer noch keine Ufer, sondern Seegrund bald, bald Meergrund waren.

Wo immer wir im westlichen Teile dieses Seetales[2]) die Höhe zu gewinnen suchen, da führt der Weg zunächst über auffallend bunte Tone und Mergel[3]), über bindemittel(kalk)arme, graue Sandsteine[4]) und Sande[4]). Sie sind uns nicht unbekannt, diese tonigen Schichten in ihrem — insbesondere nach Regen-

---

1) Ob das Bodenseebecken glazialen oder tektonischen Ursprungs ist, ist heute noch umstritten. Es war wohl tektonisch angelegt und wurde dann glazial übertieft.

2) Zwischen Ludwigshafen und Hödinger Tobel, oder: Zwischen Bodmann und Marienschlucht. Östlich von diesen Punkten haben wir schon Meeresmolasse, weil die ganze Molassetafel ein Einfallen von 2—3° nach Südost zeigt.

3) Bestehend aus Ton, Kalk, Quarzsand und feinschuppigem Glimmer.

4) Bestehend aus Quarzkörnchen (farblos, weiß, gräulich, rot) und Beimengungen von silberweißen (oder schwarzgrünen) Glimmerblättchen und stark zersetzten Feldspatteilchen.

wetter — leuchtenden Rot. Der unteren (oberoligozänen) Süßwassermolasse[1]) dürften sie teilweise[2]) angehören, wie wir sie auf früheren Wanderungen schon anderwärts (S. 180) kennen gelernt haben.

Es war um jene Zeit, als vor dem jungen Berg- und Hügelland der Alpen sich ein „Bodensee" an den anderen reihte, so daß eine Seenlandschaft längs des Außensaumes entstand von Genf bis Wien. Lange muß auch in unserer Gegend ein Süßwassersee existiert haben; denn die einmündenden Bäche und Flüsse konnten Tonmassen von mehr als 200 m Dicke in das Wasserbecken

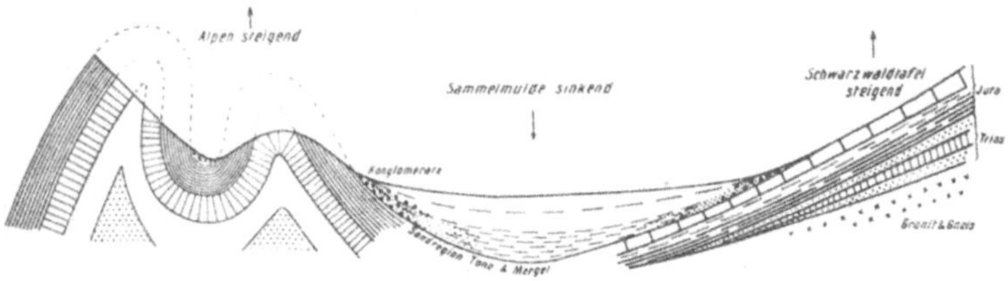

Abb 221. Die große Sammelmulde zwischen Alpen und Schwarzwald zur Molassezeit. Wenn die Senkung rascher erfolgte, als die Alpenflüsse mit ihren Einschwemmungsprodukten nachfüllen konnten, dann drang das Meer vor. Umgekehrt mußte es vor dem vorrückenden Schuttmantel mit seinen Brack- und Süßwasserlagunen zurückweichen, sobald sich die Senkung verlangsamte. Immer aber wurden die eingeschwemmten Schuttmassen in der Weise sortiert, daß unmittelbar an der Küste das schwerere, grobere Material (Gerölle, Konglomerate), weiter draußen im Wasserbecken das feinere Material (Sand) und noch weiter draußen die feinsten Schlammmassen (Tone, Mergel) abgesetzt wurden.

einschwemmen und ablagern. Das sind eben die farbenfreudigen, vorherrschend roten, aber auch gelben, braunen, violetten und schmutzig-grünen Tone, die den Sockel unserer heutigen Heimatscholle zusammensetzen (Abb. 225/6), vom

1) Schalch unterscheidet: 1. einen unteren Horizont, die Sandstufe (Mergel- und Sandlagen mit Knauerbildungen), und 2. einen oberen Horizont, die Mergelstufe (bunte, meist rote Mergel).

2) Abgesehen von den paar sporadischen, schlecht erhaltenen Funden (Planorben) ist nur wichtig ein Kiefer von Rhinoceros minutus (gefunden von Gutmann), der nach Deninger auf ein oberoligozänes Alter in bestimmterer Weise hindeutet. Noch Norden, also dem Jura zu, geht die sandige Fazies der U. S. M. immer mehr in eine kalkige Fazies über (Kalkmergel und Kalkbänke). Berühmt sind die „Landschneckenkalke" von Hoppetenzell (bei Stockach) wegen ihres Reichtums an Süßwasserschnecken (viele Planorbis-Arten, Limnaeus-Steinkerne), Landschnecken (Helix-Arten) usw. Da nach Schalch diese Landschneckenkalke nichts anderes sind als eine lokale, wegen der Juranähe kalkige Fazies der U. S. M., dürfte der Süßwassercharakter der Sandstufe kaum in Zweifel zu ziehen sein.

Während die U. S. M. im Seegebiet wohl über 200 m mächtig ist — man hat das Liegende (mutmaßlich Malm) noch nirgends erreicht —, keilt sie nach Norden (Zizenhausen 100 m) immer mehr aus, so daß nördlich von Hoppetenzell und westlich der Linie Mühlingen—Friedingen die Kerne der Berge nicht mehr aus ihr, sondern aus Malm bestehen. (Nach Gutmann.)

westlichen Überlingersee über Stockach bis hinauf in die Gegend von Meßkirch und Pfullendorf. Wer nach einem Landregen hinauswandert zur Ruine Althohenfels, Bodmann, Homburg, Nellenburg usw., der muß erst — länger, als ihm lieb ist — über dieses buntfarbige Tonfundament steigen. Selbst den Stiefeln wird es da zu bunt — in dem alten aufgeweichten Seeschlamm; sie wollen streiken und stecken bleiben.

So eifrig hatten die Bäche und Flüsse Tone und Sande herbeigeschleppt und hineingespült in unseren ältesten Bodensee, daß dieser beinahe zugeschüttet und verlandet war.

Da trat ein folgenschweres Ereignis ein. Der Druck von Süden (Italien) her, der schon in der Oligozänzeit zur ersten Alpenfaltung geführt hatte, nahm jetzt — in der Miozänzeit — noch an Intensität zu. Höher und höher türmten langsam sich die Alpen. Aber auch der Schwarzwald stieg, während das zwischen Alpen und Schwarzwald liegende Land sich senkte, tiefer und tiefer (Abb. 224). Zu tief war auf einmal die Senke geworden. Da brachen die Wasser des Mittelländischen Meeres über das Rhonebecken und die Talschweiz herein und überfluteten das ganze Bodenseegebiet bis hinaus zur Donau. Wie einst dem ältesten Bodensee, so setzten auch diesem miozänen Molassemeer die einmündenden Bäche und Flüsse mit ihren Einschwemmungsprodukten schwer zu. Mächtige Schuttkegel und Deltastirnen wurden hineingeschüttet in die meerische Sammelmulde, so zwar, daß das gröbere, schwerere Material (Gerölle) unmittelbar an der Küste liegen blieb, während das feinere, leichtere Material — die Sande — etwas weiter und die feinsten Schlammmassen (Mergel) am weitesten hinausgetragen wurden ins Meer (Abb. 224). Da unser Heimatgebiet nicht in unmittelbarer Nähe der Küste war, müssen wir in der Hauptsache sandige Ablagerungen erwarten. So ist es auch.

Über der letzten bunten Mergelschichte — mit einer solchen schließt die U. S. M. in unserem Forschungsgebiet gewöhnlich ab (Abb. 225) — folgen massige Sandsteine und Sande, darüber sandig-glimmerige Mergelschiefer. Was zunächst die Sandsteine anlangt, so sehen sie auf den ersten Blick gerade so aus wie die Sandsteine der U. S. M. auch. Sieht man aber genauer zu, so findet man doch einen petrographischen Unterschied. Als hätte einer Pulverkörner hineingestreut zwischen die (mit mehr oder weniger Kalk zusammengekitteten) Quarzkörnchen, so sieht's aus. Diese schwarzen oder grünen, kleinen rundlichen Körner — die sogenannten Glau-

Abb. 225. Die bunten Mergel der unteren Süßwassermolasse gehen bis *a*, darüber liegen die Heidenlöchersandsteine. Eingang zum Hödinger Tobel. (Aufg. v. Verf.)

konitkörner — sind das beste Erkennungszeichen für alles, was Anspruch macht, Meeresmolasse zu sein.

Deren ca. 110 m mächtigen Ablagerungen („obere Meeresmolasse“) gliedern sich bei uns in:

3. Die Grenzregion: Unten noch meerische Sande (Schmidles „Bodmannsande“, 3—20 m), die bald Muschelsandstein, bald Gerölle und Geröllbänke enthalten.

Darüber brackische, hellgelbe, ungeschichtete, feine Tonsande (Schmidles „Feinsande“ 5—20 m) mit Geröllzonen von wenigen Zentimetern bis mehreren Metern. Vereinzelt Melanopsis Kleinii. Die charakteristischen Gerölle der ganzen Grenzregion sind alpiner Herkunft und enthalten rötliche bis weiße Kalkkonkretionen.

2. Die Sandschieferstufe (nach Schalch), 30—50 m mächtige, feinsandig-glimmerige Mergelschiefer und kalkig-mergelige Sandschiefer. Dazwischen eingeschaltet kleinere und größere Sandsteinbänke.

1. Die Heidenlöcherschichten (nach Schalch), südöstlich anschwellend bis zu 100 m Mächtigkeit, massige Sande und Sandsteine, oft schichtungslos. Die ganze Umgebung von Überlingen (Stadtgräben (häufig Kreuzschichtung!)), Felszüge in den Anlagen. Felswand bei Goldbach, Gletschermühle usw. Eingerissen malerische Schluchten: Hödinger Tobel, Marienschlucht, Katharinenbach usw.

Was heute den deutschen Meeren fremd ist — der Hai —, hier in der Bodenseegegend war er zu Hause, als das Miozänmeer seine Wellen kräuselte. Grauhaie (Notidanus primigenius Abb. 227_1) mit mehrzackigen Zähnen, Glatt- oder Menschenhaie (z. B. Abb. 227_2), vor allen Dingen aber Riesenhaie (Carcharodon megalodon Abb. 228, Oxyrhina hastalis Abb. 227_6, Oxyrhina Desorii Abb. 227_5, Lamnazähne Abb. $227_{3 u. 4}$), von denen die größten (Abb. 228) mit ihren 1 dm langen Zähnen eine Länge von mehr als 16 m hatten, bevölkerten das heimische Miozänmeer. Zeitweise müssen diese Meerungeheuer eine wahre Schreckensherrschaft ausgeübt haben. Sonst könnten nicht Tausende und aber Tausende ihrer Zähne einzelne Lagen spicken. Sie sind das Lieblingsobjekt der Sammler, vom jüngsten Sextaner angefangen bis hinauf zu jenem württembergischen Haifischkenner (Dr. Probst), der allein in den Steinbrüchen von Baltringen 60000 Haizähne (50 Arten) zu erbeuten sich das Vergnügen machte. Die Meeresstraße, die das miozäne Raubgesindel der Haie zu seinem Tummelplatze machte, war lang und ganz verschieden breit. Vom Mittelmeer her und zwar über das heutige Rhonebecken flutete, wie wir schon gehört haben, das „obere“ Molassemeer in einem schmalen Arm durch die Schweiz bis in die Gegend des Bodensees. Von hier ab erweiterte sich der Meeresstreifen, zwischen Schwäbisch-Fränkischem Jura, Böhmerwald und dem Alpenrand die große dreieckige, süddeutsche Bucht bildend. Wohl verschmälerte sich das Alpenrandmeer in der „St. Pöltener Enge“ bedenklich. War aber erst einmal diese Enge passiert und das „Wiener Becken“ erreicht, dann ging's frei und ungebunden weiter, entweder über das große „Pannonische Becken“ (das heutige Österreichisch-Ungarische Tiefland usw.) oder in einem Meeresarm nördlich der Karpathen über Galizien, Rumänien bis zum heutigen Schwarzen und Kaspischen Meere und noch weiter, nach Asien hinein. Übrigens scheinen die Lebens- und Existenzbedingungen für die Haie im miozänen Molassemeer nicht immer günstig und verlockend gewesen zu sein. Tagelang kannst du

Abb. 226. Im Senkungsfeld der Sipplinger Vorberge. Die Säule besteht aus Heidenlöchersandstein und müßte normalerweise über den Mergeln der U. S. M. (rechts) liegen (Aufg. v. Verf.)

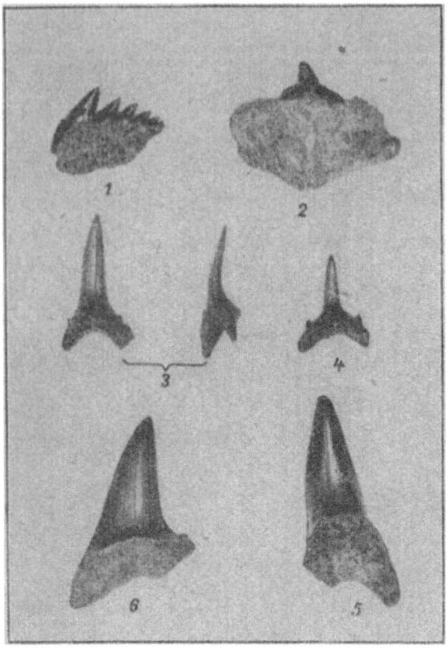

Abb. 227. Verschiedenartige Haifischzähne aus dem miozänen Molassemeer, gefunden bei Überlingen. Verkleinert.
(Nach einem Diapositiv des Verfassers.)

z. B. in den graugrünen Überlinger Sandsteinen (Heidenlöcherschichten) suchen nach Fossilien; wenn's gut geht[1]), findest du vielleicht ein Haifischzähnchen von ein paar Millimeter Länge. Alle Zähne, die man anläßlich der Grabarbeiten des Überlingertunnels gefunden hat, sind klein und stammen höchstwahrscheinlich nur von jungen Haifischchen her.

Wie die Heidenlöcherschichten, so ist auch die Sandschieferstufe im ganzen arm an Haifischzähnen bzw. an Fossilien. Es sind eben in der Meeresmolasse immer nur einzelne Lagen und Horizonte, in denen sich Petrefakten anreichern, gelegentlich so stark, daß die ganze Schichte aus nichts anderem zu bestehen scheint als aus Schalen, Schalentrümmern und Steinkernen von Muscheln und Schnecken mit vereinzelt eingestreuten Haifischzähnen. Das gilt insbesondere von jenen glaukonitreichen, harten Muschelsandsteinbänken[2]), die, ohne horizontbeständig zu sein, nicht nur wegen ihres Haufwerks zertrümmerter Fossilien, sondern auch wegen ihrer technischen Brauchbarkeit zu Bauzwecken die allgemeine Aufmerksam-

Abb. 228. Zahn eines Riesenhais aus der Meeresmolasse von Überlingen, 1 dm lang. (Carcharodon megalodon.)
(Aufg. v. Verf.)

1) Fundort: Pavillon in den Anlagen.

2) Dieser „Muschelsandstein" (Schills und der schwäbischen Geologen) enthält — wie die Salzsäureprobe zeigt — viel kohlensauren Kalk als Bindemittel und war daher wegen seiner Härte und Dauerhaftigkeit als Baumaterial sehr geschätzt.

keit schon früh auf sich zogen. Durch Aus- und Zusammenschwemmen am Strande entstanden, liegen diese Muschelbreccienbänke bald an der Basis (Weiherhof oberhalb Ludwigshafen), bald am oberen Ende der Heidenlöcherschichten [Spetzgarter Tobel, Hödinger Steinbruch, Katharinenbachtal (Corbulabank Schalchs mit Corbula gibba, Mactra usw.)], oder gar an der oberen Grenze der ganzen miozänen Meeresablagerung (Haldenhof, Hödinger Tobel).

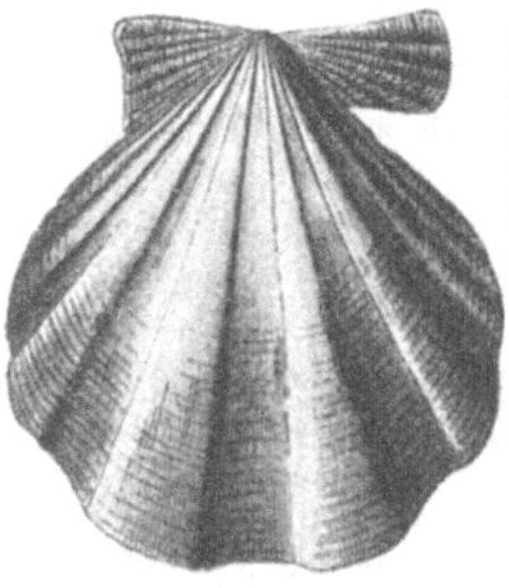

Abb. 229. Pecten palmatus. Eine Kammuschel aus der miozänen Molasse. (Nach E. Fraas.)

Halten wir nun einmal etwas gründlichere Umschau unter den marinen Formen der einzelnen Fossilhorizonte, so finden wir da wohl Steinkerne von Herzmuscheln (Cardium commune) in erdrückender Fülle. Wir finden wohl Schalen von Kammuscheln (Pecten palmatus Abb. 229, burdigalensis, Hermanseni) so schön erhalten, als wären sie erst gestern dem Meeresgrund zur Konservierung anvertraut worden. Wir finden wohl Teppichmuscheln (Tapes helvetica), viele Mactra-Arten, Austern (Ostrea caudata) (Abb. 230), Bohrmuscheln, Turmschnecken (Turritella), Kegelschnecken (Conus canaliculatus) usw. —, aber diese ganze Muschel- und Schneckengesellschaft samt ihren Haifischalliierten vermögen uns doch keinen Respekt abzuringen vor der Tiefe des miozänen Molassemeeres. Es sind ausnahmslos Tiere, die an der Küste zu hausen pflegen — eine typisch marine Küstenfauna. Von einer richtigen Tiefsee wissen sie nichts zu berichten, auf der ganzen Breite des miozänen Meerstreifens.

Abb. 230. Ostrea caudata. Das kleine gefaltete Müschelchen ist eine Auster des Miozänmeeres. (Nach E. Fraas.)

Es ist überaus interessant zu verfolgen, wie das Molassemeer der Miozänzeit — nach Norden weiter vorgreifend als die oligozänen Meeres- und Süßwasserbildungen — Teile der Juratafel unter Wasser setzte. Hier, wo das Meer an den Malmklippen brandete, besteht das Strandsediment aus Randengrobkalk[1]), Turritellen- und Austernkalken, zum Teil auch aus groben Jurageröllen. [„Juranagelfluh“[2]]. Und Bohrmuscheln haben scharfgedrechselte Löcher als

1) Diese gelbliche bis rötliche, poröse Muschelbreccie ist besonders schön aufgeschlossen in den Steinbrüchen bei Altdorf, Wiechs, Thengen und Blumenfeld.

2) Da die Juranagelfluh meist über den marinen Bildungen („Grobkalk“) liegen, gehören sie der Hauptsache nach nicht zur Meeresmolasse, sondern schon zur oberen Süßwassermolasse. Daß aber der große Abschälungsprozeß auf der Sedimentdecke am Südostfuße des Schwarzwaldes schon zur

charakteristische Leitmarken in das Gestein des Küstensaumes eingebohrt.

Während die Ablagerungen unseres Molassemeeres an der von SW nach NO verlaufenden Nordküste (z. B. Geisingen, Immendingen, Tuttlingen, Winterlingen usw.) nur eine ganz geringe Mächtigkeit besitzen (bei Immendingen noch nicht $1/_2$ m), erreicht das gesamte marine Molasse-Paket, gegen Süden anschwellend, bei St. Gallen eine Mächtigkeit von 700 m.

Wer von dem idyllisch gelegenen Uferdorf Sipplingen auf dem krümmungsreichen Fahrweg hinaufsteigt zum landschaftlich schönsten Punkt am deutschen Bodenseeufer, zum Steinpalmen, der hat auch geologisch einen der besten Wege eingeschlagen für eine orientierende Übersicht über den Aufbau der Molasse. Erst überschreitet er die buntfarbigen Mergel der U. S. M., durchwandert dann die Meeresmolasse und hat schon — etwa 160 bis 170 m über dem Seespiegel — an der letzten scharfen Kehre nach Westen den oberen Muschelsandstein [1]) und damit die

Grenzregion der Meeresmolasse erreicht. Was hangaufwärts folgt, sind in der Hauptsache Mergel (ca. 30 m) mit einigen eingeschalteten Kalkbänken und darüber — bis direkt unter den Steinpalmen — ca. 30 m mächtige, helle, glimmerreiche Sande. Diese

---

Zeit des Miozänmeeres eingesetzt hatte, daß Bäche und Flüsse das abgespülte und abgetragene Material als Gerölle noch hinein verfrachteten ins abziehende Molassemeer, das beweisen die Steinbrüche bei Altdorf und Thengen. Hier kann man sehen, wie im Hangenden (des Grobkalks) Nagelfluhbänke mit solchen aus Grobkalk miteinander abwechseln. Schnarrenberger (Blatt Engen), Schalch (Blatt Blumberg) und Schaad („Die Juranagelfluh") haben übeinstimmend gezeigt, daß die Gerölle der Juranagelfluh von unten (Jura) nach oben (Muschelkalk, Buntsandstein usw.) den Schichten des Abtragungsgebiets von oben nach unten entstammen. Mit dieser Nagelfluh (aus Jura, Muschelkalk und Buntsandstein), die sich als vielfach unterbrochenes und zerfetztes Band vom Basler und teilweise vom Aargauer Jura hinzieht über den Randen und das Hegau der Schwäbischen Alb (Sigmaringen) entgegen, dürfen die Nagelfluhmassen der Südgestade nicht verwechselt werden. (Subalpine Nagelfluh.) Diese bis mehrere 1000 m mächtigen Geröllfelder begleiten den heutigen Nordrand der Alpen [Napfregion, Rigi-Roßberg, zwischen Linth und Rhein] und sind die Mitbringsel der Alpenbäche während der ganzen Molassezeit (U. S. M., M. M., O. S. M.) (Abb. 246.)

1) Klettere einige Schritte ost- und hangaufwärts in den Wald hinauf. Ausgezeichnete Profile geben auch: Die neue Steige von Sipplingen nach der Nonnenebene und dem hinteren Steinpalmen, die alte Steige und der Södinger Tobel (bis zum Wasserfall im südlichen, weglosen Ursprungstälchen).

Mergel[1]) und Sande[2]) bilden zu beiden Seiten des Überlinger-Seetals und weit darüber hinaus nach den gründlichen Untersuchungen Schmidles so charakteristische Horizonte, daß Schmidle sie neuerdings „Haldenhof-Mergel" und „Steinpalmensande" getauft hat. Sie sind glaukonitfrei. Meeresmuscheln, Meeresschnecken, Haizähne usw. fehlen. Dagegen findet man häufig[3]) auf Süßwasser hindeutende Leitformen: Spitzige Schlammschnecken (Limnaeus), flache, scheibenförmige Tellerschnecken (Planorbis), Fluß- und Seemuscheln (Unio, Anodonta), Pflanzenreste (Zimtbaum) usw. So bescheiden auch im Vergleich zu den vorausgegangenen marinen Geschlechtern das Auftreten unserer Süßwassermuscheln und Süßwasserschnecken in diesem oberen Komplex der miozänen Molasse (Obere Süßwassermolasse) ist — sie sind doch einwandfreie Zeugen ihrer Zeit, jener Zeit, wo die Senkung der voralpinen Sammelmulde sich so sehr verlangsamt hatte, daß die nachfüllenden Alpenflüsse die Oberhand bekamen und mit ihren vorrückenden Deltastirnen schließlich die einstige Meeresstraße vom Mittelmeer und vom Wiener Becken vollständig abschnitten. Damit verfiel das miozäne Ärmelmeer demselben Schicksal wie einst die rheinische Meeresstraße: der Aussüßung und Verlandung. Anscheinend ging das alte Spiel: Senkung und Sedimentation zunächst auch noch weiter, nachdem das voralpine Ärmelmeer vom Rhone- und Wienerbecken abgeschnürt und in eine Reihe von Süßwassertümpeln und Süßwasserseen zerlegt war. Denn was sich in diesen obermiozänen Tümpeln und Seen infolge der vielen Süßwasserzuflüsse absetzte — die Mergel und Sande —, erreicht eine Mächtigkeit von ca. 200/300 m.

Eine Seenlandschaft also war aus dem Ärmelmeer geworden. Und

---

1) Nonnenebene, Ruine Bodmann, Staad, Basis der Meersburger Felsen und des Heiligenbergs.

2) Ruine Bodmann, Staader Bierkeller, Felszüge Uhldingen—Meersburg—Haltnau, Basis am Schienerberg (Wangen) usw.

3) Schon Schalch hatte gefunden: In den Sanden an den Bierkellern bei Staad (Unio flabellatus, Anodonta Lavateri, Planorbis cornu), Eggerhalde bei Egg Blattreste (Zimtbaum). In den Mergeln nordwestlich der Tobelmühle (Limnaeus und Planorbis), am Ausgang des Kaspertobels (Tobelmühle) Zimtbaum, Limnaeus. In den Süßwasserkalken hinter der Ruine Bodmann: Limnaeus (dilatatus, fragilis, turritus) und Planorbis cornu, bei der Tobelmühle Limnaeus dilatatus und Planorbis cornu (auch unter den Steinpalmen).

Abb. 231. Wie es an den Gestaden der obermiozänen Süßwasserseen grünte und blühte. In der Mitte eine Palmengruppe (Fächerpalmen: Sabal und Flabellaria; Fiederpalmen: Phoenicites und Manicaria). Links ein stark verästelter Kampferbaum 1, darunter ein Lorbeerbäumchen 2, rechts Ahorn 3, Nußbaum 4 usf. (Nach Heer.)

was für eine! Wir lieben unseren heutigen See, um seiner Schönheit willen. Reben und Obstbäume, Buchen, Kiefern und Tannen haben ein gar schmuckes Pflanzenkleid um seine Uferberge gewoben. Aber unvergleichlich üppiger und mannigfaltiger waren die Wälder, welche die Bodenseen der eben aufgetauchten (obermiozänen) Heimatscholle umsäumten. Welch sonnige Welt tritt uns da (obere Miozänzeit) noch einmal entgegen (Abb. 231)! Noch einmal einten sich Fächer- (Sabal major, Flabellaria) und Fiederpalmen (Phoenicites, Manicaria), Kampfer-, Seifen-, Zimt- und Lorbeerbäume, lindenblätterige Feigenbäume, Dattelpflaumen, Magnolien und Myrten mit Ahorn, Platanen, Pappeln, Weiden, Walnußbaum, Birke, Erle, Fichte, Tanne usw. zum seltsam universellen Bilde. Aber die subtropischen Gewächse — obwohl keineswegs selten — fangen an, Abschied zu nehmen und sich aus unseren Breiten zurückzuziehen. Woher wir das wissen? Aus dem Urkundenschatz, der vergraben liegt im:

Abb. 232. Blüten und Blätter vom Zimtbaum, einem heutigen Tropenkind. (Cinnamomum Scheuchzeri, Ob. Miozän v. Öhningen.)

Herbarium von Öhningen. Als die mergeligen Plattenkalke der Öhninger Steinbrüche drüben am Schienerberg[1]) sich bildeten, legten sie gleichzeitig ein Herbarium an, das durch Oswald Heers Beschreibung zum berühmtesten Herbarium der Welt wurde. Was der weiße, feine Kalkschlamm in den stillen Buchten des obermiozänen Öhningersees einsargte und treu wie auf einer photographischen Platte fixierte, ist nicht zu sagen. 475 Pflanzenarten, weniger asiatische, afrikanische und australische als europäische und hauptsächlich amerikanische For-

1) Die Steinbrüche gehören in Wirklichkeit zur Gemeinde Wangen und sind heute gänzlich verfallen. Da aber am Überlingersee nur die unteren ca. 60 m der oberen Süßwassermolasse entwickelt sind, kann eine Wanderung über den Schienerberg (von Wangen aus) zur Vervollständigung des Profils nach oben hin gleichwohl empfohlen werden. Auch eine Wanderung auf den Heiligenberg ist zu diesem Zwecke anzuraten.

Deecke gibt unter Berücksichtigung der Schmidleschen Arbeiten folgendes Gesamtprofil durch „die obere Molasse Südbadens“:

Oberer Kalkhorizont mit Landschnecken und Knochen (Herdwanger Mergel). Zweite Sandstufe ca. 60—70 m (Heiligenbergsande). Mittlerer Kalkmergelhorizont (Öhninger Schichten) 30—50 m. Erste Sandstufe 25—30 m (Steinpalmensande). Untere Mergelstufe (Haldenhofmergel) 30—60 m.

Abb. 233. Ein Ahornblatt aus dem obermiozänen Herbarium von Öhningen. (Aufg. v. Verf.)

men, 844 Arten von Gliedertieren (darunter 826 Insektenarten [518 Käfer, 132 Wanzen und Zikaden, 80 Wespen und Bienen, 63 Fliegen, 25 Termiten, Libellen und Eintagsfliegen, 13 Heuschrecken, 3 Nachtschmetterlinge]), 56 Wirbeltiere (Hechte, Aal, Barsch, sehr viele Karpfen, im ganzen 32 Arten von Fischen), „brasilianische" Riesenfrösche, ein Meter lange Alligatorschildkröten, wie sie heute räuberisch hausen in den Flüssen und Seen der Vereinigten Staaten von Newyork bis Florida, indische Flußschildkröten, Schlangen, Krokodile, Wasservögel („Öhninger Gans"), Hirsche, Hunde, Hasen, Eichhörnchen, Mastodonten usf. Wenn wir auch, um die Vettern und Basen der obermiozänen Öhninger Pflanzen und Tiere zu finden, heute in allen fünf Weltteilen herumsuchen müssen — das eine steht trotzdem fest: Das obermiozäne Klima ist kühler geworden als zur Oligozänzeit. Palmen und Feigenbäume treten zu auffallend zurück. Es dürfte zur Obermiozänzeit noch ein Klima bei uns existiert haben ähnlich dem von Unteritalien und dem Mittelmeergebiet (Heer schätzte 18° mittlere Jahrestemperatur). Es gilt überhaupt als ein charakteristisches Zeichen der Tertiärzeit, daß sich in ihrem Verlaufe bestimmte Klimazonen herausbildeten. Und noch etwas zeigt die miozäne Organismenwelt sowohl der Meeresmolasse als der oberen Süßwassermolasse mit charakteristischer Deutlichkeit: Das Verwandterwerden mit der Gegenwart. Immer modernere und bekanntere Formen sehen wir auftauchen aus dem Strome der Entwicklung: Das Leben mündet langsam aus ins wohlvertraute Heut!

Wir dürfen Öhningen nicht verlassen, ohne noch des berühmtesten Öhningers gedacht zu haben, jenes „betrübten Beingerüstes von einem armen Sünder, so in der Sintflut ertrunken" (Abb. 234). Als Homo diluvii testis, zu deutsch: „Mensch, Zeuge der Sintflut", hat Johann Jakob Scheuchzer, Stadtphysikus und Professor der Mathematik in Zürich, das „recht seltene Denkmal jenes verfluchten Menschengeschlechts der ersten Welt" im Jahre 1726 seinen Zeitgenossen vorgestellt. Und der Öhninger ließ es sich gefallen. Und alles wäre gut gewesen, wenn später nicht Cuvier, der Begründer der vergleichend anatomischen Methode, gekommen wäre. Der aber zeigte (1811), daß Scheuchzers Menschenskelett nichts anderes ist als ein Molchskelett, vom Schlage des häßlichen japanischen Riesensalamanders (Andrias japonicus). Und seither kann der abgesetzte Sintflutmensch in den Sammlungen — man hat später noch mehrere, vollkommenere Exemplare in Öhningen gefunden — als Andrias Scheuchzeri sein versteinertes, miozänes Reptildasein ungestört weiterträumen. Über den guten, alten Stadtphysikus aber hat die Nachwelt öfters mitleidig gelacht. Zu Unrecht! Denn gerade der treffliche Scheuchzer — allerdings ein Kind seiner Zeit — war einer der ersten, der mit robustem Ernst daran ging, die Fossilien als das zu deuten, was sie sind: als wirkliche Überbleibsel wirklicher, einstiger Lebewesen und nicht als anorganische, blinde „Naturspiele“, als „Stein- und Mergelgeburten“.

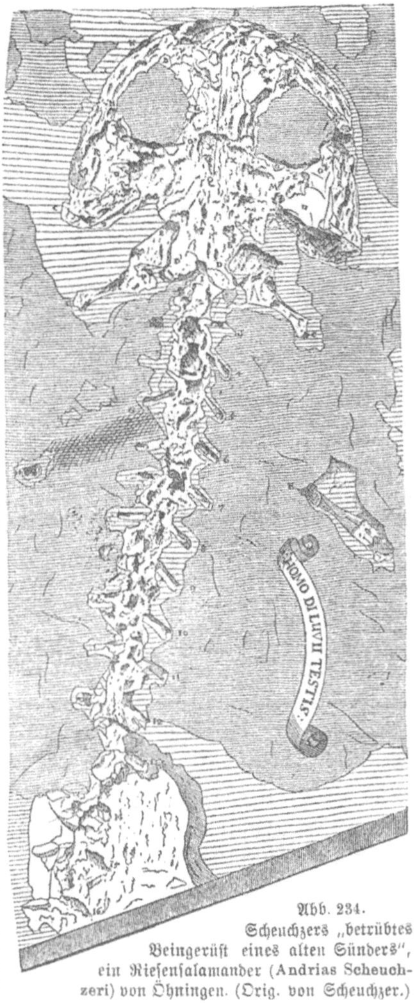

Abb. 234. Scheuchzers „betrübtes Beingerüst eines alten Sünders“, ein Riesensalamander (Andrias Scheuchzeri) von Öhningen. (Orig. von Scheuchzer.)

Über den „Öhningerschichten“ folgt am Schienerberg nochmals

Abb. 235. Die Phonolith-Glocke des Hohentwiels entstand dadurch, daß der glutflüssige Gesteinsteig im Vulkanschlot stecken blieb und erstarrte. Eigentliche Lavaströme fehlen. Die Schulter, die sich links an die Phonolith-Glocke anlehnt, setzt sich nur aus Tuffschichten zusammen. Diese mächtigen Aschenmassen — das Zerstäubungsprodukt des blasenreichen Magmas — mit ihren Musterbrocken durchschossenen Gesteins (Molasse, Jura, Trias; Granite, mitgerissen aus einer Tiefe von 3000 m!) zeigen, wie heftig und gewaltig die Eruptionen gleich zu Anfang einsetzten. Der Aschenkegel umgab natürlich einst die „Glocke" ringsherum und ragte mit seiner Spitze hoch über sie hinaus. Gletschereis und Gletscherwasser (Rheingletscher S. 239) haben später von der Singener Seite her die Tuffschale samt Krater zerstört und ihren inneren Kern — den phonolithischen Schlotausguß — bloßgelegt.

eine Sandzone[1]), hier mit Alpengeröllen und Konglomeratbänken. Diese Geröllbänke sind offenbar nichts anderes als die letzten Ausläufer der mächtigeren Thurgauer Geröllschuttkegel, die — nach N abnehmend — bis zum Schienerberg vorspringen. Wie einst in der Meeresmolasse (S. 202), so übernehmen also auch in der oberen Süßwassermolasse „Geröllsande" gerne das Schlußwort. Und dieses Schlußwort heißt: Aufgefüllt, Zugeschüttet, Verlandet!

Aber die Geröllsande der O. S. M. am Schienerberg sagen uns — wie übrigens auch schon die tieferliegenden Öhninger Kalkplatten — noch etwas anderes. Nicht weit von hier[2]) und drüben, sagen sie, wo heute die Kuppen und Kegel und Dome des Hohentwiels (Abb. 235) und der anderen Hegauer Berge[3]) so friedlich und still hinauf-

1) Schmidles „Geröllsande", Deeckes „Heiligenbergsande" — weil diese Sandstufe auch oben am Heiligenberg vorkommt.

2) Z. B. Explosionsröhre beim oberen Steinbruchhof.

3) Phonolithische Schlotausgüsse sind: Hohentwiel (Abb. 235), Hohenkrähen, Mägdeberg usw. Basaltische Vulkanruinen: Hohenstoffel, Hohenhöwen, Neuhöwen usw.

Abb. 236. Phonolithische Tuffe an der Südwestseite des Hohentwiels. Die steile Schichtung der Aschenmassen kann entweder ursprünglich (vgl. Teil I Abb. 115) oder durch nachträgliche Hebung beim Aufstauen der Quellkuppe entstanden sein. (Aufg. v. Verf.)

ragen ins Himmelsblau, tobten zu unserer Zeit Aschen- und Feuerspeier. Hoch wurden Aschen- und Tuffmassen — das Zerstäubungsprodukt des Magmas — emporgewirbelt und vom Winde fortgetragen. Wir aber nahmen von der herabfallenden Asche so viel auf, als wir konnten, und betteten sie als Tuffe zwischen unsere eigene Schichtenreihe ein — als Wahrzeichen und chronologisches Beweismaterial für die gleichzeitige Ausbruchstätigkeit jener berühmten Hegaufeuerberge.

Ein würdiges paläontologisches Gegenstück zu dem Herbarium des „Öhninger Sees" ist das

Steinheimer Becken. Es liegt zwar etwas abseits, gehört aber — seine großen Toten beweisen es — ebenfalls noch zu den „Bodenseen" der Obermiozänzeit. Dieser kleine Kessel von nur einigen Kilometern Durchmesser — wahrscheinlich ein maarähnliches Explosionsloch — enthält eine solche Fülle von Wirbel- und insbesondere von Säugetieren, daß das — von Pflanzen und Insekten beherrschte — Öhninger Bild obermiozänen Lebens in wunderbarer Weise faunistisch ergänzt und erweitert wird. Neben Milliarden von Süßwasserschnecken (hauptsächlich Planorbis Abb. 237), die im losen Sande (Schneckensande) und im weißen Sprudelkalke eingebettet liegen neben Fischen (Hechte, Weißfische, Schleien, Barben, Karpfen), Schildkröten und Fröschen, die im flachen See sich tummelten, neben Pelikanen, Flamingos, Reihern, Ibissen, Enten und Gänsen, die im Uferröhricht nisteten, neben Mäusen nnd Ratten, die den Uferboden durchtunnelten, neben all diesen Steinheimern beherbergt der Kessel so viele Namen von Klang und Wert, daß man sich erstaunt fragt, warum das obermiozäne Leben gerade hier zusammenströmte, warum so viele gerade hier zur letzten Ruhe sich niederlegten. War's ein Kirchhof, eine Oase oder gar ein Kur- und Badeort, wo sich die obermiozänen Herrschaften: alle die Mastodonten und Nashörner, alle die Hirsche, Urpferde und Wasserschweine usw. ein Rendezvous gaben? Alles miteinander war's: Kur- und Badeort, Oase und — Kirchhof. Eine kalkhaltige Therme

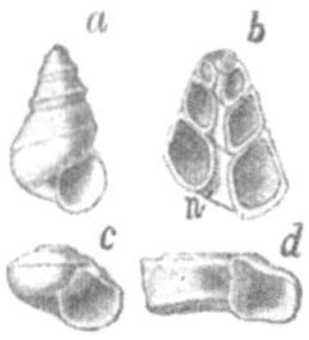

Abb. 237. Das berühmte Schneckchen **Planorbis multiformis** aus dem miozänen Süßwasserkalk von Steinheim. *a*, (*b* = Durchschnitt), *c* und *d* = Varietäten d. hochgetürmten bis zurück zu den flachscheibenförmigen Spiralschalen. (Nach Hilgendorf.)

Abb. 238. Die Oase von Steinheim als Tränkplatz. **Mastodon angustidens**, eine Ahnenform des heutigen Elefanten. Beachte den auffallend langen Unterkiefer, der dem Kopfe ein tapirähnliches Gepräge verleiht. Im Hintergrund ein Rudel geweihloser und geweihtragender (**Dicroceras**, Abb. 240) Hirsche.

und ein einmündender Bach speisten Wanne und See. So kam's, daß, wer draußen hauste in den umliegenden wasserarmen Steppen, gern von der Steinheimer Oase sich einladen ließ zu Tränke und Bad. Sehen wir uns nun die Kurgäste etwas näher an. Da ist zunächst ein Tier, nicht größer als ein Pony. Es heißt Anchitherium aurelianense und ist der miozäne Vetter unseres heutigen Pferdes. Wohl besitzt es noch drei Zehen, wie einst das tapirähnliche Palaeotherium (Abb. 208). Aber die Seitenzehen (II und IV Abb. 239_1) sind gegenüber der stärker beanspruchten und daher auch stark entwickelten Mittelzehe (III) so zurückgegangen, daß sie den Boden kaum mehr berühren und funktionslos geworden sind. Sind die Backenzähne des Anchitheriums auch noch kurz, so zeigen sie auf der Kaufläche doch schon Anfänge der charakteristischen, verwickelten Schmelzfalten unseres heutigen Pferdes (Abb. 243).

Abb. 239. Entwicklungsstufen des Fußes von:

1. einem Pferd aus dem Miozän. Die Seitenzehen II u. IV sind verkürzt (Miohippus, ähnl. Anchitherium). Das A. ist im Stammbaum der Pferde das letzte Glied eines blind endigenden Seitenastes.
2. einem Pferd aus dem Pliozän. Die Seitenzehen sind noch mehr zurückgegangen (Hipparion).
3. einem heutigen Pferd. Die Seitenstrahlen II u. IV sind zu schwachen, griffelähnlichen Stummeln herabgesunken. (Nach Bull.)

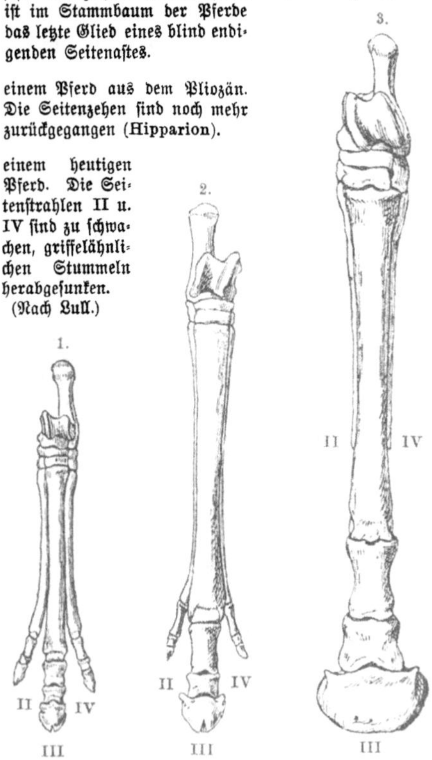

Wie es dir die Abb. 238 zeigt, kamen rudelweise Hirsche, um an der Steinheimer Quelle zu trinken. Es waren z. T. Kerlchen, kleiner als ein Reh ($^1/_2$ m hoch). Hierher gehört das Zwerghirschlein Micromeryx. Es waren z. T. aber auch Kerle, stattlich und groß wie ein Elch (Palaeomeryx eminens). Beide Sorten, die großen und die kleinen, kannten noch nicht den Schmuck des Geweihes. Um so stolzer wiegt sein Geweih auf dem Kopfe der Steinheimer Gabelhirsch (Dicroceras furcatus, vgl. Abb. 240), ein Muntjakhirsch von Borneo und Sumatra auf schwäbischem Boden. Er muß ein häufiger Gast gewesen sein. Kennt man von ihm doch Geweihsammlungen aus allen Entwicklungsstadien vom Kapitalbock bis zurück zum jungen Spießer.

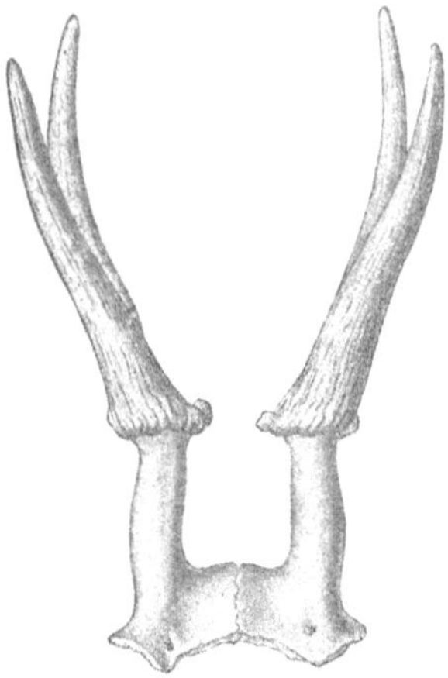

Abb. 240. Geweih eines obermiozänen Gabelhirsches (Dicroceras). Es ist tiefgegabelt und sitzt auf einem langen Rosenstock. (Aus Filhol.)

Eine aus dem Milieu der Steinheimer Gesellschaft mächtig aufragende Charaktergestalt war das Mastodon (M. angustidens). Größe und Aussehen elefantenhaft. Ein Blick genügt, um in ihm den Stammvater unserer heutigen Elefanten zu erkennen. Bei näherem Zusehen ergeben sich aber doch wesentliche Unterschiede. Dahin gehören: eine niedrigere Stirn, längere Kiefer, mehr Backenzähne (2—4 in jeder Kieferhälfte) und **vier** Stoßzähne, zwei längere im Ober- und zwei kürzere im Unterkiefer. (Abb. 238.) Es ist nicht uninteressant zu verfolgen, wie bei jüngeren Mastodonten (im Pliozän) die unteren Stoßzähne immer mehr verkümmern und schließlich zu bedeutungslosen Rudimenten zusammenschrumpfen, während die oberen Schneidezähne zu immer längeren Stoßzähnen sich auswachsen. Seinen Namen Mastodon hat unser dickhäutiger Rüsselträger deshalb bekommen, weil seine Backzähne nicht einen lamellenartigen Bau, wie bei den

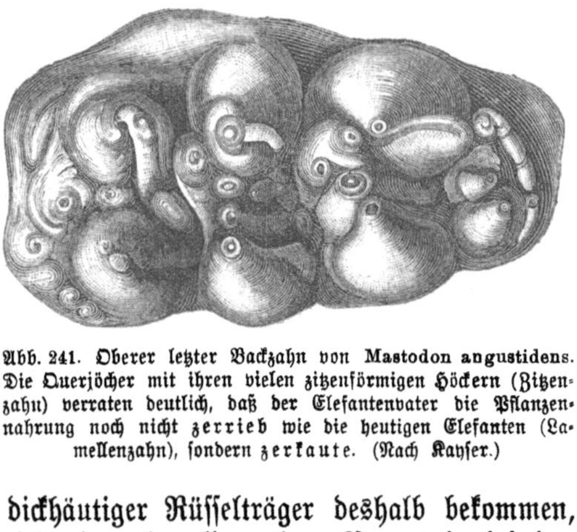

Abb. 241. Oberer letzter Backzahn von Mastodon angustidens. Die Querjöcher mit ihren vielen zitzenförmigen Höckern (Zitzenzahn) verraten deutlich, daß der Elefantenvater die Pflanzennahrung noch nicht zerrieb wie die heutigen Elefanten (Lamellenzahn), sondern zerkaute. (Nach Kayser.)

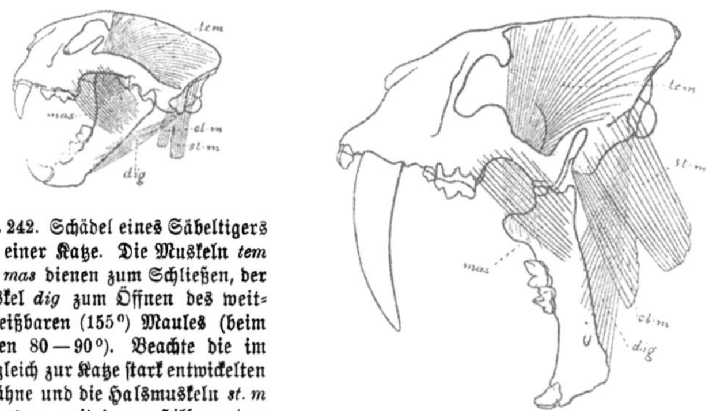

Abb. 242. Schädel eines Säbeltigers und einer Katze. Die Muskeln *tem* und *mas* dienen zum Schließen, der Muskel *dig* zum Öffnen des weitaufreißbaren (155°) Maules (beim Löwen 80—90°). Beachte die im Vergleich zur Katze stark entwickelten Eckzähne und die Halsmuskeln *st. m* und *cl. m*, mit deren Hilfe er den ganzen Schädel nach unten schlagen konnte. (Nach Matthew, aus O. Abel.)

echten Elefanten (Lamellenbackzähne), sondern Querjöcher mit zitzenförmigen Höckern zeigen (Abb. 241).

Wie die Rüsselträger oder Elefanten waren in jungtertiärer Zeit die Rhinozerosse oder Nashörner — die vielen Steinheimer Zahn-, Knochen- und Gebißfunde deuten darauf hin — weit reicher entfaltet als heute. In den Sumpfwäldern und Buschsteppen des tropischen Afrikas und Südasiens leben die letzten wenigen Vertreter dieser Sippe. Zur Zeit der Steinheimer Saison aber müssen diese tropischen Sumpftiere auch bei uns heimisch gewesen sein. Es hat wenig Sinn, die tertiären Rhinozerosse als Nashörner zu bezeichnen. Denn die meisten hatten keine Hörner auf der Nase. Die Wissenschaft tut daher recht daran, sie Aceratherien, d. h. Ohnhorntiere, zu heißen. Zu der Steinheimer Gesellschaft gehörten zierliche (Rh. minutus), große, plumpe (Rh. brachypus) und schlanke (Rh. incisivus) Arten.

Unter den Steinheimer fleischfressenden Raubtieren (Zibethkatze, Fischotter, Dachse, Amphicyon: halb Hund, halb Bär) war eine Bestie, die grausam triumphierte über die ganze übrige Gesellschaft: der Säbeltiger (Machairodus Abb. 243). Nie hat es ein Raubtier gegeben, grimmiger und furchtbarer als diese Katze. Vielleicht machte es der allesbezwingende Mörder so, wie es der Löwe der Gegenwart den Antilopen, Gazellen und Zebras gegenüber macht: Listig lauerte er im Versteck, bis die dreizehigen Urpferde, die Hirsche, Schweine und Mastodonten an die Oase kamen zur Tränke, um

Abb. 243. Die Oase von Steinheim als Freßplatz. Der furchtbare Säbeltiger (Machairodus) überfällt ein Wildschwein. Im Hintergrunde flieht eine Herde dreizehiger Waldpferde (Anchitherium, vgl. Abb. 238). Daß die Steinheimer Tränke ein Freßplatz der Raubtiere war, beweisen die vielen Funde von zertrümmerten und zerbissenen Knochen der Huftiere.

Abb. 244. Hier kannst du sehr schön beobachten, wie die aus Jura und Kreide aufgebaute Doppelpyramide der Mythen wurzellos schwimmt auf dem dunklen (jüngeren) Flyschgestein. (Phot. Gebr. Wehrli, aus C. Schmidt.)

dann in gewaltigem Sprung sie niederzuschmettern. Vielleicht war er dazu noch gar nicht intelligent genug; vielleicht verließ er sich einzig und allein auf seine rohe Körperkraft und vor allen Dingen auf seine messerartigen, weit über den Unterkiefer herausragenden oberen Eckzähne, jene Mord- und Angriffswaffe, wie sie an Furchtbarkeit kein Säuger vor und nach ihm mehr hervorbrachte (Abb. 242).

Da, was war das? Ein Ruck, noch einer, viele! Die Erde zittert und bebt, wie einst zur Oligozänzeit. Auf und ab schwankt der Boden. Hatte die Alpenstauung während der Miozänzeit schon an Intensität zugenommen, so wird sie jetzt so stark, daß die Schollen am Nordrand, die vor kurzem (Miozänzeit) noch Meergrund waren, auch aufgereckt und steil gestellt werden. Ob du am Pfänder, am Säntis (Abb. 247) oder am Rigi (Abb. 246) Studien machst — überall siehst du in der steil oder schräg aufgerichteten miozänen Molasse das Werk einer neuen großen, bergegebärenden Stunde — das Werk der zweiten Hauptauffaltung der Alpen. Aber der von Süden her wirkende, alpenauftürmende Druck bewerkstelligte nicht nur ein Aufbäumen und Zusammenfalten, ein Ineinanderschieben und -pressen und -stauchen an Ort und Stelle; weithin (50, 100 und mehr Kilometer) wurden die Falten überschlagen, flach bis wagrecht nach Norden umgelegt und aufeinander getürmt. So kommt es, daß in den Schweizer Alpen ältere, und zwar im

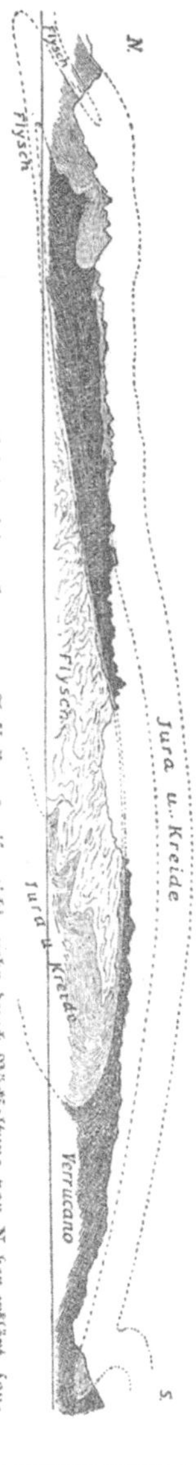

Abb. 245. Die berühmte Glarner „Doppelfalte" wird nach neuerer Auffassungsweise nicht mehr durch Rückfaltung von N her erklärt, sondern als Faltungs- oder Überschiebungsdecke, die ihren Ausgangspunkt bei Chur im Rheintal hat, sich — nur durch Erosion unterbrochen — über die Glarner Flyschschiefer hinüberlegt (Abb. 207), um schließlich im Appenzeller Lande aufbrandend sich zu stauen zum komplizierten Faltenwurf des Säntis (Abb. 247 und 248) und von da an wieder nach Süden zurückzubiegen. (Hauptſ. nach M. Lugeon.)

Photoglob Co. 59 Am Vierwaldstätter See.

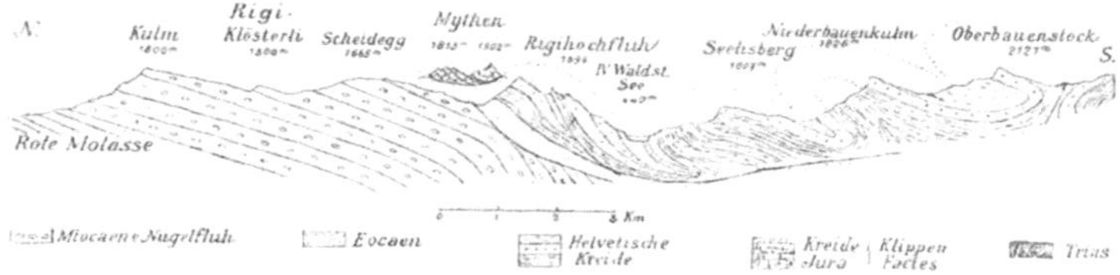

Abb. 246. Nähert man sich von der heutigen Talschweiz den Alpen, so gehen die graugrünen, miozänen Molassesandsteine immer mehr in Geröllbildungen, die sogenannte Nagelfluh, über (zu beobachten in den ganzen Voralpen zwischen Thuner- und Bodensee). Hier, am Rigi, sieht man nicht nur, wie diese Nagelfluhbänke südwärts einfallen, sondern auch sehr deutlich, wie sie von gefalteten, älteren Schichten (des Eozäns und der Kreide) überschoben sind. (Aus C. Schmidt.)

Süden beheimatete Gesteinspakete (der Trias-, Jura- und Kreidezeit) als „Überfaltungsdecke" „wurzellos" oder „ortsfremd" ruhen auf einer viel jüngeren Unterlage, auf den Flysch- und Molassebildungen der Tertiärzeit (Abb. 207, 244 bis 248).

Abb. 247. Der Säntis, die Stirn- und Stauregion der „aufbrandenden" Glarner Überschiebungsdecke. (Schematisch. Die schwarze Linie soll den Verlauf des Schrattenkalks andeuten, bevor die Erosion einsetzte.) m = Molasse, e = Flysch, c = Kreide. (Nach A. Heim.)

Wer hätte das gedacht, daß z. B. drüben der Säntis ursprünglich daheim war im Rheintal bei Chur, daß er nichts anderes ist als die nördliche Stirn einer durch mächtige Schubbewegungen langhingezogenen Gesteinsfalte, einer Welle, die — hinausgeworfen auf heimatfremden (tertiären) Grund und Boden — hier unter Bildung sekundärer Lappen und Falten „aufbrandete" und erstarrte (Abb. 247 u. Abb. 248)! Wer hätte das gedacht, daß die (jurassisch-kretazeischen) Pyramidenklötze der Mythen, wurzellos schwimmend auf dem dunklen, tertiären Flyschgestein, nichts anderes sind als die letzten Abtragungs- und Trümmerreste einer einst zusammenhängenden, weit aus dem Süden herauf- und herübergelegten Decke! (Ebenso: das Buochser- und Stanser-

Phot. Gebr. Wehrli.

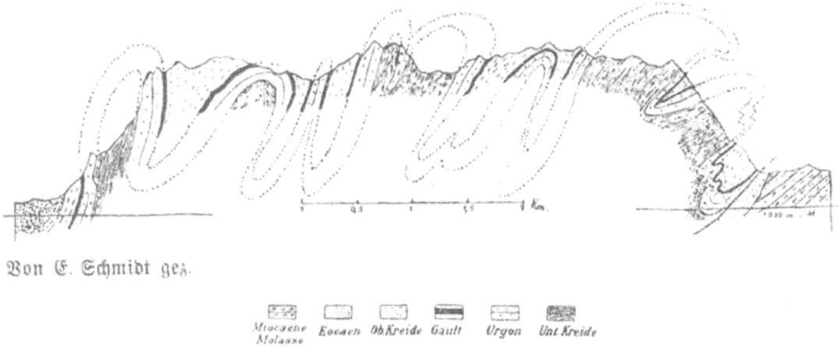

Von E. Schmidt gez.

Abb. 248. Säntisgebirge, gesehen vom Grat Hoher Kasten-Kamor. Vgl. A. Heim B. G. S. XVI. N. F.

horn, die Giswilerstöcke.) Noch viele Beispiele ließen sich anführen, wie es in dieser bergegebärenden Stunde drunter und drüber ging. Doch es würde zu weit führen.[1]) Betont sei nur noch, daß diese Stunde intensivster Gebirgsfaltung, wo am alpinen Nordrand die Tertiärschichten aufgerichtet und von älteren Gesteinsschichten teilweise überschoben wurden, daß diese Stunde die Lebewesen anmuten mußte wie eine Stunde der Verzweiflung. Das Leben floh. Das mag vielleicht auch einer der Gründe gewesen sein, daß wir im heutigen Bodenseegebiet aus nachmiozäner Tertiärzeit — aus dem Pliozän[2]) — so wenig Tier- und Pflanzenreste finden. Dagegen zeugen die Funde von Salmandingen, Melchingen Frohnstetten usw. davon, daß droben auf der Alb als Analogon zu der berühmten pliozänen Fauna von Eppelsheim (Rheinhessen) dummplumpe Schreckenstiere (Dinotherium giganteum Abb. 249), Mastodonten (M. longirostris), Rhinozerosse, zebraähnliche, dreizehige Pferde (Hipparion, vgl. Abb. 239_2), baumkletternde Affen (Anthropodus Brancoi und Dryopithecus rhenanus) usw. in den Wehen der neuen Zeit — eben der Pliozänzeit[2]) — nicht nur nicht umgekommen, sondern auf der Entwicklungslinie ihrer miozänen Ahnen noch weiter vorgeschritten waren.

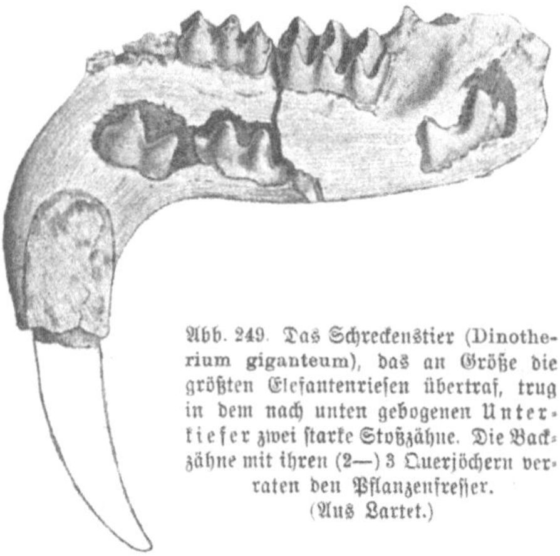

Abb. 249. Das Schreckenstier (Dinotherium giganteum), das an Größe die größten Elefantenriesen übertraf, trug in dem nach unten gebogenen Unterkiefer zwei starke Stoßzähne. Die Backzähne mit ihren (2—) 3 Querjöchern verraten den Pflanzenfresser. (Aus Lartet.)

---

1) Über das Alter der Alpen sagt Heim zusammenfassend:

„Die eigentliche Alpenfaltung, nach älterer Vorbereitung, hat also frühestens in der Kreide, meistens erst im Oligozän oder Eogen gebirgsbildend eingesetzt. Ihre Intensität nahm während der Miozänzeit stark zu und erreichte am N-Rand erst in pontischer und pliozäner Zeit ihr Maximum. Am S-Rand der Schweizeralpen ist sie frühestens miozän, jedenfalls vor Mittelpliozän, am N-Rand wohl erst am Anfang des Diluviums erloschen und hat nachher noch in isostatischen Höhenschwankungen ausgeklungen."

2) Jüngster Zeitabschnitt der Tertiärzeit.

Auf Fels und Firn, heute und vor Zeiten.

1. Heute.

Grindelwaldgletscher, Lauterbrunner Taltrog, Aareschlucht, Grimselhospiz, Rhonegletscher, Furkapaß, Andermatt, Reußtal. Flüchtig nur reihe ich die Worte aneinander. Und doch klingt und singt in mir die Erinnerung so stark und laut, daß ich am liebsten Arbeit Arbeit sein ließe, den Rucksack schulterte und auf den „Genagelten" wieder hinauswanderte, hinauf zu Fels und Firn, zum „großen, stillen Leuchten". Zu den blauen Eisströmen möchte ich. Aber nicht nur zu den Eisströmen der Gegenwart. Auf alten, verlassenen Gletscherstraßen und Gletscherwegen laß uns die Spuren aufsuchen, zurück zu einer Gletscherzeit, viel größer und gewaltiger als die heutige, zurück in die große diluviale „Eiszeit". Freilich, wer sie studieren, wer den Formenschatz des alpinen Glazialreliefs in seiner ganzen Mannigfaltigkeit und Großartigkeit verstehen will, wird erst gehörig Umschau halten müssen bei den Gletschern von heute. Mögen sie im Vergleich zu ihrer imposanten Vergangenheit als noch so große „Rückwärtser" erscheinen, sie — die Gletscher von heute — werden uns auf unseren eiszeitlichen Forscherfahrten Lehrmeister und Erklärer sein.

Wo immer ein Gletscher zu Tal kriecht, heißt die erste Frage, die wir an ihn stellen: „Woher des Wegs?" Vom Firnfeld kommt er, aus einem Felsenkessel, hoch droben zwischen Kämmen und Gipfeln. Hier in der Firnmulde, die ja über der Schneegrenze[1]) liegt, gibt es keinen Regen, nur Schnee. Schnee im Sommer, Schnee im Winter. Aber nie kann die Sonne Meister werden, weder über den Sommer- noch den Winterschnee. Der zarte, neue Schnee wird immer nur — wie alte Schneereste an unseren Nordhalden im Frühjahr — unter abwechselndem Auftauen und Wiedergefrieren in eine rauhe, zuckerkörnige Masse umgewandelt. Und indem sich eine Lage auf die andere türmt, passiert dasselbe, was passiert, wenn wir einen Schneeball unter Wasser fest zusammendrücken. Unter dem Druck

1) Am unteren Grindelwaldgletscher liegt sie in etwa 2700 m Meereshöhe, Ötztaler Massiv und Bernina 2800 bis 2900 m, Montblanc 3000 m, dagegen im Norden der Alpen 2400 bis 2560; in Norwegen 1000, in Grönland 600 bis 860, in Franz-Josephsland 40 bis 50 m.

der oberen Schneelasten geht der luftblasenreiche „Firn“ in Anwesenheit der von oben einsickernden Schmelzwasser schließlich in körniges kompaktes Gletschereis über.

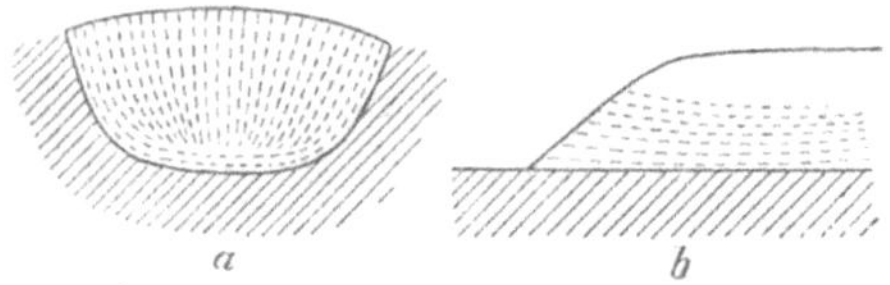

Abb. 250. Anordnung der Blätter im Gletscherkörper. a) Querschnitt. b) Längsschnitt. (Nach Heß u. Cramer.)

Zwischen zwei aufeinanderfolgenden Schichten von Winterschnee schiebt sich gern eine dunklergefärbte Schichte: der Sommerschnee, verunreinigt durch den Verwitterungsstaub der niederschlagsarmen Zeit (Schmutzbänder).

Ein wesentlicher Unterschied zwischen Winter- und Sommerschnee liegt ferner im Luftgehalt. Da der Winterschnee nur wenig abschmilzt, kann er sehr viele Luftbläschen bei sich behalten und bleibt infolgedessen schön weiß. Im Frühjahr aber, wo die Schmelzvorgänge intensiver sind, wird die eingeschlossene Luft kräftig ausgetrieben. Es entsteht eine luftarme, blaue Firnlage. So kommt es, daß man in den Firnspalten häufig einen farbenfrohen Wechsel von luftreichen weißen und von luftarmen blauen bzw. dunklen Streifen und Bändern beobachten kann. Diese Schichtungsstruktur findet sich aber nicht nur in den Firnmulden, den „Sammel- und Nährgebieten“ der Gletscher. Sie bleibt dem talwärts kriechenden Eise treu, auch im „Zehrgebiet“ d. h. im eigentlichen Gletscher. Ist doch die „Bänderung“ (Abb. 250) wahrscheinlich auf nichts anderes zurückzuführen als auf die blauen und weißen Eislagen der einstigen Firnschichtung, die aber infolge der Bewegung, infolge von seitlicher Pressung und Druck ausgewalzt und verteilt sind. „Die zumeist horizontalen Schichten des Firns werden beim Übergang aus dem weiten Firnbecken in das enge Tal, das die Gletscherzunge bestreicht, in löffelartig ineinandergefügte Lagen umgeformt.“ (Heß).

„Wie aber ist es dem Gletscher möglich zu kriechen?“ Aus der Physikstunde kennst du folgendes Experiment: Legt man über einen Eisblock einen beschwerten Draht (Abb. 251), so schmelzen infolge des Drucks (Schmelzpunkterniedrigung) die Eisteilchen unmittelbar unter dem Draht, gefrieren aber — zu Wasser geworden vom Druck befreit — hinterher sofort wieder zusammen. Hat sich der Draht vollstän-

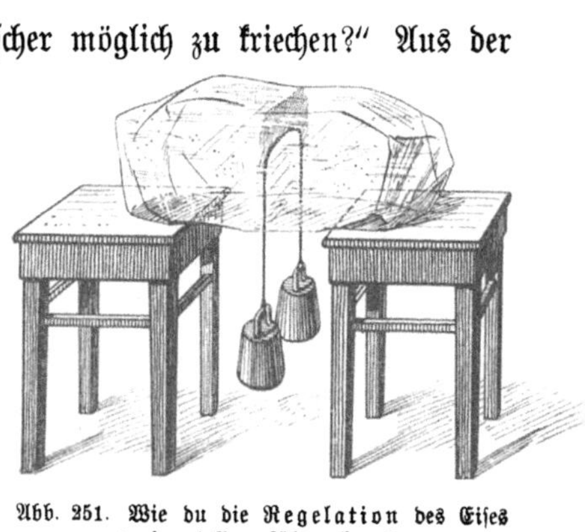
Abb. 251. Wie du die Regelation des Eises experimentell vorführen kannst.

Abb. 252. Am Rhonegletscher.

dig durchgesägt, so verfällt der Block daher nicht in zwei Teile, sondern bildet nach wie vor ein einziges, fest zusammenhängendes Ganzes. Auf dieser Erscheinung des Wiedergefrierens (Regelation) beruht die Gletscherbewegung. Wo immer der Druck ein großer wird — z. B. in den unteren Lagen der Firn- und Eisschichten, an Talverengerungen usw. — da bleibt das Eis nicht fest und starr. Die gedrückten Eisteilchen erweichen teilweise, schmelzen und verschieben sich — sie fließen, um gleich hinterher wieder aneinanderzufrieren. Indem so das Eis auf jede geringe Druckerhöhung bzw. Druckerniedrigung durch Schmelzen bzw. Wiedergefrieren antwortet, quillt langsam der grün-blaue Eisstrom dahin — in „ewigem" Auf- und Zugefrieren sich gelenkig den Talwindungen, Talengen und Talbreiten anschmiegend. Gelenkig? Jawohl! Die jeweils entstehenden kleinen Schmelzwassermengen bilden zwischen den festgebliebenen Eiskörnern gleichsam das Schmiermittel.

Der Hauptmotor des Gletschers ist die Schwerkraft. Außer von der Mächtigkeit der drückenden und pressenden Schneemassen in der Firnmulde ist die Bewegungsschnelligkeit abhängig vom Ge-

Abb. 253. Kantengerundeter und geglätteter Wanderblock mit Gletscherschliffen aus der Überlinger Grundmoräne. (Orig. u. Phot. d. Verf.) $^1/_{10}$ n. Gr.

fälle. Wie sehr an Steilhängen die Geschwindigkeit sich vergrößern kann, das wird uns in instruktiver Weise der Rhonegletscher (Abb. 252) zeigen. Dort, wo der Untergrund so steil wird, daß das Eis seinen inneren Zusammenhang verliert, zerberstend und zerspaltend in einem Durcheinander von Pyramiden und Türmen und Zinken sich auflöst, hier am Gletschersturz wächst die Bewegungsgeschwindigkeit aufs doppelte. Auch sonst ist die Geschwindigkeit nicht überall im Gletscherkörper dieselbe. Begreiflich! Am Grunde und an den Seiten rückt das Eis infolge des Reibungswiderstandes nicht so rasch vor wie in der Mitte. Messungen am Rhonegletscher haben das deutlich gezeigt. Denn in einer Entfernung von 100, **560**, 1000 und 1060 m vom rechten Ufer war die durchschnittliche Geschwindigkeit pro Jahr der Reihe nach 12,9, **98,4**, 39,2 und 10 m. Überhaupt bewegen sich die alpinen Gletscher im allgemeinen nur langsam fort, 10 bis 40 cm im Tag (die grönländischen 10 bis 30 m!), so daß man die Bewegung nicht ohne weiteres verfolgen kann.

Für Gletscherwanderer am gefährlichsten sind die Gletscherspalten. Sie entstehen leicht an Stellen, wo das Gefälle plötzlich größer wird. Infolge seiner Sprödigkeit geht es hier dem Eis wie einem zu straff gespannten Bogen. Es wird zu stark gespannt und bricht quer zur Längsrichtung, von oben her (Querspalten). Bei gar zu großem Gefällswechsel führt die Zerspaltung und Zerreißung so weit, daß regelrechte Gletscherstürze oder Gletscherkaskaden (Abb. 252) entstehen.

Auch vom Rande her kann das Eis quer aufreißen (Randspalten), nicht als Folge einer Gefällsänderung, sondern weil die langsamere Fortbewegung der randlichen Teile Spannungen und

Zerrungen im Eise hervorruft. Außer den Quer- und Randspalten gibt es noch Längsspalten. Sie entstehen dort, wo das Gletscherbett sich verbreitert. Naturgemäß zieht die Verbreiterung des Gletscherbettes eine Verbreiterung des Gletscherquerschnittes nach sich. Es entsteht ein zerrender Zug nach den Seiten; wieder reißen Spalten auf, aber diesmal in des Gletschers Längsrichtung. (Schön zu sehen am unteren Ende des Rhonegletschers Abb. 252.)

Ein ungeheurer „Frachtschlitten" ist der Gletscher. Was von den umrahmenden Felswänden loswittert — alle die Blöcke und Steine und feinen Schuttmassen — und auf den Gletscherrand fällt, wird als Schuttstreifen (Randmoräne) talab verfrachtet. Wo zwei Gletscher zusammenstoßen und vereint weiterfließen, da entsteht aus den beiden verschmelzenden Randmoränen eine Mittelmoräne oder Gufferlinie. Mehr Bedeutung als diese Oberflächenmoränen (die Rand- und Mittelmoräne) hat für unsere Untersuchungen die Grundmoräne. Es ist das jene „Schicht" aus Schlamm, Sand und Grus, aus größeren und kleineren Steinblöcken, die an der Sohle des Gletschers — zwischen Eislast und Felsboden — eingeklemmt ist. Teils stammt das Material der breiigen, steindurchspickten Grundmoräne von Gesteinstrümmern, die lose herumlagen oder vom Untergrund gewaltsam losgesprengt wurden, teils von Gesteinstrümmern, die durch Gletscherspalten und am Rand des Eisstromes von der Oberflächenmoräne fort und in die Tiefe wanderten. Für die Herren Reisenden am Grunde des Frachtschlittens ist's wahrhaftig kein vergnügtes Reisen. Oft sind sie über und über mit scharfen Kritzen und Schrammen, mit Furchen und Ritzen bedeckt. Der Grund ist unschwer zu erraten. Indem die Wanderblöcke über härteres, scharfkantiges Gestein des Untergrundes hingeschoben werden, bekommen sie unter dem Druck der gewaltigen Eiswalze alle die Kritzen und Schrammen wie mit einem Glaserdiamant als Reiseandenken eingraviert. Jeder, der so zugerichtet ist — mag er liegen, wo er will, noch so fern von heutigen Gletschern — hat die beste Ausweiskarte bei sich, daß er einst mit der „Untergrundbahn" gefahren ist. Mit anderen Worten: Da transportierendes Wasser nie und nirgends solche „Glazialmarken" zuwege bringt, müssen wir — wo immer wir gekritztes Geschiebe finden — auf Eistransport schließen (Abb. 253). Aber auch der felsige Untergrund: die Boden- und Seitenwände (Abb. 254) des Gletscherbettes gehen nicht leer aus! „Eine Hand wäscht die andere." Harte, spitze Steine — eingefroren ins Gletschereis — ritzen gleich Schmirgelkörnern oder Feilenzähnen tiefe, parallele, gerade Linien in den Felsgrund ein. Überall auf unserer Wanderung durchs Aaretal über den Grimselpaß werden wir wie hier am Grindelwaldgletscher (Abb. 254) die Schrammen und Schliffe in millionenhafter Häufung sehen, so daß sich selbst der fremdeste Fremdling in Geologie verwundert fragt: Was für ein Schmirgel- und Schleifapparat ist denn da übers Gestein gegangen? Und nirgends können wir es schöner sehen als auf dieser Wanderung, wie sehr das feinere, schlammig-sandige Zerreibsel der Grundmoräne den Untergrund zu glätten und zu polieren imstande ist. (Abb. 261)

Abb. 254. Zwei Arten der Glazialerosion.
Unten: Der kompakte Kalk ist geglättet u. geschliffen.
In der Mitte: Der schieferige Kalk zeigt splitternde Erosion und sieht aus wie zerhackt.
Oben: Der Kalk ist wieder massig und zeigt wie unten glättende Erosion.
Untergrindelwaldgletscher, Raufstbodenband.
(Höhe der unteren Felswand 35 m.) (Nach Baltzer.)

Mit der schrammenden und glättenden Abschleifung ist aber des Gletschers Erosionskunst noch keineswegs erschöpft. Neben der schleifenden Erosion gibt es nämlich noch eine splitternde, ausbrechende, abreißende. (Abb. 254) Gerade am Grindelwaldgletscher hat Baltzer in seinen klassischen „Studien" über Glazialerosion überzeugend nachgewiesen, daß besonders dort[1]), „wo an Stelle des massigen, grobbankigen Kalkes schiefriger Kalk" tritt, „der Eisdruck, unterstützt von Frost und Verwitterung, ein Absplittern meist in kleineren,

1) Sehr schön z. B. zu beobachten am Raufstbodenband; nur für schwindelfreie und geübte Bergsteiger!

Abb. 255. Moräne bei Überlingen. Beachte die wirre, schichtungslose Lagerung der (z. T geschliffenen) Blöcke. (Aufg. v. Verf.)

aber auch in größeren (bis zu 1 cbm) eckigen Bruchstücken" bewirkte. Der Gletscher schafft also nicht nur wie eine unter ungeheurem Druck langsam fortgeschobene Feile; er schafft auch wie eine Breche, hauptsächlich in schieferigem Untergrundgestein (Gneis, Glimmerschiefer, schieferige Kalke, Flysch usw.). „Die splitternde Wirkung ist nicht auf das Gebiet des Untergrindelwaldgletschers beschränkt; ich habe sie seither an mehreren Orten beobachtet, z. B. am linken östlichen Ufer des Rhonegletscherendes. Sie ist eine allgemeine Erscheinung" (Baltzer).

Um die splitternde Erosion in ihrer ganzen Intensität zu verstehen, darf man eben nicht vergessen, daß die Frostwirkung unter dem Eise ein gutes Stück Vorarbeit zu leisten vermag. Hervorragungen, Unebenheiten, Gefällsänderungen, Querschnittsänderungen des Gletscherbettes — bis zur geringfügigsten Kleinigkeit herab bedingen sie bedeutende Druckschwankungen, diese aber bedingen, wie wir schon gehört haben, ein fortwährendes Hin- und Herschwanken zwischen Schmelzen und Wiedergefrieren — die Frost- und Sprengwirkung am Gletscherboden und an Gletscherwänden ist da (Teil I, S. 75). Der Eisschlitten erhält sein Opfer.

Der Gletscher Arbeitsmethoden — die schleifende und splitternde Erosion — haben wir kennen gelernt. Nun gilt es, auch der Gletscher Werke zu studieren. Gibt es überhaupt Werke, oder besser gesagt Reliefformen im Gelände, die von sich sagen können: Uns hat das Eis gemacht? Seht nur, ob nicht überall in Landen, die heute vergletschert sind oder einst vergletschert waren, dieselben Formen wiederkehren, dieselben Formen, die bezeichnenderweise fehlen in stets eisfrei gewesenen Gebirgen, wo nur der rinnende Wassertropfen modellierend schuf und schafft. Gerade der Grindelwaldgletscher ist besonders geeignet, uns tief hineinschauen zu lassen in die Werkstattgeheimnisse eines Gletschers. Dadurch nämlich, daß er in den letzten 50 Jahren um ein bedeutendes zurückging (weiße Linie in Abb. 256), liegt der verlassene Gletscherboden mit all seinen Eigen- und Sonderheiten vor uns. Da haben wir zunächst einen breitausgehobelten Trog, das Werk der schleifenden und splitternden Eiserosion zugleich. Wie ganz anders arbeiten die Schmelzwässer des Eises: die junge Lütschine! Die vom Gletscher angefangene Arbeit, den Trogboden flächenhaft abzuhobeln und auszufeilen, läßt der junge Springinsfeld unverrichtet liegen. Nicht die Fläche, die Linie ist sein Arbeitsweg. Und so sägt er linienhaft rasch und steil seinen „Riß" hinein. Es entsteht eine enge, kañonartige Schlucht.

Überaus charakteristische Bildungen auf dem alten Gletscherboden sind zwei Felsstufen oder Felsschwellen, von denen die größte — die obere Schopfwand — etwa 60 m hoch abstürzt. Von einer kontinuierlich-ausgeglichenen Gefällskurve, wie sie fließendes Wasser zu schaffen bestrebt ist, kann hier also keine Rede sein. Der Trogboden zeigt Unregelmäßigkeiten, gleicht einer Treppe aus mächtigen Steinstufen. Warum die Stufen? Sie bestehen aus härterem Hochgebirgskalk. Über sie ist offenbar der glaziale Schleif- und Brechapparat nicht Herr geworden. Es gelang nur, sie abzuscheuern und zu schrammen. Und ihre vielen zu typischen Rundhöckern abgeschliffenen und abgefeilten Buckel bezeugen, daß der Gletscher alles tat, was in seinen Kräften stand. Fast mehr noch in dieser Richtung beweisend sind einige flache Felsbecken, die der Gletscher (auf dem oberen Schopf) ausschleifend geschaffen hat. Auch alte „Riesentöpfe" zieren unser Glazialrelief. Bekanntlich entstehen solche Töpfe dadurch, daß in eine Gletscherspalte Schmelzwasserbäche hinabstürzen und dabei — die Wanderblöcke mit sich reißend — in kreisende

Abb. 256. Der Untergrindelwaldgletscher im Jahre 1895.
Die weiße Linie bezeichnet den Gletscherstand im Jahre 1858. (Nach Baltzer.)

Strudelbewegung kommen. Die rotierenden Mahlsteine bohren sich dann — genau wie bei den Strudellöchern unserer fließenden Gewässer — immer tiefer in den Felsgrund ein und machen schließlich einen Riesentopf (Gletschermühle.) Willst du am Grindelwaldgletscher die wenigen, karrig verwitterten Riesentöpfe unter den vielen Karrenlöchern und Karrentrichtern sicher herauserkennen, dann achte besonders auf Reste von Schraubengängen und Mahlsteinen. Übrigens können diese Riesentöpfe in keiner Weise in Schönheitskonkurrenz treten mit ihren berühmten Kollegen im Luzerner Gletschergarten (9 m tief) oder auf dem Malojapaß (11 m tief)[1]). Ein Gletscher ist aber nicht nur ein Nehmer — er ist auch ein Geber. All das als Oberflächenmoräne oder als Grundmoräne mitgeschleppte Material läßt er da liegen, wo er abschmilzt — an seiner Stirne (Abb. 264). So sammelt sich — ohne jede Spur von Sortierung und Schichtung — parallel zu seinem Ende ein bogenförmiger Wall von Steinen, Sand und Schlamm an. Je länger das Gletscherende an ein und derselben Stelle stehen blieb, desto größer werden im allgemeinen diese Stirn- oder Endmoränen werden. In dem Moränengehügel des flachen Grindelwalder Talbodens fallen besonders die Endmoränen der fünfziger Jahre (1855) auf (Gehöft „beim Gletscher", etwa 10 m hoch, nach außen flach, nach innen steil abfallend). Wenn die ursprünglich von einer[2]) zur anderen Talseite hinüberziehenden Endmoränenwälle nicht mehr zusammenhängend erhalten sind, so ist daran die umherirrende und umherschweifende Lütschine schuld. Gewaltsam hat sie bald da, bald dort die Querwälle durchbrochen und in einzelne Bogenstücke aufgelöst. Immerhin sehen wir, wie wichtig die Endmoränenwälle zur Feststellung einstiger Gletscherstände sind. Und wie die Endmoränen die Grenzlinien bezeichnen für die Länge der Gletscherzunge, so geben uns die hübschen, 6 bis 10 m hohen Ufermoränen, die zu beiden Seiten den eisfrei gewordenen, flachen Talboden umkränzen, ein zuverlässiges Bild von der Breite der weiter vorgestreckten, einstigen Gletscherzunge.[3])

2. Vor Zeiten.

Schrammen und Schliffe, breitausgehobelte Tröge, Felsstufen und Felsschwellen, ausgeschliffene Felsbecken, Riesentöpfe, ungeschichtete End- und Ufermoränenwälle – es sind die hervorstechendsten Charakterzüge im Relief der Talstrecke, die infolge einer etwa 50jährigen Rückzugsperiode eisfrei und damit für die Beobachtung zugänglich geworden ist. Und wo immer wir solche typische Relief-

1) Eine Riesentopf-Spur liegt z. B. am Pfad vom Châlet Schläppi zur Eishöhle.

2) Etwa von dem 20 bis 25 m hohen Rundhöcker „Burgbühlschopf" an, und zwar etwas gletscherwärts.

3) Hauptsächlich v. 1855; auf der Eigerseite liegt dahinter noch ein Stück wei die Ufermoräne von 1822.

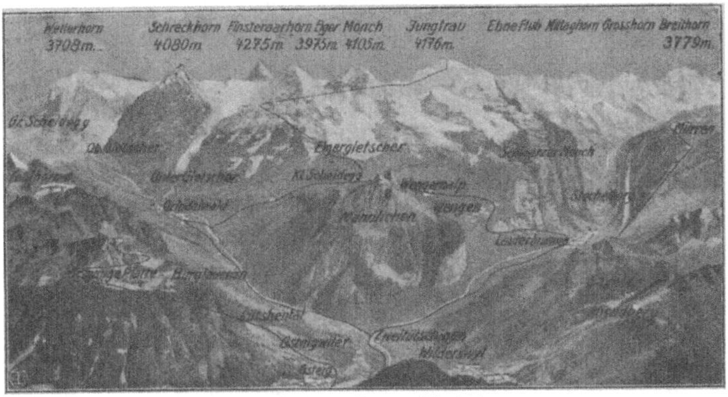

Abb. 257. Im Berner Oberland.

formen beim Weiterwandern im Gelände beobachten, da werden wir sie zurückführen auf: Gletscherarbeit. Wie gewaltig wächst da unser glaziales Relief-Modellchen aus ins Große! Gleich drüben das Lauterbrunner Tal ist ein imposantes Meisterwerk glazialer Erosion. Nicht immer war das Tal so tief und breit; nicht immer stiegen die Wände so glatt und so steil empor zur Höhe. Es gab eine Zeit, da war der Trog noch zu, ausgefüllt vom Gestein. Darüber aber lag ein anderes Tal. V-förmig war's! Willst du den alten Talboden sehen und rekonstruieren, dann steig hinauf nach Wengen (1200 m) oder nach Isenfluh (1100 m), Mürren (1600 m) und Obersteinberg (1750 m). Da bist du auf dem voreiszeitlichen Talboden, kannst verfolgen, wie dieser talaufwärts anstieg und wie seine seitlichen Gehänge ursprünglich stumpfwinklig gegeneinander geneigt waren (Abb. 257, vgl. auch Abb. 258). Da aber kam eine Zeit — man nennt sie die Eiszeit —, wo die Gletscher nicht droben in den Hochgebirgsregionen hängen blieben, sondern tief herab kamen in die Täler und infolge einer geringeren Jahrestemperatur noch weit hinausschreiten konnten ins Land. Penck und Brückner, die verdienstvollen Erforscher der „Alpen im Eiszeitalter", sind den alten voreiszeitlichen Talbodenresten nachgegangen, haben überall die alten Talböden rekonstruiert und gefunden, daß die Schweizer Alpen vor der Eiszeit Täler hatten von stetig-gleichmäßigem Gefälle ohne Stufen und Schwellen. In diese „reifen" Täler hinein legten sich dann die Gletscher, vertieften und erweiterten sie: Der untere Teil des V wandelte sich in das breitbogige ∪ (Abb. 258).

Abb. 258. Die punktierte Linie im Vordergrund gibt den V-förmigen Querschnitt eines Haupttals vor der Vergletscherung an. Die Skizze zeigt sehr schön, wie durch die Arbeit des Gletschers das V-Tal ausgescheuert wurde zum breitbogigen ◡-Tal. (Nach Davis und Braun.)

So entstanden durch ausschürfende Übertiefung die prächtigen Taltröge (vgl. dagegen S. 238), wie sie uns bei Alpenwanderungen auf Schritt und Tritt begegnen (Abb. 257 und 261) und von denen der Lauterbrunner vielleicht der berühmteste ist. Da naturgemäß die Tiefenerosion in den Haupttälern infolge der gewaltigeren Eismassen rascher und energischer vor sich ging als in den Nebentälern mit ihren schwächeren Gletschern, blieb die Sohle der Nebentäler i. a. weit zurück hinter der rascher eingetieften Sohle des Haupttales (Abb. 258). Die Sohle des Nebentales blieb gleichsam droben auf der Höhe „hängen"; es entstand — nach Abzug der Gletscher — ein Hängetal. Sieh dir den Staubbach an, den Trümmelbachfall und wie sie alle heißen, die purzelbaumschlagenden Wasserstürze an den scheitelrechten Trogwänden. Deshalb sind die Wassermassen zu sprühendem Sprung und zu tosendem Fall verurteilt, weil sie sich den harmlos schwach geneigten Hängetälern anvertrauten, plötzlich aber — infolge der ungleichsohligen Stufenmündung — am Rande des Abgrundes stehen. Da gibt es für sie keinen anderen Ausweg, als keck hinabzuspringen, frei durch die Luft, oder — sich

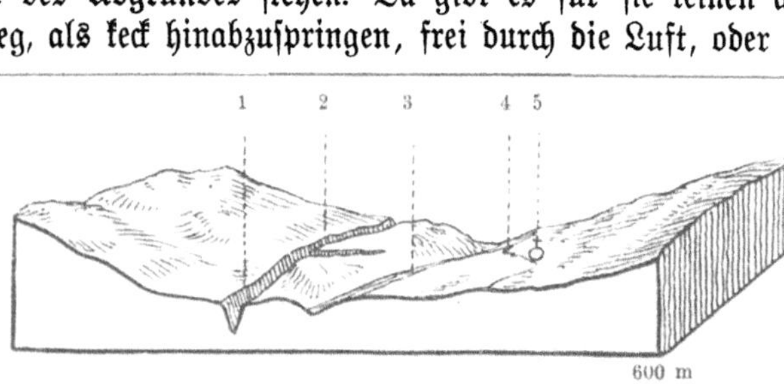

Abb. 259. Der Kirchetriegel (harte Felsschwelle aus Malmkalkbänken). 1. Aareschlucht, 2. Trockene Schlucht, 3. Straße 705 m, 4. Moräne, 5. Gaißholz 831 m. (Nach Baltzer.)

Abb. 260. Aareschlucht bei Meiringen. (Verl. v. Dr. Stoedtner, Wissensch. Projektion, Berlin.)

einsägend in die Steilstufe — das halsbrecherische Gefälle nach und nach aus der Welt zu schaffen. Nicht nur im Lauterbrunnertal, überall in ehemals vereisten Gebieten sind solche Sturzbäche und Wasserfälle eine am Wege liegende Erscheinung. Du kommst z. B. ins Aaretal. Der Gießbach und die Reichenbachfälle usw. sind für dich jetzt nicht mehr nur „großartige“, „entzückende“, „flatternde“, „tosende“, „zerstäubende“ Wasserspiele: Maßnehmer der Übertiefung zwischen den Hängetälern und dem Haupttal sind sie. Überhaupt drängen sich im oberen Aaretal (Haslital) die glazialen Schönheiten und Skulpturformen. Oberhalb Meiringen schon haben wir etwas Merkwürdiges. Das Kirchet, ein Felsriegel von 70—160 m Höhe, sperrt quer das Tal (Abb. 259 und 260). Dieser Querriegel zeigt auffallende Rundhöckerbildung und ist von Moränenmaterial (Granitblöcke) bedeckt. Dahinter ein weiter, flacher Wiesengrund, das Becken von Innertkirchen, mit rundgehöckerter Talumrahmung. Wie reimt sich das zusammen? Die nähere Untersuchung ergibt, daß der Riegel aus Kalk, der Beckengrund aus den weicheren „Zwischenschichten“ (Dogger-Trias) besteht. Daher waren für den erodierenden, eiszeitlichen Aaregletscher ganz verschiedene Angriffsverhältnisse (selektive Erosion) geschaffen. Außerdem bekam der Gletscher Hilfe von den Seiten her, vom Urbachgletscher links und vom Gadmengletscher rechts. Kein Wunder, daß an der Vereinigungsstelle infolge der vereinigten Erosionskraft eine Ausweitung und Austiefung des Tales, kurz ein Felsbecken, entstehen mußte, während unmittelbar davor, wo die verstärkte Tiefenerosion wieder aussetzte, der widerstandshärtere Kalkwall des Kirchet als Riegel stehen blieb. Aber nicht nur an Stellen einmündender Seitengletscher wird der aufmerksame Alpenwanderer Felsenbecken mit davor bzw. dahinter liegenden Felsriegeln finden. Differenzen in der Erosionskraft und damit Differenzen in der Erosionswirkung können auch entstehen infolge von Änderungen im Gefälle oder im Querschnitt. Auf diese Weise dürften alle übrigen Riegel[1]) und Becken des oberen Aaretales entstanden sein, da weder ein Gesteinswechsel (sie liegen alle im Gneisgranit) noch ein Zufluß von größeren Seitengletschern beobachtet werden kann. Wie eine großartig angelegte Treppe geht's hinauf von Riegel und Becken zu Riegel und Becken. Und überall Gletscherschrammen, Gletscherpolitur und abgedrechselte Rundbuckelformen. Und droben, wo ergreifend einsam in ausgeschliffener Felsenschale die Grimselseen träumen, einen sich die glazialen Reliefformen zu einem Hochgebirgsmotiv von erhabenster, unvergeßlicher Schönheit (Abb. 261).

Treppen also machten die Gletscher aus den voreiszeitlichen, ausgeglichen-reifen Tälern — ein schönes Erbe für den Nachfolger des Eises, das Wasser. Bald schießt dieses — in unserem Falle die junge Aare — wild tobend hinab über die frechen Querriegel (Handeggfall), bald durchsägt es dieselben mit scharfem Schnitt (Aareschlucht Abb. 259 und 260), bald schüttet es die Felsbecken zu mit Geröll und Sand und Schlamm. Wollen wir also ein anschauliches Bild des typischen, nicht durch den rinnenden Wassertropfen nachträglich wieder umgestalteten Glazialreliefs bekommen, so müssen wir Brückners Rat befolgen. Er sagt: „Denken wir uns die nacheiszeitlichen Schluchten geschlossen und die nacheiszeitlichen Anschwemmungen entfernt, so wandeln sich alle größeren Täler der Schweiz in Ketten von Wannen um, die stufenförmig über-

---

1) Penck zählt zwischen dem heutigen Unteraargletscher und Meiringen mindestens 10 Felsriegel als Abschlüsse von größeren und kleineren Becken.

Abb. 261. Blick auf ein typisches Glazialrelief. Aaretal oberhalb des Grimselhospizes. Beachte die Felsriegel und Wannen, die Rundbuckel, die geglätteten und abgedrechselten Wände des Taltrogs bis hinauf zur pultförmigen Trogschulter (direkt unter *a a*). Oberhalb der Schliffgrenze *a a* treten die schroffen, niemals vergletscherten Zacken in scharfen Gegensatz zu den rundgescheuerten Formen des Trogs. Hinter dem Riegel „auf dem Bielen“ liegt die Sandrebene des Unteraargletschers. Die tektonische Linie *b b* — ein Quarzgang — und der Trog sind unabhängig voneinander. (Phot. von Prof. Finsterwalder.)

einander folgen und deren jede durch einen Felsriegel talabwärts gesperrt ist. In der Tat! Setze deinen Weg fort übers Nägelisgrätli, dessen Schliffrichtung sehr deutlich zeigt, daß der Rhonegletscher einst die Grimsel passierte und mit dem Aaregletscher zusammenhing. Gehe über den Furkapaß, durch den übertieften Taltrog des Urserentales und schau, wie die wütende Reuß[1]) über die Riegel- und Beckentreppe zwischen Andermatt und Amsteg hinunterstürmt. Gehe durchs Rheintal, achte auf Talausweitungen, Talvertiefungen und Schluchten (Taminaschlucht, Rappenlochschlucht, Riegelmündung des Ill usw.). Durchwandere das Rhonetal bis hinab zum Kalksteinriegel von St. Maurice und achte auf Trogform, Riegel, Stufenbau des Haupttales und Stufenmündungen der Seitentäler (z. B. die berühmte Klamm „Gorge du Trient"). Je weiter wir wandern und schauen — auch in den Ostalpen —, desto deutlicher tritt es vor uns hin: Der entzückende Formenreichtum der Alpen, der dem durch Wassererosion geschaffenen Mittelgebirgscharakter fehlt, ist das gewaltige Werk glazialer Umgestaltung und Modellierung während der Vergletscherungsperioden der Eiszeit. Es darf übrigens nicht verschwiegen werden, daß viele Forscher im Gegensatz zu Penck und seiner Schule dem Gletscher fast jede aktive Rolle beim Herausbilden großer Geländeformen absprechen. In dem alten Streit über das Ausmaß der Gletschererosion hat seit den achtziger Jahren der hervorragende Alpenkenner Albert Heim die Führung übernommen. Während der internationale Geographenkongreß in Genf (1908) 95 % der alpinen Talbildung für Gletscherwirkung hielt, behauptet Heim, daß die Gletschererosion „tausendmal geringfügiger sei als die Talaustiefung durch das Wasser in gleicher Zeit." Und Deecke erklärt: „Mit Butter kann man nicht hobeln". Es ist klar, daß es für alle Forscher, die den Gletschern eine so geringe Erosionsfähigkeit zuschreiben, glaziale Großformen nicht gibt, weder „übertiefte Taltröge" noch „ausgekolkte Seebecken". Heim hält die U-form aller Taltröge — auch des Lauterbrunners — für eine Täuschung und begründet die „Entstehung des Trogprofils durch Zurückwitterung der Gehänge und Schutz des Gehängefußes durch Schutthalden". Und die großen Talwege und Talseen sind nach seiner Ansicht durch

1) Die großartige Schlucht der Schöllenen ist beispielsweise nichts anderes als ein durchschnittener Felsriegel.

tektonische Einsenkungen entstanden, bzw. durch Flußerosion und Gehängeabwitterung. Was für ein kümmerliches Überbleibsel ist aber die heutige Eiszeit gegenüber jener großen Eiszeit, wo in allen Alpentälern Gletscher lagen, Gletscherströme, deren Mächtigkeit i. a. viele 100 m betrug und die im Maximum anwachsen konnten bis zu einer Mächtigkeit von 2000 m (Rhonetal bei Brig). Selbst über Pässe und trennende Höhen — die Grimsel hat es uns an einem Beispiel gezeigt — schritten die Eisströme hinweg, verknüpften und vereinigten sich zu einem dichten Eisstromnetz, über welches hinzuschauen nur die „ganz Großen" imstande waren. Es wäre also falsch, sich unter der Vergletscherung der Alpen einen alles verhüllenden Eismantel nach Art des grönländischen Inlandeises vorzustellen. Tausend und mehr Meter (Ostalpen, in der Schweiz da und dort 2000 m, ja im Maximum 2500 m) vermochten die „ganz Großen" unter den Berggipfeln und Bergzügen kühn ihr Haupt herauszuheben aus der allgemeinen Umklammerung des engmaschigen Eisstromnetzes. Aber was die Großen im Hochgebirge verhinderten — das Verschmelzen der einzelnen Eisströme zur einheitlichen zusammenhängenden Inlandeismasse —, das gelang draußen im alpinen Vorlande. Aus der Verbreitungsweise des Leitgeschiebes geht deutlich hervor, daß der Rhonegletscher im Westen mit dem Arve- und Iseregletscher zusammenhing und als „rhodanischer Gletscher" vorstieß bis oberhalb Lyon. Und auch der Ostflügel des Rhonegletschers (Jurastauwirkung) hing wieder mit anderen Gletschern zusammen. Mit dem Aar-, Reuß-, Linth- und Rheingletscher bildet er ein einheitliches Ganzes, den „helvetischen Gletscher." Dieser füllte nicht nur den ganzen Raum zwischen Alpen und Jura, sondern stieg noch hoch empor an den Abhängen des Juras[1]) (Jurastauwirkung), ja, große Teile des Juragebirges wurden sogar überstiegen und überflutet[2]). Was speziell den Rheingletscher angeht, so suchte ein bei Sargans über das Walenseetal abzweigender Ast intimen Anschluß an den Linthgletscher, und während der Zeit seiner größten Ausdehnung tangierte der Gletscher mit seiner mächtigen, bis über Sigma-

1) Die Altmoränen des Rheingletschers z. B. erreichten am Hochen bei Honstetten noch eine Höhe 740 m.

2) „Vom Randen bis zum Paßwang haben wir ein über 70 km breites Gebiet vollständiger Überflutung durch alpines Eis, das nicht durch Juragletscher gespeist war." (Brückner.)

Abb. 262. Die Überlinger Gletschermühle (oberhalb Brünnensbach) ist in einer Spalte des Rheingletschers dadurch entstanden, daß die herabstürzenden Schmelzwasserbäche in kreisende Strudelbewegung kamen und die mitgerissenen, rotierenden Mahlsteine einen Riesentopf von 20 m Durchmesser in den Molassefels einbohrten. Im Hintergrund der Überlinger Seegraben. (Aufg. v. Verf.)

ringen hinaus vorgestreckten Zunge (Abb. 267) auch draußen im Vorland sowohl seine Nachbarn im Westen als im Osten. Der Illergletscher war's, der nach Osten den Zusammenhang mit der bogenförmigen, bis in die Breite von München vorstoßenden Eisdecke der aneinander geschweißten Lech-, Isar-, Inn- und Salzachgletscher herstellte. So umgürtete ein geschlossener, breiter Eispanzer die Alpen, im Norden und Nordwesten. Aber schon östlich des Traungletschers war's anders. Da vermochten die Gletscher nicht mehr hinauszukriechen aufs Vorland; sie blieben — wohl infolge der geringeren Höhen ihres Einzugsgebietes — ohnmächtig im Gebirge liegen (Enns[1]), Mur-[2]) und Draugletscher[3])). Und wenn auch im Süden viele Gletscher ihre Zunge gerade noch herausstreckten aus dem Gebirge und aus hintereinandergereihten Moränenwällen die prächtigsten Amphitheater aufbauten — denke an die berühmten

1) Bei Hieflau, 2) bei Judenburg, 3) östlich von Klagenfurt.

Abb. 263. Ein Blick in die Drumlin-Landschaft bei Überlingen a./See. Die vielen in der Richtung des vordringenden Gletschers langgestreckten Hügel (Drumlins) gehören zu den markantesten Zügen im Glazialrelief der Bodenseegegend. Meistens in aufsteigendem Gelände gelegen, wurden sie nach Art der bekanntɛn Rundhöcker von dem vorstoßenden Gletscher aus dessen Unterlage (aus früheren Grund- und Endmoränen, oder aus der Molasse) zwischen Stellen stärkster Eisströmung herausgescheuert und herausgeformt. Rechts der Überlingersee mit der Insel Mainau. (Aufg. v. Verf.)

End- und Seitenmoränenwälle der Dora Baltea bei Ivrea (die in der „Serra" z. B. eine Höhe von 650 m erreichen), denk' an die Moränenamphitheater des Langen- und Comersees, des Iseosees und vor allen Dingen des Gardasees — wenn also alle diese Gletscher[1]) bei den wärmeren klimatischen Verhältnissen gerade noch den Gebirgssaum erreichten, weit ins Vorland hinauszuwandern, war ihnen nicht vergönnt wie ihren Kollegen jenseits der Alpen, den „Eis-Stromern" im Norden.

So interessant es nun wäre, alle die eiszeitlichen Gletscherwege und Gletscherstraßen rings um den Alpensaum aufzudecken — Raum und Zeit verbieten, unser Wanderziel so hoch zu stecken. Wenn dich aber deine Tertiärstudien ohnehin in die Bodenseegegend führen, dann vergiß nicht, an der Hand der großen und kleinen, häufig geritzten Wanderblöcke[2]) (Abb. 253), an der Hand der unsortierten Moränendecken (Abb. 255), Moränenwälle und ihren Schotterfeldern, an der Hand der Gletschermühlen (Abb. 262), der Drumlins (Abb. 263), der Bodenseewanne mit ihrem Kranz strahlenförmig angeordneter Zweigbecken[3]) das

1) Dora Baltea-, Tessin-, Adda- Oglio-, und Etschgletscher.

2) Trias-, Jura- und Kreidekalke zu beiden Seiten des Rheintales, Albulagranit mit seinem lichtgrünen Feldspat, die Gneise der Silvrettagruppe, die Sernfkonglomerate usw. (Schliffe zeigen hauptsächlich die Kalke und Flyschsandsteine.)

3) Becken der Salemer Aach, an der Schussen um Ravensburg, an der Argen und an der Leiblach. Westlich: Überlinger- und Radolfzellersee. Vgl. S. 243.

glaziale Landschaftsrelief [1]) zu bewundern, das der gewaltigsten Gletscherströme einer — der Rheingletscher — durch seine teils ablagernde, teils ausschürfende Tätigkeit geschaffen hat. Dem kundigen Auge werden neben den ungeschichteten Moränenwällen, neben den unsortierten Block- und Geschiebelehmen (Abb. 265) insbesondere auch gewaltige Kies- und Schottermassen auffallen, die Schichtung zeigen. Diese „fluviatilen" Schotterablagerungen sind offenbar dadurch entstanden, daß beim Tauen des Eises die Schmelzwässer Sand, Gerölle und Blöcke der Moräne fortschwemmten und sie als mächtige Geröll- bzw. Schottermassen hinschütteten über das Land und seine Abflußrinnen (Abb. 264). Solche Schotter, ausgezeichnet durch verschiedene Erhal-

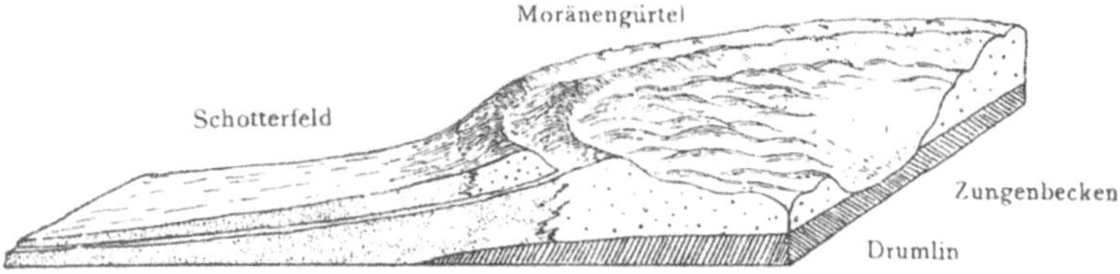

Abb. 264. Eine glaziale Serie. (Nach Penck.)

tungszustände und verschiedene Höhenlagen, sind für die eiszeitliche Gliederung zu wichtigen Wegweisern geworden. Auf Grund der verschiedenen Moränen- und Schottersysteme teilen Penck und Brückner das Eiszeitalter ein in vier „Eiszeiten" und drei „Zwischeneiszeiten".

Die vier Eiszeiten sind:

I.	(Günz-) Eiszeit,	Schneegrenze bei	1200—1400 m,	1,8°	kälter als heute
II.	(Mindel-) Eiszeit,	" "	1600—1800 m,	2,9°	" " "
III.	(Riß-) Eiszeit,	" "	1800—2000 m,	4,1°	" " "
IV.	(Würm-) Eiszeit,	" "	2000—2200 m,	6,5°	" " "

Mit den Moränen der vier Vergletscherungsperioden verknüpfen sich die entsprechenden Schotter: Der ältere (am höchsten gelegene) Deckenschotter I, der jüngere (tiefer liegende) Deckenschotter II, der Hochterrassenschotter III und der Niederterrassenschotter IV. Die vier Vergletscherungsperioden sind voneinander getrennt durch drei Zwischeneiszeiten, während deren die Gletscher infolge der klimatischen Wärmezunahme sich weit gegen ihr Quellgebiet zurückziehen mußten. Dabei wurden naturgemäß ungeheure Schmelzwassermassen frei, die imstande waren, ältere Schotterdecken zum Teil zu zerstören, zu zerstückeln, tiefe Rinnen in dieselben einzunagen. Während so jede Vergletscherungsperiode eine Periode der Aufschüttung bzw. Talzuschüttung ist, bedeutet jede Zwischeneiszeit eine Zeit intensivster Erosion. Wie wir in den Flußtälern rings um die Alpen herum in auffallender Regelmäßigkeit vier Schotter beobachten können [vgl. z. B. die

1) Der Bodenseewanderer hat im Rucksack das zusammenfassende, vortreffliche Werkchen: Schmidle, Die diluviale Geologie der Bodenseegegend. (Aus Mordziol „Die Rheinlande" Nr. 8.) Vergleiche auch: M. Schmidt: Oberamtsbeschreibung von Tettnang.

vier Schotter des Rheintales, die genau nach ihrer Anciennität — die ältesten zu oberst, die jüngsten zu unterst — ineinander geschachtelt sind (Abb. 265)], so zeigt auch das nördliche Bodenseevorland vier verschiedenaltrige Schotter, die verschieden hoch liegen und angeblich in Moränen übergehen. Das Kärtchen (Abb. 267) gibt dir einen klaren Überblick, wie die Endmoränenbögen der III. und IV. Eiszeit sowie die Rückzugswälle der IV. Eiszeit (IVa und IVb) das Stammbecken des Bodensees girlandenartig umkränzen. Das Bodenseebecken selbst deutet Penck „nicht als Grabensenkung", sondern analog dem Ammer-, Würm- und Chiemsee, dem erloschenen See von Rosenheim und Salzburg, dem Zürichersee usw. als übertieftes „Zungenbecken", ausgekolkt und ausgehobelt durch die Scheuermittel des erodierenden Gletschereises. Was im besonderen das Überlinger Seetal anlangt, so wissen wir heute dank der Untersuchungen von Schmidle, Knupfer und Gutmann, daß es ein echter Grabenbruch ist, umrissen von einer Reihe von Längs- und Querverwerfungen. Und was vom Überlinger Seegraben gilt, das behauptet Deecke vom ganzen Bodenseegebiet. „Dort beginnt ein selbständiges, im Mitteldiluvium stark tektonisch bewegtes Gebiet, dessen jüngste Phase der Grabenbruch des Bodensees bezeichnet." „Diese junge Bildungszeit des Seebeckens macht erklärlich, daß die umgebende Landschaft keine Diluviallandschaft, sondern ein tektonisch bedingtes Molasseland ist, welches der Rheingletscher recht wenig umgestaltete." [1]) Im Widerstreit der Meinungen dürfte — wie wir schon bei einer früheren Gelegenheit betont haben [2]) — die Wahrheit in der Mitte liegen. Die Bodenseelandschaft verdankt die markanten Züge ihres Reliefs weder ausschließlich tektonischen noch ausschließlich glazialen Vorgängen. Sie ist vielmehr das Werk tektonischer und glazialer Kräfte zugleich.

Die Hunderte und Tausende von Beobachtungsergebnissen, von denen das hervorragende Werk der unermüdlichen Eiszeitforscher

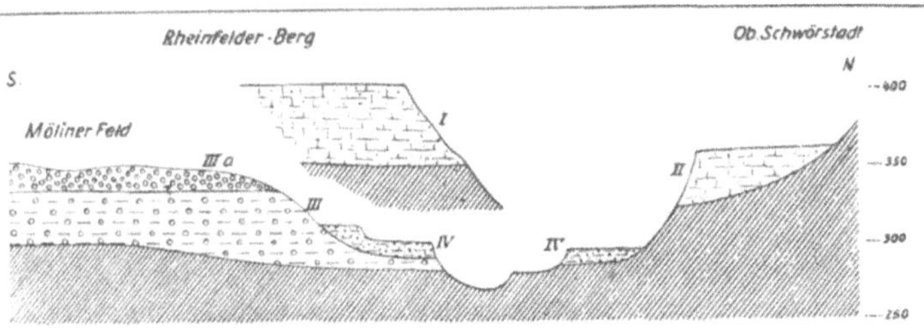

Abb. 265. Die vier Schotter bei Rheinfelden.
I = Älterer Deckenschotter (Schotter der ersten Eiszeit). *II* = Jüngerer Deckenschotter (Schotter der zweiten Eiszeit). *III* = Hochterrassenschotter (Schotter der dritten Eiszeit). *IIIa* = Rißmoräne (Moräne der dritten Eiszeit). *IV* = Niederterrassenschotter (Schotter der vierten Eiszeit). (Nach Ed. Brückner.)

1) Deecke, Geologie von Baden, II. Teil S. 628.
2) Volk, Geologische Wanderungen am Schwäbischen Meer 1910.

2 1 3

Abb. 266. Blick in das Sipplinger Senkungsfeld. Die dunkle Partie (hinter dem Eisenbahnzug!) ist an der Steilwand rechts nach dem Rückzug des Rheinoletschers abgesunken. (Aufg. v. Verf.) 1, 1 abgesunken, 2, 2, 3 stehengeblieben.

Penck und Brückner berichtet, laufen gleichsam alle auf einen Strahlungspunkt zu. Er heißt: Vierfache Vergletscherung der Alpen. Es war also das kalte und niederschlagsreiche Klima während der Eiszeit großen Schwankungen unterworfen. Mit dieser Annahme sind jedoch einige Forscher (E. Geinitz, Fr. Frech, Deecke) nicht einverstanden. Sie nehmen eine einheitliche Eiszeit an ohne wärmere Zwischeneiszeiten. „Daß sich nun das Eis während des Eiszeitalters zeitweilig bis in die innersten Winkel des Gebirges zurückgezogen hat, lehren eine Reihe von interglazialen Ablagerungen" (Penck). Da haben wir z. B. unsern Rorschach, 75 m über dem Bodensee, ein Schieferkohlenlager, eingebettet zwischen zwei verschiedenaltrige Moränen. Aus diesem intramoränen, also zwischeneiszeitlichen Kohlenflöz, das übrigens bis vor einigen Jahrzehnten bei Mörschwyl abgebaut wurde, hat Oskar Heer nicht nur Reste von Tanne, Kiefer, Legföhre, Lärche, Birke und Haselnuß bestimmt, sondern auch die Frucht (Eicheln) der wärmeliebenden Eiche. Da die Eiche i. a. mehr als 1500 m unter der heutigen Schneegrenze zurückbleibt, zieht

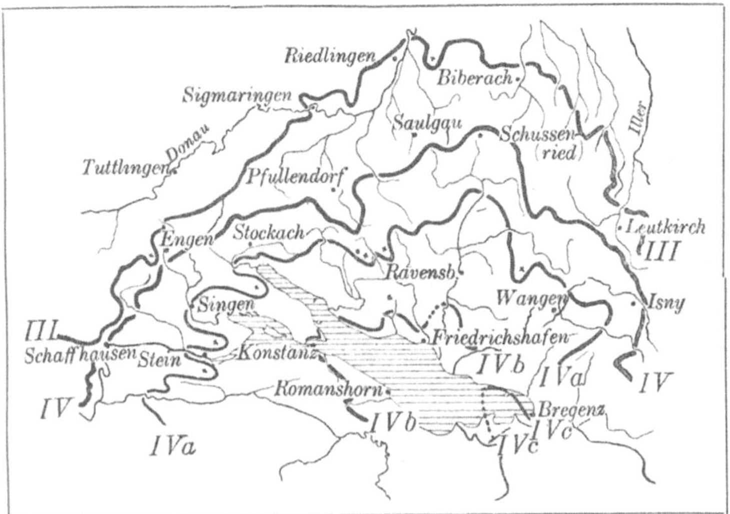

Abb. 267. Die lange dauernden Gletscherstände des Rheingletschers.

III Der Gletscher der Haupteiszeit mit der frischen Hochterrasse (Pencks Rißeiszeit).

IV Der Würmgletscher mit der Niederterrasse (Jung — Endmoräne nach Penck).

Die Gürtel der Rückzugsstadien:
IVa Singener Gletscher (Pencks innerer Kranz der Jungendmoräne)
IVb Der Konstanzer Gletscher.
IVc Der Lindauer Gletscher.

Die Günz- und Mindelvergletscherung (*I.* und *II.* Eiszeit), deren Mitbringsel von der nachfolgenden Rißvergletscherung bis auf wenige Reste zerstört wurden, hatte ungefähr die Ausdehnung von *IVa*

[Von dem jeweiligen Moränengürtel bezeichnet die schwarze Linie nur die mittlere Lage, so daß er etwas breiter ist als sie. „*X*" sind höhere Berge, die vom Eis umflossen wurden.] Nach Schmidle.

Penck den Schluß, daß „die Schneegrenze zur Zeit[1]) der Bildung der Mörschwyler Schieferkohlen rund 1000 m höher angesetzt werden" muß, als die Schneegrenze zur Zeit einer Vergletscherung. Auch die berühmten Schieferkohlen von Dürnten und Wetzikon (Zürich) beweisen, daß in einer wärmeren Zwischeneiszeit an Stelle des weißen Eismantels der grüne Wald getreten war. Wieder sind Tanne, Fichte, Kiefer, Ahorn, Birke und Gebüsche der Haselnuß die Kohle-

1) Nach Penck: Wahrscheinlich **letzte** Zwischeneiszeit (Pencks Riß-, Würm-Interglazialzeit). Nach Scheibener (1912) sollen die Kohlen liegen „zwischen zwei Moränen der Rückzugsepoche eines Armes der Würmvergletscherung", wären also nach seiner Meinung nicht interglazial, sondern nur interstadial.

Schräg geschichtete Seekiese

Grundmoräne

Abb. 268. ca. 40 m über dem heutigen Seespiegel liegen (hinter Überlingen) über einer Grundmoräne schräggeschichtete, seewärts einfallende Deltakiese. Sie beweisen, daß der älteste Überlingersee ein Stausee war. Als nämlich der Rheingletscher fast bis ans Ende des Seetals zurückgeschmolzen war, wurden zwischen dem Gletschereis und dem Endmoränenwall von Wahlwies die Schmelzwässer bis zu einer Spiegelhöhe von 440 m gestaut. (Aufg. v. Verf.)

bildner. Besonderes Interesse verdient die purpurrote Seerose (Brassenia purpurea) und vor allen Dingen die Eibe, weil sie Bürge dafür sind, daß zu ihrer Zeit die Schneegrenze unmöglich eine tiefere war als heute. Bis zu Höhen von 1400 m war der Wald am Nordsaum der Schweizer Alpen wieder emporgeklettert — wenn man der Eibe glauben darf, die heute 700 bis 800 m unter der oberen Waldgrenze zurückbleibt.

Horch! Knackte es da nicht im Gehölz? Wahrhaftig, ein mächtiger Schaufler bricht durch, ein Elch. Hätte gerade so gut auch ein Edelhirsch oder ein Ur sein können. Denn auch die hausten in den Dürntener Kiefer- und Birkenwäldern. Oder ein Merckſches Nashorn (Rhinoceros Merckii), oder gar ein Urelefant (Elephas antiquus), beides ganz altertümliche, noch ans Tertiär erinnernde Charaktergestalten. Wenn's der Urelefant ist, dann ziele gut vor dem Abschuß. Du hast den größten Elefanten aller Zeiten vor dir: Rückenhöhe 5 m, Stoßzahnlänge 5 m, Schnauzenbreite 1 m, Fußbreite $^1/_2$ m. Er ist nicht zottig wie das Mammut (der Würmeiszeit), sondern nackt wie seine heutigen afrikanischen Vettern. Was Eibe, Mercksches Nashorn und Urelefant für Dürnten, das beweist der Buchsbaum für Flurlingen[1]): eine warme Zwischeneiszeit mit milderem Klima. Keine interglaziale Ablagerung ist aber so auffallend und berühmt, keine so heiß umstritten wie die i. a. rote Gehängebreccie von Hötting, in der Nähe von Innsbruck. Diese Breccie ist nichts anderes als fest verkitteter Verwitterungsschutt, der einst am Gehänge lag. Eingeschachtelt zwischen zwei Moränen enthält die Breccie in Zwischenlagen Pflanzen, die in ihrer Mehrzahl (nach v. Wettstein 70%) noch heute in der Innsbrucker Gegend vorkommen. Aber auch Fremdlinge enthält die Höttinger Flora, Fremdlinge, wie z. B. die großblütige pontische Alpenrose (Rhododendron ponticum) und den immergrünen Buchsbaum (Buxus sempervirens). Besonders die pontische Alpenrose gibt viel zu denken. Denn während sie heute in (um fünf Breitegrade) südlicheren Gegenden heimisch ist (z. B. am Schwarzen Meere), überwucherte ihr Gebüsch in einer[2]) Zwischeneiszeit noch massenhaft die Abhänge von Hötting, und zwar in einer Höhe von 1150 m. Aus dieser Tatsache schließt Penck und mit ihm die Mehrzahl namhafter Geologen, daß bei Innsbruck in jener Zwischeneiszeit die Jahrestemperatur um 2° höher war und infolgedessen die Schneegrenze um 400 m höher lag als selbst heute. Ist der Schluß richtig[3]), so muß eine warme Periode wohl so viele Zehntausende von Jahren gedauert haben, daß die Eisströme weit — vielleicht weiter als heute — gegen ihr Quellgebiet sich zurückziehen und in

---

1) Die Kalktufflager gegenüber von Schaffhausen gehören der Mindel-, Riß- oder (wahrscheinlicher) der Riß-Würm-Zwischeneiszeit an und enthalten außer Buchsbaum: Bergahorn, Esche, Tanne, Eibe, Rhinozeros Merckii.

2) Wahrscheinlich in der letzten, also zwischen der III. und IV. Eiszeit.

3) Fr. Frech, ein bedeutender Vertreter der klimatischen Einheitlichkeit der Eiszeit, bezweifelt seine Richtigkeit. Er sagt: „Vor allem entspricht die Flora der Höttinger Breccie bei Innsbruck einem typisch ozeanischen Klima und nicht, wie man annahm, einem warmen oder gar einem trockenen-warmen. Die Pflanzen, welche auf ein warmes Klima hindeuten sollten, lassen sich heute mit aller Entschiedenheit als solche Arten bezeichnen, die ein sehr feuchtes Klima verlangen, welchem zudem große Extreme fehlen. Es sind also nicht wärmeliebende, sondern ozeanische Arten. Zu diesem übereinstimmenden Schlusse sind zu gleicher Zeit und unabhängig voneinander Handel-Mazetti (1909) und Brockmann-Jerosch (1909) gelangt."

Ebenalp

Abb. 269. Hoch droben in der Felseneinsamkeit der Ebenalp, wo Scheffel die Schlußakkorde seines Ekkehardliedes hineinklingen läßt in die Stille des Bergfriedens, tritt dem Prähistoriker einer entgegen mit dem Gruße: Des Menschen Stunde ist gekommen. In der Tat ist unter den altsteinzeitlichen Kulturstätten die Wildkirchlihöhle eine der ältesten (nicht die älteste!) und die höchst gelegene in ganz Mitteleuropa. (Letzte Zwischeneiszeit.) (Nach E. Bächler.) (Phot. Gebr. Wehrli.)

dem eisfrei gewordenen Land wieder das Leben seinen Einzug halten konnte.

Sind auch die Akten über die Lebensgeschichte der Innsbrucker pontischen Alpenrose noch nicht geschlossen — wir bewundern sie doch, diese mutige zwischeneiszeitliche Bergsteigerin! Aber höher noch als sie ist um dieselbe Zeit ein anderer im Gebirge emporgestiegen, ein ganz anderer. Du kennst natürlich die Wildkirchlihöhle im Säntisgebirge (Abb. 269). Viktor v. Scheffel wird dir wohl von ihr schon etwas vorgesungen haben („Ekkehard"). Der treffliche Wildkirchliforscher Emil Bächler hat da oben, also 1500 m hoch, im Höhlenlehm neuerdings neben seltenen Resten vom Höhlenlöwen, Höhlenpanther, vom Alpenwolf, Dachs, Edelmarder, Steinbock, Gemse, Edelhirsch, Murmeltier, Einzelüberreste von etwa 1000 Höhlenbären gefunden. Das sind Funde, die dem Bilde der zwischeneiszeitlichen Gebirgswaldungen reiche Farbe geben und reiches Leben.

1000 Höhlenbären, Riesen, fast doppelt so groß als die heutigen

Bären, wie kommen die alle da hinein in das — Massengrab? Die „obere große Höhle" mit ihren tadellos erhaltenen unverletzten Skelettresten war offenbar lange Zeit die Residenzstätte des gewaltigen Alleinherrschers, Wiege und Grab ganzer Bärengenerationen. In schroffem Gegensatz zu den gut erhaltenen Skelettüberresten dieser Bärengruft stehen die vielen Röhrenknochen der Altar-, Keller- und Wirtshaushöhle. Sie sind stark zersplittert; die größeren an den Gelenkenden aufgeschlagen. Wer besorgte diese nachträgliche Zersplitterung und Zertrümmerung? Der Missetäter hat Spuren hinterlassen, die unzweideutig dartun, welch Geistes Kind er war. Werkzeuge aus Stein (Quarzite), durch Schlag an einer oder zwei Kanten scharf und schneidend gemacht (Abb. 271), Werkzeuge aus Knochen, mit abgerundeten Rändern und Spitzen (Abb. 275) lagen in buntem Durcheinander mit den geöffneten markhaltigen Röhrenknochen und den vielen Knochensplittern. So primitiv und einfach diese Stein- und Knochenwerkzeuge auch bearbeitet sind, sie verraten Überlegung und Berechnung — die arbeitende Hand eines intelligenten Wesens (Abb. 274). Eine Menschenhand! — Wohl stehen wir hier oben in der Wildkirchlihöhle nicht an der Wiege der Menschheit. Menschen hat es sicher schon gegeben vor der letzten Zwischeneiszeit und noch primitivere als diese Ebenälpler (z. B. Abb. 273). Aber doch ist beachtenswert, was Bächler sagt: „Heute wissen wir es sicher: Wildkirchli ist eine vorgeschichtliche Niederlassung aus der Zeit des ältesten Höhlenbe-

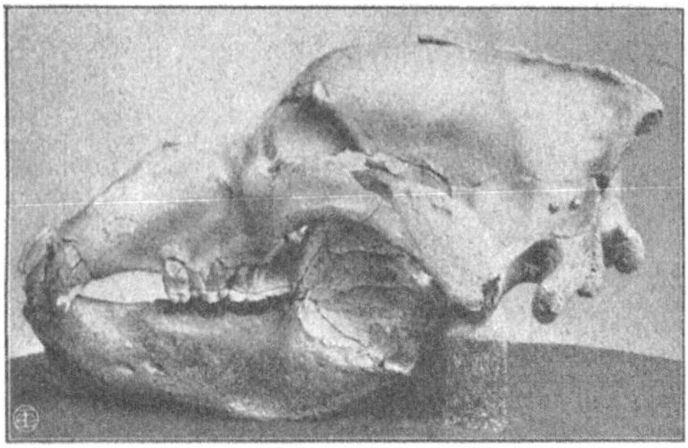

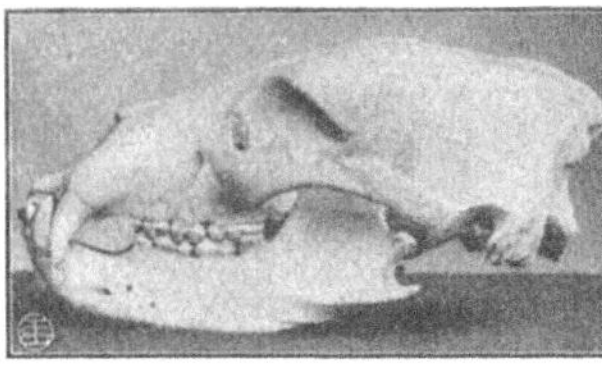

Abb. 270. Schädel eines Höhlenbären (Ursus spelaeus) vom Wildkirchli und zum Vergleich von einem heutigen Bären aus Rußland (Ursus arctos) (Länge 53 bzw. 30 cm, Breite 30 bzw. 17 cm, Höhe 28 bzw. 14,5 cm). Beachte insbesondere die steiler abfallende Stirn. (Ausgegraben und phot. von E. Bächler.) St. Galler Museum.

Abb. 271. Ein „Schaber" aus der Werkstätte des Wildkirchli-Menschen. (Letzte Zwischeneiszeit.) Spitze und die seitlichen Ränder stumpf retuschiert. Basis mit ausgezeichneter Anpassungsfläche für den Zeigefinger. Hellbrauner Ölquarzit aus dem tieferen Flysch (exotisch!) (Orig. u. Phot. von E. Bächler.)

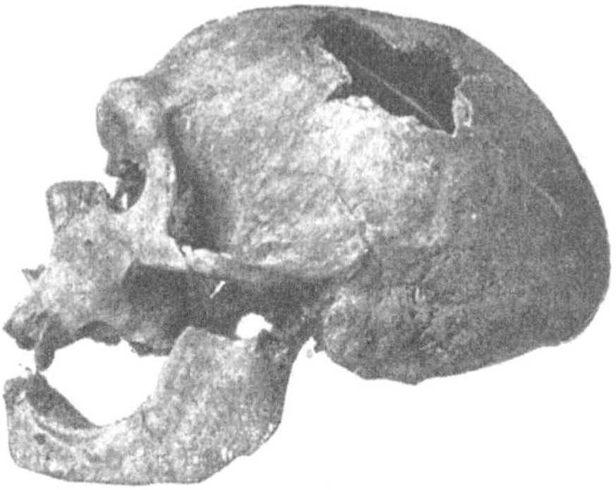

Abb. 272. Schädel des Neandertalmenschen (**Homo primigenius**), der in etwas „übertriebener" Weise die Charaktermerkmale seiner Rasse aufweist: Die Augenbrauenwülste, die geringe Schädelwölbung und den massigen, **kinnlosen** Unterkiefer. [**Mittleres** Diluvium, La Chapelle-aux-Saints, Mittelfrankreich] (Aus Boule.)

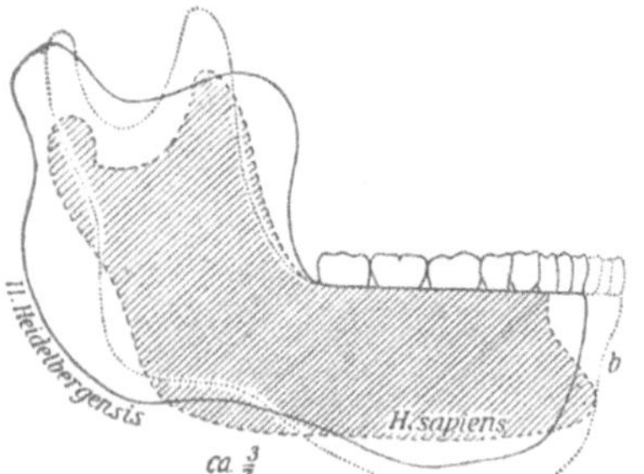

Abb. 273. Die ausgezogene Linie gibt das Profil des **massigen, kinnlosen** Unterkiefers vom **Homo Heidelbergensis**, dem ältesten bisher gefundenen menschlichen Skelettstück (Älteres Diluvium, Mauer bei Heidelberg); die **gestrichelte** Profillinie ist eine der Übergangslinien vom „negativen zum positiven Kinn". (Nach Schoetensack.)

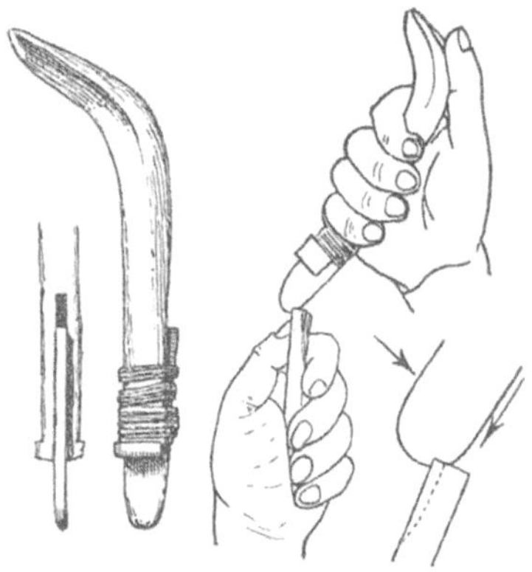

Abb. 274. Feuersteinquetscher aus Renntierhorn mit elfenbeinerner Handhabe. Ähnlich wie die Eskimos in Alaska heute noch durch kräftiges Aufsetzen eines angefeuchteten Renntierhorns (oben) auf die Feuersteinkante (unten) und durch **Drücken nach vorwärts** Splitter abspleißen (Retuschieren), mögen die Eiszeitmenschen bei der Herstellung ihrer Steinwerkzeuge auch verfahren sein. (Nach E. Krause.)

wohners der Schweiz, eine der ältesten Mitteleuropas und bis jetzt die höchstgelegene in Europa überhaupt." So hoch diese Urmenschen vom Wildkirchli auch wagemutig im Gebirge gestiegen sind — Höhenmenschen im wahren Sinne des Wortes waren sie nicht. Rauhe Leute, mit niedriger, fliehender Stirn und geringer Schädelwölbung, mit großen Augenhöhlen, über denen mächtig entwickelte Augenbrauenwülste wie ein Knochendach vorsprangen, rauhe Leute vom Charakter der Neandertalrasse (Abb. 272) waren es, die da oben geschützt vor Wind und Wetter, vor Feinden und wilden Tieren — als Höhlenbewohner hausten. Gewandt im Anschleichen des Wildes, listig im Stellen von Tierfallen, im Legen von Gruben und Schlingen, im Hinabscheuchen des Wildes über Abhänge, nahm der vorgeschichtliche Wildkirchlijäger den Kampf auf mit den Raubtiergewaltigen seiner Zeit. Ihm fehlten die mächtig entwickelten Eck- und Reißzähne des Raubtiergebisses, ihm fehlten Tatzen und Krallen und Hörner — aber aus den runden Glotzaugen des kleinwüchsigen, plumpen „Neandertalers" blickte unheimlich die — List. Was — in Horden jagend — in dem wildreichen Wald der Ebenalp erlegt war, wurde zur Höhle geschleppt, mit Hilfe der steinernen Schneide- und Schabinstrumente zerlegt und bearbeitet. Besonderen Wert legte der Höhlenbärenjäger vom Wildkirchli auf das sorgfältige Ablösen des Felles. Dazu dienten die Knochenwerkzeuge. Sie waren nichts anderes als Fellablöser und Fellglätter (Abb. 275). Noch haben wir nicht die feineren Knocheninstrumente der späteren Zeiten (Aurignacien, Solutréen, Magdalénien). Noch fehlen Nadel und Pfeilspitze, Lanzenspitze und Harpune. Dagegen haben wir hier die allerältesten Anfänge der Knochenwerkzeugindustrie und der Knochenwerkzeugtechnik in Europa vor uns. Wenn bis dahin im Wildkirchli auch keine Skelettstücke des Urzeitmenschen gefunden worden sind, so geben uns doch die Steinwerkzeuge in ihrer primitiven Be-

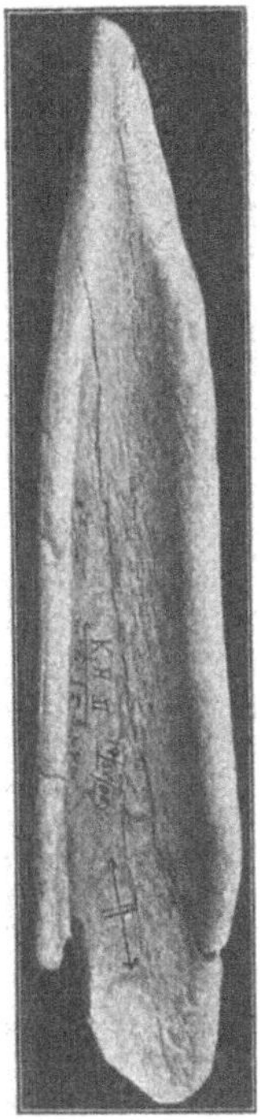

Abb. 275. Fellablöser aus der Wildkirchlihöhle. Die ca. 22 cm lange Knochenspitze ist oben absichtlich zugespitzt, an den Rändern absichtlich abgerundet. Das Prachtstück gehört zu den ersten Anfängen menschlicher Knochenwerkzeugtechnik. (Ausgegr. und phot. von E. Bächler.)

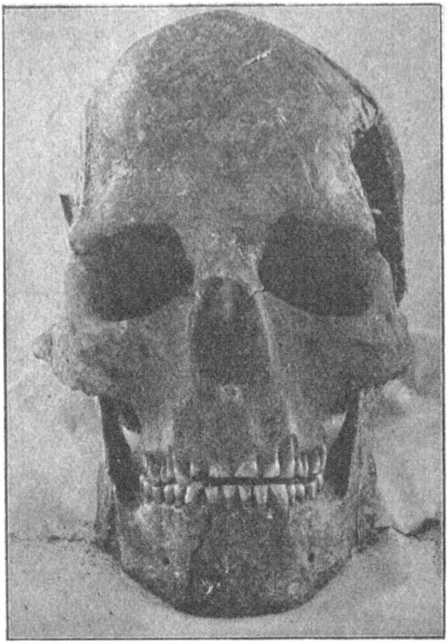

Abb. 276. Der schön gewölbte Schädel des Aurignacmenschen ist lang und schmal, zeigt keine zu einem einheitlichen Wulst zusammengewachsenen Augenbrauenbögen. Übergangskinn! (Nach Otto Hauser.)

arbeitung (keine sorgfältige, feine Randbearbeitung) einen deutlichen Fingerzeig, zu welcher Kulturstufe und welcher Rasse wir den Techniker vom Säntis zu rechnen haben. E. Bächler fand an der „großartigsten Sammelstätte diluvialer Kultur", an der Station Le Moustier (Dordogne), wo im Jahre 1908 Otto Hauser das Grab eines altdiluvialen, wohlerhaltenen Neandertalers (Homo Mousteriensis Hauseri) öffnete, Steinwerkzeuge, die mit jenen des Wildkirchli auffallend übereinstimmen (Le Moustierstufe und zwar Altmoustérien(?)).

Der Neandertalrasse (Abb. 272) also gehörte der urzeitliche Säntiskönig an. Überhaupt ist das diejenige Rasse, welche weithin in Europa — die zahlreichen Skelettfunde in Deutschland, Frankreich, Belgien, Spanien, Österreich beweisen es — das Land bewohnte und beherrschte, viele, viele Jahrtausende hindurch, seit Anfang der Eiszeit. Dann aber, gegen Schluß der mittleren Diluvialzeit kamen andere Menschen, höher organisierte, edlere und bessere (Aurignac-Menschheit). Die haben lange, schmale, schöngewölbte Schädel mit kräftigen, aber nicht mehr zu einem einheitlichen Wulst verschmolzene Augenbrauenbogen (Abb. 276). Vielleicht hat Klaatsch recht. Vielleicht sind sie mit dem Mammut und anderen asiatischen Formen zu uns nach Europa gekommen. Nein, nicht zu uns, sondern zu den Ureuropäern, den Neandertalern. Mögen diese letzteren auch noch eine Zeitlang selbständig neben der neu aufgetauchten, diluvialen Rasse existieren, bald verschwinden sie — wohl infolge Vernichtung bzw. Vermischung mit den „neuen" Menschen. Und aus

Abb. 277. Mammut, eingraviert von diluvialen Menschen (Cro-Magnonrasse) in den Fels der Höhlenwand (Combarelles). Beachte: den langen Rüssel und die langen, gebogenen Stoßzähne, den hohen Schädel, den dicken Schwanz und vor allen Dingen die langen Haare. In der Tat tragen die vielen Hunderte von Mammutleichen, die mit Haut und Haar in sibirischem Eise eingefroren sind, einen dichten, langen, rotbraunen Wollhaarpelz. (Aus Capitan und Breuil.)

dieser Vermischung der alten (Neandertal-) mit der neuen (Aurignac-) Rasse soll dann der Cro-Magnonmensch (Renntierzeitmensch) hervorgegangen sein, eine Rasse, die körperlich und geistig wiederum auf einer höheren Sprosse der Entwicklungsleiter steht.

So interessant es wäre, während der jüngeren Eiszeit, also der vierten Vergletscherungsperiode und ihren Rückzugsphasen, durchs tundraähnliche Ödland draußen am Saume der nordalpinen Vergletscherung zu streifen und zu studieren, wie hier eine nordische Flora (Renntierflechte, isländisches Moos usw.) und Fauna (Mammut [Abb. 277], wollhaariges Rhinozeros, Renntier usw.) ihren schweren Existenzkampf kämpft, interessanter noch wäre es statt mit Botanisiertrommel und Flinte auf dem Rücken zu reisen als Prüfungskommissär, von einer Höhle[1]) und Feuerstätte zur andern, um bei den

1) Für uns am nächsten lägen: a) die Thayinger Höhle (Keßlerloch bei Schaffhausen; Inventar: Feuersteinmesser, -sägen und -bohrer, Knochennadeln, Renntier- und Wildeselgravüren auf Rennhorn, geschnitzte Moschusochs- und

Eiszeitmenschen des jüngeren Diluviums ein „Kulturexamen" abzunehmen. Hei, wäre das fein, die Mammut- und Wildpferd-, die Büffel- und Renntierjäger mitten in ihrem Kulturleben zu belauschen, ihren Kulturfortschritt zu beobachten, zu bewundern alle die eleganten und fein zurechtgeschlagenen, formenreichen Waffen und Werkzeuge aus Stein, die immer mehr aufkommenden Knocheninstrumente, die Anfängerkünste im Zeichnen, Modellieren und Schnitzen der Aurignacmenschen, vor allen Dingen aber zu bewundern Kunst und Technik der Cro-Magnonmenschen oder Renntierjäger: alle die rasiermesserscharfen Feuersteinklingen, Pfeilspitzen und Wurflanzen, Dolche aus Renntiergeweih (Abb. 279), Harpunen mit Widerhaken, knöchernen Nähnadeln und Gewandhalter, Signalpfeifen und Flöten aus Vogelknochen, alle die naturgetreu-eingeritzten (Abb. 277 und 278) und z. T. mehrfarbig-angemalten Zeichnungen an den Höhlenwänden, alle die künstlerischen Gravüren auf Knochen und Geweih, alle die Skulpturen und Statuetten usw. Gewiß hätte ein solches Kulturexamen seine ganz besonderen Reize; aber es würde uns zu weit führen, zu weit ab von unserem geologischen Wanderziel und zu weit hinein in die prähistorischen Fragen und Probleme.

Abb. 278. Aus der Zeichenmappe des Cro-Magnonmenschen: Wildpferd, eingeritzt in die Höhlenwand. (Combarelles, nach Capitan.)

Nach dem endgültigen Rückzug der diluvialen Eismassen beginnt das geologische Heut (Alluvium). Wohl tritt uns der Mensch zunächst immer noch entgegen mit dem Stein als Werkzeug in der Hand. Aber dieser Stein hat nicht dadurch die gewünschte zweckmäßige Form bekommen, daß er mit Hilfe eines anderen Steines

Pferdeköpfe usw.) und b) die Höhle am Schweizersbild bei Schaffhausen (viele Tausende von Feuersteininstrumenten, bald vergesellschaftet mit Artefakten aus Renntier-, bald mit solchen aus Hirschgeweih. Mammut-, Pferd- und Renntiergravüren.) An beiden Fundstellen mischen sich hochalpine [Steinbock, Murmeltier (K. L.), Gemse (K. L.)], arktische (Renntier, Vielfraß, Eisfuchs, Halsbandlemming (Schw. B.), Alpenhase, Schneehuhn usw.) Arten mit Tieren gemäßigter Breiten (Pferd, Wildesel, Ur) und mit echten Steppenbewohnern (sibirische Zwiebelmaus, Steppenhamster, Pfeifhase). Außerdem: Wolf, Brauner Bär, Fuchs, Löwe (K. L.), das wollhaarige Rhinozeros und das Mammut. Beide Stationen gehören der Nacheiszeit an, d. h. der Zeit des letzten Gletscherrückzuges (Magdalénien).

roh zubehauen (ältere Steinzeit), sondern fein zugeschliffen und poliert worden ist (jüngere Steinzeit).

Der Pfahlbauer

dieser jüngeren Steinzeit baut seine schilfbedeckte Hütte in den See und gründet die ersten Dörfer.[1]) Der erste Pflug aus Eschenholz (Bodmann) zieht seine Furchen; das erste Getreide (Weizen, Gerste) keimt, blüht und reift auf primitiv bestellten Äckern (hauptsächlich Hackbau). Und in primitiven Handmühlen — bestehend aus einem größeren, ausgetieften Sandstein und einem fast kugelrunden Geröll — werden die Getreidekörner zwischen den Reibflächen der Steine zerquetscht und gemahlen. Auch des Menschen Verhältnis zu den Tieren ist ein anderes geworden. Wohl jagen die Pfahlbauleute noch mit Feuersteinlanzen, ja sogar auch schon mit Pfeil und Bogen[2]) das Wild der Uferwälder [Bär, Wildschwein, Edelhirsch, Urochse]. Wohl sind sie Fischjäger (Stechharpunen!) und Fischfänger (Angeln, Netze, vgl. Abb. 280_5). Aber außer dem Umbringen kennt der Pfahlbauer noch eine andere, edlere Art, sich die Tiere nutzbar zu machen: Die Domestizierung. Zum zahmen Haustier macht er sie (Schaf, Schwein, Ziege, Pferd, Rind). Gerade die Domestizierung ist ein Vorgang von größter kultureller Bedeutung. Mehr und mehr wandelt sich der Naturmensch zum Kulturmenschen. Das beweist übrigens nicht nur der Viehzüchter, sondern auch der Ackerbauer, der Dorfgründer und nicht zuletzt der — Töpfer der jüngeren Steinzeit. Staunend stehen wir vor all den Krügen, Bechern und Vorratstöpfen der Überlinger Pfahlbausammlung. Die Künstler, die diese Gefäße aus Ton formten (ohne Töpferscheibe!) und bald in fortlaufender Strichmanier (westeuropäisch-mittelländischer Kulturkreis), bald in eingestochenen Tupfenreihen (aus dem N stam-

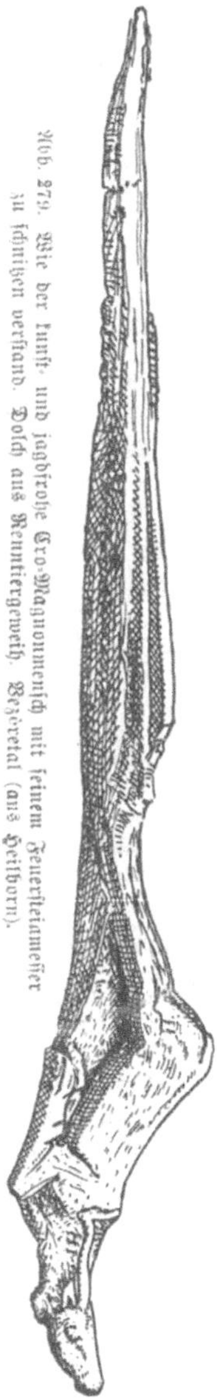

Abb. 279. Wie der kunst- und jagdfrohe Cro-Magnonmensch mit seinem Feuersteinmesser zu schnitzen verstand. Dolch aus Renntiergeweih. Bezeretal (aus Heilborn).

1) Z. B. Bodmann, Ludwigshafen, Sipplingen, Uhldingen usw.
2) Vgl. den Bogen von Bodmann in der Überlinger Sammlung.

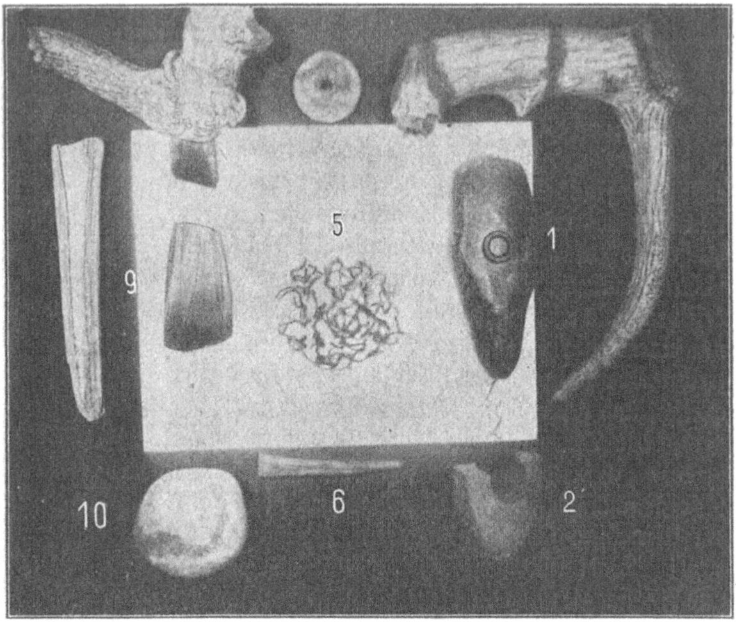

Abb. 280. Werkzeuge aus einem Pfahlbaudorf (Bodmann) des Überlingersees.

1 = Streitaxt, unvollendet. Der Steinzapfen beweist, daß die Durchbohrung mit einem hohlen Röhrenknochen bewerkstelligt wurde, der unter Zuhilfenahme von nassem Sand als Zwischen- und Scheuermittel auf dem Stein hin- und hergedreht wurde. 2 = Durchbohrtes, fertiges Steinwerkzeug, das durch den Gebrauch entzweigegangen ist. 3 = Hirschhornhacke. Beachte die zwei Rinnen, die zum Festbinden an dem Holzstiel dienten. 4 = Wirtel, der zum Weben diente. 5 = Fischernetz (natürlich sonst selten erhalten; geknotet). 6 = Pfriemen aus Knochen. 7 = Steinbeil in Hirschhorn gefaßt und geschäftet. 8 = Meißel aus Knochen. 9 = Geschliffenes Steinbeil, nicht geschäftet. 10 = Kornquetscher. (Orig. u. Phot. d. Verf.)

mender Kulturkreis) Zierbänder und Zierdreiecke darauf ausführten, hatten eine große Handgeschicklichkeit und einen hochentwickelten Formensinn.

So schreitet der, der schon zur Eiszeit die Erdherrschaft angetreten hat (ältere Steinzeit), als Imperator der Intelligenz mit allesbezwingender Kraft von Kulturstufe zu Kulturstufe, durch die „jüngere Steinzeit" (ca. 5000—2000 v. Chr.) hindurch und weiter durch die Kupfer-, Bronze- und Eisenzeit höher und höher hinauf bis schließlich zur Zeitepoche der Lokomotive und des Luftschiffes, bis zu — dir.

Und nun, mein lieber Bergfreund! Ein treuer und unermüdlicher Weggenosse warst du mir; gleichwohl müssen wir jetzt die Hände

Abb. 281. Pfahlbaudorf Überlingen (= Brünnensbach).
Dort, wo in malerischer Schönheit die Steilküste der marinen Molasse wie eine stehengebliebene Riesenmauer über ringsum abgesunkenes Land emporragt (vgl. Abb. 266), spiegelten sich zur jüngeren Steinzeit die Hütten der Überlinger Pfahlbauern in der blauen Flut.

ineinanderlegen — zum Abschied. Was ich dir in herzhaftem Wandern und fröhlichem Schauen zeigen wollte, das ist vor allen Dingen die grandiose Emporentwicklung des Lebens, von den „Dreilappern" des Cambriummeeres angefangen bis hinauf zur Triumphhöhe des feuermachenden Neandertalers. Hast du auf unseren gemeinsamen Wanderfahrten Lust bekommen und Mut, allein weiterzuwandern und noch eingehendere Zwiesprache zu halten mit dem Leben, das aus der Scholle zu uns spricht, dann:

Gut Pfad!

		Gesamtcharakter		Forschungsergebnisse im durchstreiften Gebiet	Fossilien
			Alluvium	Heutige Ablagerungen von Fluß, See und Meer, Torfmoore, Korallenriffe usw.	Heutige Tiere und Pflanze
Neuzeit (Känozoikum)	Quartär		Eiszeit	**Auf Fels und Firn, heute und vor Zeiten (S. 223**	
		Der Mensch tritt die Erdherrschaft an. (Neandertal-, Aurignac- u. Cro-Magnonrasse.) Er macht Jagd auf Höhlenbären, Mammut und Renntier.		Postglazialzeit IV. Eiszeit (Würmeiszeit) Niederterrassenschotter	Renntier und Mammut, Rhinozeros tichorhin
				3. Zwischeneiszeit III. (Haupt-)Eiszeit (Rißeiszeit). Hochterrassenschotter	Zurückweichen von Elephas antiquus und Rhinozeros Merck
				2. Zwischeneiszeit II. Eiszeit (Mindeleiszeit). Jüngerer Deckenschotter 1. Zwischeneiszeit (Erosion) I. Eiszeit (Günzeiszeit). Älterer Deckenschotter	Elephas meridionalis.
	Tertiär		Jungtertiär	**Auf d. Höhenwegen vorgeschichtl. Entwicklung (S. 173**	
		Bedecktsamige Pflanzen (Palmen Lorbeer-, Zimt- und Kampferbäume, Ahorn usw.) und die Säugetiere, (Mastodonten, Dinotherien, Anchitherien, Paläotherien usw.) blühen mächtig auf und herrschen.		Pliozän Dinotheriensande und Bohnerze (Alb)	Dinoth. giganteus, Hippari Mastod. longirostris.
				Miozän: Obere Süßwassermolasse mit der Öhningerstufe und dem Süßwasserkalk von Steinheim	Helix sylvana, Unio. fla Andrias Scheuchzeri. N Palmen usw., Mastodonte Anchitherium, Gabelhirsch Rhinozeros, Machairodu
				Miozän: Obere Meeresmolasse	Pecten palm., Cardien, Oxyrhina, Lamna.
			Alttertiär	Oligozän: Untere Süßwassermolasse (Brackwasserbildung)	Cyrena semistriata, Cerit margaritaceum, Braunkolen! Zypressen, Zimtbau usw.
				Oligozän: Untere Meeresmolasse	Ostrea callifera, Cyprina rtundata.
		Nummuliten.		Eozän: Alpenrandmeer: Nummuliten- u. Flyschbildungen. (Auf der Alb: Bohnerztone)	Nummuliten. Glarner Fis (Lepidopus und Palaeorhychus). Paläotherien usw.
Mittelzeit (Mesozoikum)	Kreide		Obere Kreide	**Ein Abstecher in die Kreide (S. 149).**	
		Die ersten Laubhölzer. Ende der Saurierherrschaft. Iguanodonten u. andere Schreckenssaurier. Die Ammoniten, ihre Nebenformen und die Belemniten sterben aus. Südliche Fazies (Rudisten und Aktäonellen) u. nördliche (Inoceramen, Ammoniten und Belemniten.)		Senon: Mukronatenkreide Rügens	Bel. mucronata Ananc ovata.
				Emscher: Überquader (Lohmen, Wehlen, Pirna)	
				Turon: Tone und Mergel (Scaphitenton)	Scaphites Geinitzi, Inoceramus incostans.
				Turon: Lamarckiquader (Hauptquader) unten mit Grünsandstein und Mergel (versteinerungsleer)	In. Lamarcki, Exogyra co lumba. Rhynchonella bohemica.
				Turon: Lamarckipläner (unten mit Tonen und Mergeln)	In. Lamarcki, Spondylus spinosus.
				Turon: Labiatusquader (bzw. Pläner)	Inoceramus labiatus.
				Cenoman: Carinatenquader (z. T. ersetzt durch Pläner)	O. carinata, Pecten asper, Ac tinoc. plenus.
				Cenoman: Crednerienschichten (von Niederschöna)	Credneria cuneifolia.
			Untere Kreide	Gault teils tonig, teils sandig	Schloenbachia, Bel. minimus Hoplites, Crioceras, Acanthoceras.
				Neocom, unten mit der Deltafazies des Wäldertons	Im Deistersandstein: Iguanodonten usw

rientierungstafel.

Mittelalter (Mesozoikum)	Jura			**Im Jura (S. 75).**		
		Erste Vögel und Knochenfische. Viele riffbauende Schwämme und Korallen. Blütezeit der Ammoniten und Belemniten. Das Reptil beherrscht die Welt. (Ichthyo-, Plesio- und Teleosaurier, Flugsaurier, Schreckensechsen).	Weißer Jura (Malm)	Weißjura ζ	Plattenkalke und Zementmergel	A. ulmensis, Krebse, Flugsaurier. Archaeopteryx von Solnhofen.
				Weißjura ε	Plumpe Felsenkalke usw.	Rhynch. trilobata und Ter. insignis.
				Weißjura δ	Wohlgeschichtete oder massige Felsenkalke	A. mutabilis, A. inflatus, Cnemidiastrum.
				Weißjura γ	Tonige Kalkbänke	A. tenuilobatus und polyplocus, Rhynch. lacunosa.
				Weißjura β	Wohlgeschichtete Kalke	A. bimammatus, A. biplex.
				Weißjura α	Impressamergel	Terebratula impressa.
			Brauner Jura (Dogger)	Oberer Braunjura	ζ Ornatentone	A. ornatus, A. Lamberti.
					ε Tone und Eisenoolithe	Amm. macrocephalus.
						A. Parkinsoni und Rhynch. varians.
				Mittlerer Braunjura	δ Humphriesianusschichten	A. Humphr. und coronatus, Bel. giganteus, Ostrea cristagalli.
					γ Blaue Kalke	Amm. Sowerbyi und A. Sauzei.
				Unterer Braunjura	β Murchisonaesandstein	A. Murchisonae, Pecten personatus.
					α Opalinuston	Amm. opalinus, Trigonia navis.
			Schwarzer Jura (Lias)	Oberer Lias	L. ζ Jurensismergel	Amm. radians und A. jurensis.
					L. ε Posidonienschiefer	Posidonia, A. communis, Bel. acuarius, Ichthyo-, Plesio- und Teleosaurier.
				Mittlerer Lias	L. δ Amaltheentone	Amaltheus margaritatus, Belemnites paxillosus und B. acuarius.
					L. γ Numismalismergel	Ter. numismalis, A. Jamesoni.
				Unterer Lias	L. β Turneritone	Amm. Turneri, A. oxynotus.
					L. α 3. Arietenschichten	A. Bucklandi, Gryphaea arcuata.
					L. α 2. Angulatensandstein	Amm. angulatus, Cardinien.
					L. α 1. Psilonotenkalke	Amm. psilonotus.
	Trias			**Aus der Kinderzeit der Riesenechsen (S. 56).**		
		Blütezeit der Wickelzähner (Labyrinthodonten), Entfaltung der Schreckenssaurier und Belodonten. Riesige Schachtelhalme und Nadelhölzer.	Keuper	Oberer Keuper	Rät.	Avicula contorta.
				Haupt-Keuper oder mittlerer Keuper	Knollenmergel	Zanclodonten.
					Stubensandstein	Dinosaurier, Phytosaurier.
					Obere bunte Mergel	
					Kieselsandstein	
					Untere bunte Mergel (nebst Lehrbergschicht)	
					Schilfsandstein	Equiseten, Zykadeen.
					Gipskeuper	Corbulabank.
				Unterer Keuper	Lettenkohlengruppe	Estherien und Myophorien.
				Kreuz und quer durchs Muschelkalkmeer (S. 26).		
		Die ersten echten Ammoniten (Ceratiten). Viele Seelilien (Encrinus), Muscheln (Myophorien) und Brachiopoden (Terebratula).	Muschelkalk	Oberer (oder Haupt-) Muschelkalk (S. 39.)	Ceratitenkalk (mit Terebratulabänken) S. 45	Ceratites semipartitus. Ceratites nodosus.
					Trochitenkalk	Encrinus liliiformis.
				Mittlerer Muschelkalk	(Anhydritgruppe)	
				Unterer Muschelkalk	(Wellendolomit und Wellenkalk) S. 28	Terebratula vulgaris.
				In der Sandwüste? (S. 1).		
			Buntsandstein	Oberer Buntsandstein (Röt)		Voltzien und Chirotherien.
				Mittlerer Buntsandstein (Hauptbuntsandstein)		
				Unterer Buntsandstein		

Benutzte und zum Weiterstudium empfehlenswerte Quellen.

Von größeren Lehrbüchern:

Das hervorragende vierbändige Werk:

Kayser, Lehrbuch der geologischen Formationskunde. Stuttgart 1921.

Das weniger umfangreiche, aber ebenfalls sehr gute Lehrbuch:

Credner, Elemente der Geologie. Leipzig 1912.

Von den Arbeiten, welche speziell die deutsche Heimatscholle behandeln, steht an erster Stelle das klassische Werk:

Lepsius, R., Geologie von Deutschland und den angrenzenden Gebieten.
I. Teil: Das westliche und südliche Deutschland. 1887—1892.
II. Teil: Das nördliche und östliche Deutschland. 1903—1910.

Für Baden, Württemberg und Bayern sind zusammenfassende Spezialwerke von hervorragender Wichtigkeit:

Deecke, Geologie von Baden. Berlin 1916/17.
Engel, Geologischer Exkursionsführer durch Württemberg. (Vgl. S. 77.)
— Geognostischer Wegweiser durch Württemberg. Stuttgart 1908.
(Vgl. Wanderbuch Teil II, Kap. IV mit seinen Fundortsangaben.) (Vgl. S. 77.)
v. Gümbel, Geologie von Bayern. Bd. II. Kassel 1894.
(Vgl. Wanderbuch Teil II, Kap. I.)

Quellenangaben von erschöpfender Vollständigkeit entsprechen leider nicht dem bescheidenen Rahmen unseres Wanderbuches. Immerhin mögen ergänzend noch Werke, Karten und Spezialarbeiten in bunter Reihe genannt sein, die dir — wie mir bei der Abfassung des Buches — beim Weiterwandern und Weiterschauen sehr gute Dienste erweisen können:

Abel, O., Grundzüge der Paläobiologie der Wirbeltiere (für Studierende).
— Die Tiere der Vorwelt. Leipzig 1914.
— Lebensbilder aus der Tierwelt der Vorzeit. Jena 1922. (Prachtwerk.)
Andreae, Osann und Thürach, Geolog. Spezialkarte des Großh. Baden Nr. 23.
Bächler, Das Wildkirchli. Schriften des Vereins für Geschichte des Bodensees. 41. Heft.
Baltzer, Das Berneroberland und Nachbargebiete.
Beck, Geologischer Wegweiser durch das Elbtalgebiet zwischen Meißen und Tetschen. (Vgl. S. 153.)
Behme, Geologischer Führer durch die Umgebung von Claustal i. Harz.
Benecke, Bücking, Schumacher und van Werveke, Geologischer Führer durch das Elsaß. (Vgl. S. 17.)
Buri, Th., Entwicklungsgesch. der wicht. Erdoberfl.-Formen. Progr.-Abh.

Chelius, Geologischer Führer durch den Odenwald.
Deecke, Morphologie von Baden. (Für badische Schulen unentbehrlich.)
Endriß, Von des Schwarzwalds Scholle.
Fischer, E, Geologische Untersuchung des Lochengebietes bei Balingen. 1913.
Fraas, E., Der Petrefaktensammler. (Das billigste und beste für deine Zwecke; Vorzugspreis für Mitglieder d. deutschen Lehrerver. für Naturk.)
— Führer durch die Staatl. Naturaliensammlung (zugleich eine ausgezeichnete geologische Heimatkunde).
— Die Triaszeit in Schwaben. (Populär.)
— Die ostafrikanischen Dinosaurier.
Frech, Aus der Vorzeit der Erde. Bd. I bis VI.
Geissinger, Das Landschaftsbild unserer Heimat. (Vgl. S. 1.)
Gutmann, Gliederung der Molasse und Tektonik des östlichen Hegaus. (Mitt. d. Gr. Bad. geol. Landesanstalt VI, 2. Heft.)
Häberle, Das Felsenland des Pfälzerwaldes. (Vgl. S. 17.)
Heilborn, Der Mensch der Urzeit.
Heim, Geologie der Schweiz. 1921 (klassisch).
Heer, Die Urwelt der Schweiz.
Jäkel, Ein diluviales Bruchsystem in Norddeutschland. (Monatsber. der deutschen geol. Ges. 1910.)
Keßler, P., Die Entstehung von Schwarzwald und Vogesen.
Knupfer, Molasse und Tektonik des südöstlichen Teiles des Blattes Stockach der topogr. Karte. (Ber. d. natf. Ges. zu Freiburg. Bd. XIX.)
Lang, Das Vindelizische Gebirge zur mittleren Keuperzeit, in: Jahresh des Vereins für Natk. Jahrg. 1911. Bd. LXVII.
Lepsius, Geologische Karte des Deutschen Reiches im Maßstabe 1 : 500000. 27 Blätter. (Die Blätter, die du durchwanderst, kannst du einzeln kaufen.)
— Die oberrheinische Tiefebene und ihre Randgebirge. 1885.
—, Klemm, Steuer und Schottler, Geologischer Führer durch das Großherzogtum Hessen. 1911. (Vgl. S. 192.)
Machacek, Die Alpen.
Neumayr, Erdgeschichte. 2 Bände. (Ein Meisterwerk volkstümlicher Darstellung.)
Pfeiffer, Über den Gipskeuper im nordöstlichen Württemberg.
Penck und Brückner, Die Alpen im Eiszeitalter. (Klassisch.)
Regelmann, Geologische Karte von Württemberg und Baden.
Reinisch, Entstehung und Bau der deutschen Mittelgebirge.
Rollier, Die Entstehung der Molasse auf der Nordseite der Alpen. (Vierteljahrsschr. d. nat. Ges. Zürich.)
Ruska, Geologische Streifzüge in Heidelbergs Umgebung. (Vgl. S. 1.)
Schaad, E., Die Juranagelfluh. Beitr. z. geol. Karte. Neue Folge. Lieferung 22.
Schalch, Bemerkungen über die Molasse der badischen Halbinsel und des Überlinger Seegebiets. (Mitteilungen der geologischen Landesanstalt. Bd. IV, 3. Heft.)
Schmidle, Die diluviale Geologie der Bodenseegegend. (Vgl. S. 242).
— Zur Kenntnis der Molasse und der Tektonik am nordwestlichen Bodensee. (Z. d. Deutsch. Geol. Ges. Bd. LXIII, 4. Heft.)

Schmidle, Sechs Glazialschotter bei Tiengen am Oberrhein. (Mitteil. des Bad. Landesvereins für Naturkunde 1911.)
Schmidt, C., Bild und Bau der Schweizeralpen.
Schmidt, M., Geol. Spezialkarte von Württemberg, Blatt Freudenstadt.
Schnarrenberger, Die Kalisalzfunde im Oberland. Mitt. d. Bad. Landesver. f. Naturkunde Nr. 284—86. 1913.
Silber, Der Keuper im nordöstlichen Württemberg. 1922.
Spitz, Fährten und Reste von Wirbeltieren im Buntsandstein des nördlichen Badens. (Zeitschr. der Deutsch. Geol. Ges. 57. Bd. 1905.)
Spitz und Salomon, Geologische Charakterbilder. Heft 8. (Ausgezeichnetes Demonstrationsmaterial für den Unterricht. Vgl. Abb. 1, S. 2.)
Steinmann, Einführung in die Paläontologie. (Vorzügliches Lehrbuch für Studierende.)
— Neuaufschließung des Alpersbacher Stollens.
— Die Eiszeit und der vorgeschichtliche Mensch.
Steinmann und Graeff, Geologische Spezialkarte des Großherzogtums Baden. Blatt 115/116.
Stoltz, Geologische Bilder aus Hessen. Programmabhandlung.
Stromer v. Reichenbach, Paläozoologie. I. u. II. Teil. (Für Studierende. Vorzügliche Abbildungen.)
Volk, Geologische Wanderungen am Schwäbischen Meere.
Wagner, G., Zur Stratigraphie des oberen Hauptmuschelkalks in Franken. (Zentralblatt für Min. 1911, Nr. 13.)
— Beiträge zur Stratigraphie und Bildungsgeschichte des oberen Hauptmuschelkalks und der unteren Lettenkohle in Franken. (Geol. u. pal. Abh. Neue Folge. Bd. XII, 3. Heft.)
— Geologische Heimatkunde von Württembergisch-Franken. 1921. (Vorbildlich.)
— Die Landschaftsformen von Württembergisch-Franken. 1919.
Wagner, P., Grundfragen der allgemeinen Geologie.
— Lehrbuch der Geologie und Mineralogie. (Ein treffliches Schulbuch.)
Walther, J., Die Fauna der Solnhofer Plattenkalke, bionomisch betrachtet.
— Geologische Heimatkunde von Thüringen.
— Geologie der Heimat. 1921.
Wanderer, Tierversteinerungen aus der Kreide Sachsens. Jena 1909. (Vgl. S. 153.)
Wenz, W., Zur Paläogeographie des Mainzer Beckens. 1914.
Wurz, Über das Tertiär zwischen Istein, Kandern, Lörrach-Stetten und dem Rhein. (Mitt. d. Gr. Bad. Landesanstalt 1912. 7.)
Zittel, Grundzüge der Paläontologie. (Klassisch, zweibändig.)

Sachregister.

Die angegebenen Preise sind Grundpreise,
die z. Zt. (Dezember 1922), den jetzigen Herstellungs- u. allgem. Unkosten entsprechend, mit d. Teuerungsziffer 400 (für Schulbücher, mit * bezeichnet, mit 100) zu vervielfältigen sind.

Führer durch unsere Vogelwelt. Z. Beobacht. u. Bestimmen d. häufigsten Arten durch Auge und Ohr verfaßt von Oberstud. Prof. Dr. Bernh. Hoffmann. I. Teil. 2., verm. u. verb. Aufl. Mit über 300 Notenbildern von Vogelrufen und -gesängen im Text sowie einer system. Ordnung d. behandelten Arten, einer Auswahl von 42 Vogelliedern und Bildschmuck nach Zeichnungen von K. Soffel. II. Teil: Vom Bau und Leben der Vögel. Mit Buchschmuck nach Originalzeichnungen von M. Semmer und 2 Tafeln. In Geschenkband je M. 3.40

„Das Vogelbuch ist ein restloser Freudenquell. Der Verfasser macht mit uns in den verschiedenen Monaten Wanderungen im Garten, Wald, Feld, Wiese, beobachtet mit uns und sucht durch Lautnachschreibung und Noten die Vogelstimmen der gesehenen Tiere wiederzugeben, mir scheint, die beste Art, wie solches überhaupt auf dem Papiere möglich ist."
(Führerzeitung f. d. deutschen Wandervogelführer.)

Neue Geschichten aus dem Tierleben. Von A. Marx. 2. Aufl. Mit 23 Abbildungen. Kart. M. 2.20

„Ein prächtiges Büchlein für jung und alt, voll herzerfrischenden Humors! Schilderungen wie ‚Freßsack', ‚Kreuzotter' sind auch für uns von speziellem Interesse, aber auch ‚Frühlingsnacht', ‚Pica', ‚Grimmbarts Nachtbummel' und andere wird jeder Naturfreund mit Behagen lesen!..."
(Blätter für Aquarien- und Terrarienkunde.)

Streifzüge durch Wald und Flur. Eine Anleitung zur Beobachtung der heimischen Natur in Monatsbildern. Von weil. Prof. B. Landsberg und weil. Rektor Prof. Dr. W. B. Schmidt. 6. Aufl., vollst. neubearb. von Dir. Dr. A. Günthart. Mit zahlr. Originalzeichnungen u. Abbildungen. Geb. M. 3.75

„... Niemand mehr, der dieses Buch als seinen Führer erwählt hat, wird gleichgültig im Freien herumgehen, sondern er wird überall und jederzeit etwas finden, das sein Denken beschäftigen wird...."
(Westermanns Monatshefte.)

Naturparadoxe. Ein Buch für die Jugend zur Erklärung von Erscheinungen, die mit der täglichen Erfahrung in Widerspruch zu stehen scheinen. Von Prof. Dr. C. Schäffer. 3., verm. Aufl. Mit 84 Textbildern. Geb. M. 3.20

Holz- und Hobelbankarbeiten für den Unterricht in Knabenhandfertigkeit, zur Betätigung der gewerblich arbeitenden Jugend in ihren Erholungsstunden im Elternhaus und Jugendheim. Musterblätter für Handfertigkeit aus den Werkstätten der städt. Handfertigkeitsschule zu Düsseldorf. Herausgegeben von Regierungsbaurat K. Gotter und Fach- und Gewerbelehrer J. Nicolini. 2., abg. Aufl. Mappe I: 35 Blatt, Spielzeug u. Gebrauchsgegenstände einfacher Art. Mappe II: 35 Blatt, Gebrauchsgegenstände für geübtere Hände. Je M. —.75

Die Musterblätter sind eine wertvolle Gabe für die Jugend, die sie geschickt zu nutzbringender Arbeit machen wollen. Sie enthalten werk- und kunstgerechte Vorlagen für einfaches Spielgerät wie: Säbel und Ballschläger, Tiere zum Aufstellen und Fahren, Möbel für die Puppenstube, ferner für einfachere Gebrauchsgegenstände für Zimmer und Küche: Bürstenhalter, Schlüsselbrettchen, Schreibzeuge, Handtuchhalter, Stiefelknecht und vieles andere mehr, was selbst herzustellen ebensoviel Freude macht, wie Geld erspart.

Der deutschen Jugend Handwerksbuch. Hrsg. v. Geh. Ober-Reg.-Rat Prof. Dr. L. Pallat. Teil I. Für Anfänger. 3. Aufl. Mit 117 Abb. u. einer farb. Taf. Geb. M. 3.20. Teil II. Für Geübtere. 2. Aufl. Mit 136 Abb. u. 3 farb. Tafeln. Geb. M. 5.—

Skizzier-Büchlein. Landschaftsskizzieren für jedermann. Von F. Distler. Mit 41 Abbildungen im Text. 2. Aufl. Kart. M. —.50

Verlag von B. G. Teubner in Leipzig und Berlin

Anfragen ist Rückporto beizufügen

GPSR Compliance

The European Union's (EU) General Product Safety Regulation (GPSR) is a set of rules that requires consumer products to be safe and our obligations to ensure this.

If you have any concerns about our products, you can contact us on ProductSafety@springernature.com

In case Publisher is established outside the EU, the EU authorized representative is:

Springer Nature Customer Service Center GmbH
Europaplatz 3
69115 Heidelberg, Germany

Batch number: 10577915

Printed by Printforce, the Netherlands